热 处 理 炉

（第四版）

主编 吉泽升　许红雨

哈尔滨工程大学出版社

内容简介

本书系作者根据十余年的教学经验,参考有关文献,吸收国内外最新资料,结合自己的科研成果编著而成。书中系统地讲述了传热基本原理、炉内气体的运动规律和气体反应原理;比较详细地介绍了热处理炉的基本类型以及常用炉型的基本结构、设计原理、设计方法和设计步骤,简要介绍了日本、美国等发达国家的新产品动态,指出了我国热处理炉的发展方向。

全书共 13 章,内容丰富、详尽,所有计量单位全部采用法定计量单位。为便于从事热处理炉设计及有关专业工程技术人员查阅,附录中提供了大量技术数据,可供参考。

图书在版编目(CIP)数据

热处理炉 / 吉泽升,许红雨主编. -- 4 版. —哈尔滨:哈尔滨工程大学出版社,2016.4(2019.1 重印)
ISBN 978 - 7 - 5661 - 1251 - 4

Ⅰ.①热⋯   Ⅱ.①吉⋯ ②许⋯   Ⅲ.①热处理炉
Ⅳ.①TG155.1

中国版本图书馆 CIP 数据核字(2016)第 091591 号

出版发行	哈尔滨工程大学出版社
社　　址	哈尔滨市南岗区南通大街 145 号
邮政编码	150001
发行电话	0451 - 82519328
传　　真	0451 - 82519699
经　　销	新华书店
印　　刷	北京中石油彩色印刷有限责任公司
开　　本	787 mm × 1 092 mm　1/16
印　　张	14.75
字　　数	387 千字
版　　次	2016 年 4 月第 4 版
印　　次	2019 年 1 月第 4 次印刷
定　　价	31.00 元

http://www.hrbeupress.com
E-mail:heupress@ hrbeu.edu.cn

第一版前言

本书是作者根据近十年来的教学经验,参考热处理设备有关文献,吸收国内外最新资料,结合自己的科研成果编著而成。

书中系统讲述了传热基本原理,气体力学基础,热处理炉的基本类型、特点、用途,详细介绍了热处理电阻炉设计的原理、方法和步骤,并做了举例;简要介绍了日本、美国等发达国家的典型炉型以及新产品动态;指出了在相当一个时期可控气氛热处理和真空热处理是我国热处理技术发展的主要方向,提出了现代热处理技术的标志是"优质、高效、低耗、清洁、灵活"的观点。

本书在成书的过程中,曾得到哈尔滨理工大学材料科学与工程学院金属材料及热处理专业九五级的唐昌琼、邵志坚、朱洪奎等部分同学的大力协助,书中引用了有关单位的技术资料以及有关文献的图表,在此一并表示诚挚的谢意。

由于作者水平有限,书中错误和不妥之处在所难免,敬望各位读者和专家不吝赐教。

作　者
1998 年 7 月于哈尔滨

第二版前言

随着我国制造业的发展,对热处理设备的需求量越来越多,精度和自动化程度要求也越来越高,国外独资、合资热处理设备制造企业大量进入中国市场,国内民营企业也逐步成长起来,研究制造和使用热处理设备的人也随之增加。

本书 1999 年出版后,经 2004 年第 2 次印刷,仍不能满足读者需求,出版社决定再版。借此再版之际,对书中陈旧的内容进行了更新,重写了绪论,根据使用本书进行本科教学同行的意见进行了充实,修改了书中的一些错误,并重画了某些插图。在这次再版时为方便本科教学及内容上的衔接,书中符号和概念与作者主编的哈尔滨工业大学出版社出版的《传输原理》一书统一。

在本书再版成稿过程中,哈尔滨理工大学材料科学与工程学院吕烨副教授提出了许多宝贵的修改意见,博士生胡茂良同学做了大量的文字处理和资料整理工作,在此向给本书成书以帮助和支持的所有人表示衷心的感谢。

限于作者水平,书中错误和不妥之处仍在所难免。为使本书能给读者以更多的启迪,还请使用者多提宝贵意见,以便再次修订时充实和更正。

吉泽升

2006 年 7 月于哈尔滨

第三版前言

本书的初稿成于 1998 年, 于 1999 年出版, 历经十余年, 虽经 2004 年重印, 2006 年修订再版, 仍满足不了读者的需求, 兹出版社决定出第三版, 借此机会将这些年来同行们提出的意见加以整理充实到书中, 并再次修改了一些插图和不够严谨之处, 力求完善。这次再版同样重写了绪言部分, 将美国热处理路线图核心内容列入其中, 供读者思考, 还在第 12 章中补充了我国目前热处理的耗能状况, 也在相应章节增加了这几年新出现的设备介绍, 并将设计例题本着节能原则进行了重新设计。

还是那句老话, 错误和不妥之处肯定还会有, 望读者们多提意见和建议, 如果日后能够再版, 为我国热处理设备的发展及热处理行业的进步再作一点贡献, 当属今生莫大荣幸。

为方便与读者交流, 将 E_mail 地址留于此: jizesheng@ hrbust. edu. cn。

吉泽升

2010 年 3 月 8 日于哈尔滨

第四版前言

时光荏苒,2010 年本书出完第三版后,转眼间又过了五年,五年间承蒙读者的厚爱,虽经过几次印刷,均已售罄,出版社决定出第四版。五年,热处理设备的进步虽然不大,但是我国由制造大国向制造强国迈进的呼声则越来越高,政府相继出台各种政策,"中国制造2025""互联网 +""绿色制造"这些新的概念一定会给制造业带来重大机遇,当然也会给热处理行业带来新的影响。热处理行业是高耗能行业,需要热处理设备设计者、制造者贯彻和强化"中国制造 2025"的指导思想,即"创新驱动、质量为先、绿色发展、结构优化、人才为本"。这无疑给热处理设备的发展指明了方向。因此,本书的作者也希望我们的热处理炉设计者能够积极地吸收新知识,运用新技术,在设计上有所创新,注重品质的提升和品牌建设,生产出节能、高效的产品,保护好环境,在市场竞争条件下,各自发挥优势,做好分工,培养出本行业的优秀人才,为"中国创造"做好支撑。

遗憾的是,由于这几年远离了热处理设备的生产和教学一线,对新知识的吸收和运用不够,在充实教材内容时,拿捏不准如何取舍,所以还是本着注重原理和基础来做本书第四版的撰写工作。成书前,听取了本书使用者哈尔滨理工大学康福伟教授的意见,为配合课程设计和方便教学,增加了"炉温控制"一章,即第 13 章,重新编排了附录,改写了电阻炉设计例题,并由许红雨讲师负责编写。因为有许多技术数据在网上都能很方便地查到,本次再版还删除了一些不太常用的附表,以减少篇幅,减轻读者的负担。第四版同样重写了绪言。

值得一提的是,近年来教育部启动"卓越工程师培养计划",强调培养的学生要"接地气"、有特色、肯干活、会干活,哈尔滨理工大学金属材料工程的 B 方向热处理设备课的教学时数增加到了 51 学时,并一直坚持配有两周的课程设计——热处理设备设计。

前几天,请国内某知名航空企业的一位工作人员做报告,他讲本企业 90% 以上的热处理设备都是进口原装的,而且动辄几百万,甚至上千万元。这些事实,不得不让我们这些从事设计和制造的人感到汗颜。我们的设备怎么就是不行? 我想除了我们的基础材料个别指标不过关外,就是我们的制造理念还有问题。粗制滥造,标准不高,"差不多就行"的思想在作怪,再加上缺乏经验,缺少标准,恶性竞争,造成我们的行业举步维艰。在此,我呼吁:同行们团结起来,改变我们传统的思维模式,本着为企业负责,为我们的行业负责,为我们的制造业负责的精神,高标准、严要求,小到每一颗螺丝钉,每一个焊点,不制造粗糙的产品,不采购粗糙的产品,不使用粗糙的产品,为中国制造业的崛起,为"中国制造 2025"梦想的实现,也就是再过 10 年,让我们的热处理设备达到发达国家水平。我想,只要大家努力,能够做到。我们期待着那一天!

同行们,加油!

哈尔滨理工大学　吉泽升

2016 年 2 月 10 日

目 录

绪　　论

随着基础工业的不断现代化,即传统的制造技术与计算机技术、信息技术、自动化技术、新材料技术、现代管理技术的紧密结合,市场竞争更趋向白热化,商家们的眼光不仅仅放在如何提高产品质量上,而且还在如何提高效率、效益、保护环境、适应用户需要等方面提出了更高的要求。

对热处理行业来说,"优质、高效、低耗、清洁、灵活"是现代热处理技术的标志,这十个字应该成为热处理工作者不断追求的总目标。要实现热处理技术的现代化,需要靠热处理设备的现代化来保证。现代热处理设备包括:大型连续热处理生产线、密封箱式多用炉生产线、真空热处理设备、无人化感应加热设备等。

一、我国热处理设备的现状及发展趋势

随着我国经济的发展,热处理行业取得不少进步,特别在"十五"规划期间,热处理行业借此强劲东风,开展了全国行业情况调查、质量管理信得过企业、热处理规范企业、热处理标准达标验收活动,对提高企业管理水平、提高人员素质、提高生产水平起到了强劲的推动作用。企业技改的强劲势头给设备制造业带来了更多的机会,也伴随着更激烈的竞争。在热处理加热炉中,箱式、井式和盐浴炉等常规设备的需求会进一步减少,需求增长更多的是工艺先进、可靠性和自动化程度高、节能和无污染的设备。

2004 年美国热处理学会在美国能源部支持下制定和公布了美国"热处理学会 2004 热处理发展规划",即路线图(Roadmap)。在这个发展规划中设想的 2020 年的发展目标是:能源消耗减少 80%,工艺周期缩短 50%,生产成本降低 25%,热处理件实现零畸变和最低的质量分散度,加热炉使用寿命增加 9 倍,加热炉价格降低 50%,生产实现零污染。

我国热处理行业非常重视美国的发展规划,热处理学会荣誉理事长樊东黎教授首先著文介绍了美国热处理发展规划,之后热处理学会于 2007 年 4 月在常务理事会上对此规划进行了讨论,并在《金属热处理》及《中国热处理通讯》上发表了相关文章。总体看来,要实现这一目标,除开发非整体热处理的新技术和实施节能工艺、加强管理之外,就是要淘汰能耗大、效率低、温度不均匀的设备。

制造业是中国经济的主体,"中国制造 2025"在十大重点领域当中,无一不用到加热设备。智能制造是新一轮工业革命的核心,只有通过智能制造才能带动各产业数字化水平和智能化水平的提升。实施工业强基主要是为了解决基础零部件、基础工艺、基础材料的落后问题,其实也都涉及材料的热处理问题,从而也涉及热处理装备的落后问题。

设备是工艺技术的载体,没有能体现先进工艺的先进设备就不会有先进的热处理生产技术。所以说热处理设备改造的主题是更新设备。更新热处理设备包括三个方面的内容。

一是采用高度自动化和质量在线控制的设备,自动化生产效率高,可实现少(无)人工,避免人为因素对质量的影响。精确控制,自动化和质量在线控制是生产技术发展的最主要方向。目前,我国人工成本较低的优势已经逐渐丧失,从保证质量和质量的低分散度出发,在大批量生产零件和国际竞争激烈的行业,采用高度自动化的热处理生产设备还是很有必

要的。

二是热处理设备应采用气氛、真空、感应、流态床、激光、电子束及等离子等少(无)污染热处理工艺,采用低硫燃料、合理燃烧制度,采用无污染的淬火冷却介质,无毒的化学热处理渗剂,不影响大气环境的清洗溶剂、清洗剂和防锈剂。最大程度地利用能源,能充分利用生产物料,并使剩余物料获得再生、重复使用,减少热处理炉的热损失。

三是生产高可靠性的热处理设备,这是保证产品一致性的前提。设备可靠性的保证不只是依赖于配套件和仪表的质量,整体设备机构的巧妙构思和先进程度也是重要的因素。

美国路线图也特别看重热处理设备的更新、改进,在研发专题中特设了设备和硬件材料的大类。其中特别强调,炉子能源的多样性,燃烧器结构的改进,炉气制备方法和设备的改进,长寿命工装耐热钢的研发,炉子的耐火绝缘热材料和耐热构件材料,金属间化合物耐高温材料,用陶瓷管代替金属管,改进发热体形式,加速新设备的研发,加热炉温度场和气流场的模拟,合理选择各种能源设备等。

由此可见,设备制造者只有应用高技术和先进适用技术改造提升制造业水平,逐步增加、积累具有独立知识产权的技术和产品,才能在新一轮竞争中立于不败之地。在这里还需追加一句:热处理作为高性能零部件生产过程中的一道工序,一定不要忽略规模效益。所以建设专业热处理厂,集中起来,专业化生产,非常必要,既能保证质量,又能提升效益,热处理炉的生产也一样。

现代热处理技术的相关因素如图 0 – 1 所示。

二、热处理炉的分类

热处理炉的种类很多,不同工业部门所使用的炉型不同。冶金部门常用的炉型有台车式炉、罩式炉、辊底式炉等,机械制造部门常用的炉型有箱式炉、井式炉、盐浴炉、气体渗碳炉等。

为便于分析比较,常按如下特征进行分类:

1. 按热能来源

可分为电阻炉、燃料炉。

2. 按工作温度

可分为低温炉(≤650 ℃)、中温炉(650～1 000 ℃)、高温炉(＞1 000 ℃)。

3. 按炉膛介质

可分为自然介质炉、浴炉、可控气氛炉、真空炉。

4. 按作业规程

可分为周期作业炉、连续作业炉。

5. 按生产用途

可分为退火炉、淬火炉、回火炉、正火炉、渗碳炉、氮化炉。

6. 按电源频率

可分为工频炉、中频炉、高频炉。

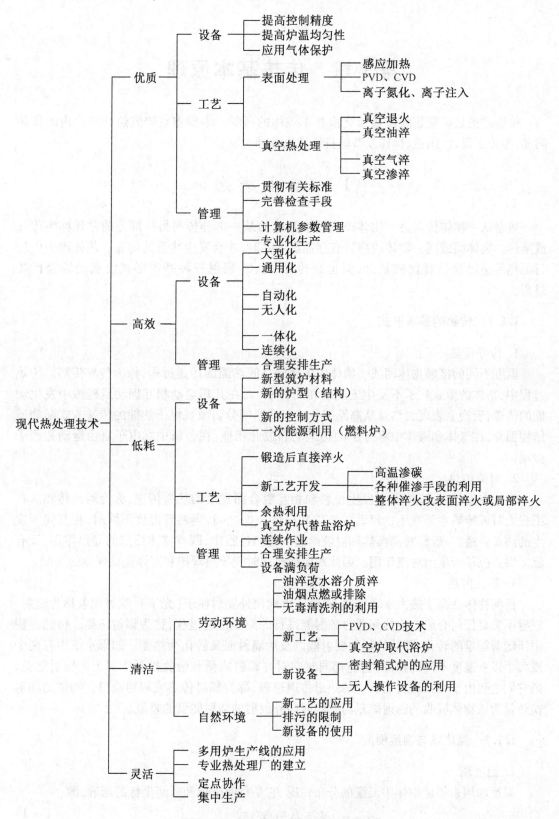

图 0-1　现代热处理技术的相关因素

第1章 传热基本原理

传热理论是研究热的传播与交换基本规律的科学。本章重点研究热处理炉内的传热问题,为炉子设计、制造、操作及节能打好理论基础。

1.1 基 本 概 念

热量从一物体传向另一物体或由同一物体的某一部分传向另一部分的过程称为传热或换热。物体间或同一物体内部只有存在温度差时,才会发生热量的传递。热处理炉内进行的热传递过程尽管比较复杂,但也是传导、对流、辐射三种基本形式组成的综合传热过程。

1.1.1 传热的基本形式

1. 传导传热

温度不同的接触物体间或一物体中各部分之间热能的传递过程,称为传导传热。传热过程中,物体的微观粒子不发生宏观的相对移动,而在其热运动相互振动或碰撞中发生动能的传递,宏观上表现为热量从高温部分传至低温部分。微观粒子热能的传递方式随物质结构而异,在气体和液体中靠分子的热运动和彼此相撞,在金属中靠电子自由运动和原子振动。

2. 对流传热

流体在流动时,流体质点发生位移和相互混合而发生的热量传递,称为对流传热。在工程上对流传热主要发生在流动的流体和固体表面之间,当两者温度不同时,相互间所发生的热量传递,一般称对流换热和对流给热。传热过程中,既有流体质点的导热作用,又有流体质点位移产生的对流作用。因此对流换热同时受导热规律和流体流动规律的支配。

3. 辐射传热

任何物体在高于热力学零度时,都会不停地向外发射粒子(光子),这种现象称为辐射。辐射不需要任何介质。物体间通过辐射能进行的热能传递过程,称为辐射传热。传热过程中伴随着能量的转化,即从热能到辐射能以及从辐射能又转化为热能。如果系统中有两个或两个以上温度不同的物体,它们都同时向对方辐射能量和吸收投射于其上的辐射能量,则它们之间由于相互辐射而发生的热量传递过程,称为辐射传热或辐射换热。物体的辐射换热量为该物体吸收的辐射能量与它同时向外放射的辐射能量的差值。

1.1.2 温度场与温度梯度

1. 温度场

温度场用来描述物体中温度的分布情况,它是空间坐标和时间坐标的函数,即

$$t = f(x, y, z, \tau) \tag{1-1}$$

式中　x, y, z ——该点的空间坐标;

τ ——时间坐标。

式(1-1)叫作温度场函数。若物体的温度沿 x, y, z 三个方向都有变化,称三向温度场;若只在一个方向上有变化,则称单向温度场,即

$$t = f(x, \tau) \tag{1-2}$$

如果物体各点温度不随时间变化称为稳定温度场。这时温度分布函数简化为

$$t = f(x, y, z) \text{ 及} \frac{\partial t}{\partial \tau} = 0 \tag{1-3}$$

这种传热过程叫作稳定态传热,如长时间恒温状态下炉壁的传热。

如果物体各点的温度随时间的变化而变化,此时的温度场称不稳定态温度场,这种传热过程叫作不稳定态传热,如升温状态下炉壁的传热。

2. 温度梯度

在温度场内,同一时刻具有相同温度的各点连接成的面叫等温面。物体(或体系内)相邻两等温面间的温度差 Δt 与两等温面法线方向的距离 Δn 的比例极限,称为温度梯度,用下式来表示,即

$$\text{grad} t = \lim_{\Delta n \to 0} \left(\frac{\Delta t}{\Delta n} \right) = \frac{\partial t}{\partial n} \quad (\text{℃/m}) \tag{1-4}$$

温度梯度是表示温度变化的一个向量,其数值等于在和等温面相垂直的单位距离上温度变化值,并规定由低到高为正,由高到低为负。

1.1.3 热流和热流密度

热流:单位时间内由高温物体传给低温物体的热量叫热流或热流量,用 Q 表示,单位为 W。

热流密度:单位时间内通过单位传热面积的热流,称为热流密度,用 q 表示,单位为 W/m²,即

$$q = Q/F \tag{1-5}$$

热流、热流密度都为向量,其方向与温度梯度方向相反。

1.2 传 导 传 热

1.2.1 传导传热的基本方程式

傅里叶于 1822 年在实验室实验基础上提出:对于均匀的、各向同性的固体,单位时间通过单位面积的热量,与垂直该截面方向的温度梯度成正比,即

$$q = Q/F = -\lambda \frac{\mathrm{d}t}{\mathrm{d}n} \tag{1-6}$$

式中　Q ——沿 n 方向的热流量,W;

　　　q ——热流密度,W/m²;

　　　F ——与热流方向垂直的传热面积,m²;

　　　λ ——比例系数,称为热导率,W/(m·℃);

　　　$-\dfrac{\mathrm{d}t}{\mathrm{d}n}$ ——温度梯度(负号表示热流方向与温度梯度方向相反),℃/m。

式(1-6)为导热基本方程式,即傅里叶定律。

1.2.2 热导率

热导率反映了物体导热能力的大小。它的物理意义为在单位时间内,每米长温度降低 1 ℃时单位面积能传递的热流量,用 λ 表示,单位为 W/(m·℃)。

热导率是由实验测定出来的,与材料的种类、物质结构、杂质含量、密度、气孔、温度和湿度等因素有关,而与几何形状无关。

温度对材料热导率的影响很大。材料的热导率与温度的变化呈线性关系,即

$$\lambda_t = \lambda_0 \pm bt \tag{1-7}$$

式中　λ_t ——温度为 t(摄氏温标)时材料的热导率;

　　　λ_0 ——温度为 0 ℃时材料的热导率;

　　　b ——材料的热导率温度系数,因材料而异。

在实际计算中,一般取物体算术平均温度下的热导率代表物体热导率的平均值。

1.2.3 平壁炉墙上的导热

1. 单层平壁炉墙的稳定导热

设单层平壁炉墙(图 1-1)壁厚为 s,材料的热导率 λ 不随温度变化,表面温度分别为 t_1 和 $t_2(t_1 > t_2)$,并保持恒定。若平壁面积是厚度的 8~10 倍时,则可忽略端面导热的影响,误差不大于 1%。因而平壁温度只沿垂直于壁面 x 轴方向变化,所以这是单向稳定态导热问题。为了求出通过这一平壁炉墙的热流密度,在平壁内取一厚度为 $\mathrm{d}x$ 的单元薄层,设其两侧的温度差为 $\mathrm{d}t$,根据傅里叶定律,通过这一单元薄层的热流密度为

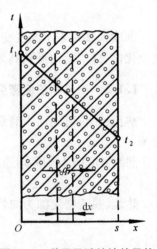

$$q = -\lambda \frac{\mathrm{d}t}{\mathrm{d}x}$$

分离变量后积分得

$$\int_{t_1}^{t_2} \mathrm{d}t = -\int_0^s \frac{q}{\lambda} \mathrm{d}x$$

图 1-1　单层平壁炉墙的导热

$$t_1 - t_2 = \frac{q}{\lambda}s$$

故热流密度为

$$q = \frac{t_1 - t_2}{\dfrac{s}{\lambda}} \tag{1-8}$$

若平壁炉墙的面积为 F,而且内外表面积相等,则在 1 h 内通过 F 面积所传导的热流量为

$$Q = qF = \frac{t_1 - t_2}{\dfrac{s}{\lambda F}} \tag{1-9}$$

在式(1-8)、式(1-9)中,s/λ 为单位面积的平壁热阻,$s/(\lambda F)$ 是面积为 F 的平壁热阻。由此可见,热流量与温度差$(t_1 - t_2)$成正比,与热阻 $s/(\lambda F)$ 成反比。

实际的平壁炉墙（如箱式炉炉墙）面积并不很大，而且其内外表面积也不相等，因而其导热面积是变化的。这时式（1 - 9）中的导热面积应该用平均面积代替，一般按如下方法近似计算。

当 $\dfrac{F_2}{F_1} \leqslant 2$ 时，用算术平均面积，即

$$F \approx \frac{F_1 + F_2}{2} \tag{1 - 10}$$

当 $\dfrac{F_2}{F_1} > 2$ 时，用几何平均面积，即

$$F \approx \sqrt{F_1 F_2} \tag{1 - 11}$$

式中　F_1, F_2 ——分别为单层平壁炉墙的内、外表面积，m^2。

2. 多层平壁炉墙的稳定导热

一般热处理炉的炉墙，大多为两层或三层不同材料砌成的（图 1 - 2），设炉墙界面温度依次为 $t_1, t_2, t_3, t_4 (t_1 > t_2 > t_3 > t_4)$，各层厚度为 s_1, s_2, s_3，若各层间紧密接触，各层的热导率用 $\lambda_1, \lambda_2, \lambda_3$ 表示。

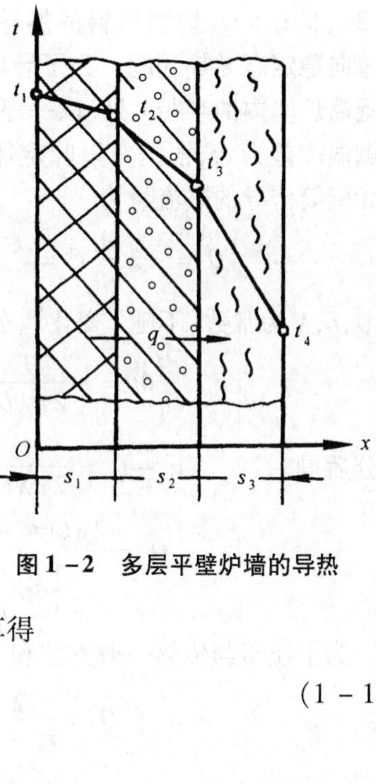

在稳定态导热时，通过平壁炉墙各层的热流或热流密度应相等。

根据式（1 - 8）可分别写出通过各层的热流密度。

第一层：　　$q = \dfrac{\lambda_1}{s_1}(t_1 - t_2)$ 　　　（1 - 12a）

第二层：　　$q = \dfrac{\lambda_2}{s_2}(t_2 - t_3)$ 　　　（1 - 12b）

第三层：　　$q = \dfrac{\lambda_3}{s_3}(t_3 - t_4)$ 　　　（1 - 12c）

由上述三个方程，可求出三个未知量 q, t_2 和 t_3。

图 1 - 2　多层平壁炉墙的导热

由于 λ 是温度的函数，由式（1 - 12a）～式（1 - 12c）经运算得

$$q = \frac{t_1 - t_4}{\dfrac{s_1}{\lambda_1} + \dfrac{s_2}{\lambda_2} + \dfrac{s_3}{\lambda_3}} \tag{1 - 13}$$

同理，n 层平壁炉墙的导热公式为

$$q = \frac{t_1 - t_{n+1}}{\dfrac{s_1}{\lambda_1} + \dfrac{s_2}{\lambda_2} + \cdots + \dfrac{s_n}{\lambda_n}} \tag{1 - 14}$$

若多层炉墙的总热阻已知，则各层间的界面温度可由下式求得，即

$$t_n = t_1 - q\left(\frac{s_1}{\lambda_1} + \frac{s_2}{\lambda_2} + \cdots + \frac{s_{n-1}}{\lambda_{n-1}}\right) \tag{1 - 15}$$

在求界面温度时，必须先根据经验设一界面温度，然后根据假设温度算出各层的 λ 值及总热阻，再代入式（1 - 15）求得界面温度。如果计算界面温度和假设温度相差较少（5% 以下），即可采用；如果相差大于 5%，应重新假设再进行计算，直到误差小于 5% 为止。

对各层导热面积不同的 n 层平壁炉墙，则应用下式计算热流量，即

$$Q = \frac{t_1 - t_{n+1}}{\sum_{i=1}^{n} \frac{s_i}{\lambda_i F_i}} \qquad (1-16)$$

其中，F_i 为第 i 层的平均传热面积，其计算方法与单层平壁炉墙相同。对于已经运行到稳定态后的热处理炉，只要测量炉墙内外表面温度，就可算出它的导热损失及其界面温度。

由式(1-16)可知，多层壁的热流量决定于总温差和总热阻，而总热阻等于各层热阻之和。

1.2.4 圆筒炉墙的导热

1. 单层圆筒炉墙的稳定导热

设单层圆筒炉墙的内外半径为 r_1，r_2，高度为 $L(L \gg r_2)$，内外表面温度分别为恒定的温度 t_1 和 t_2（图 1-3），且 $t_1 > t_2$，炉墙材料的热导率 λ 为常数，因而这是个单向稳定态导热问题。为了导出圆筒炉墙的导热公式，在圆筒炉墙内的半径 r 处，取一厚度为 dr 的单元圆筒，其两侧温度差为 dt，根据傅里叶定律，在单位时间内通过此单元圆筒传导的热流量为

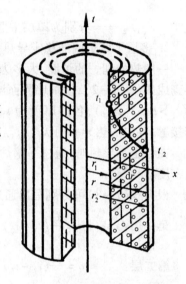

$$Q = -\lambda \frac{dt}{dr} F = -\lambda \frac{dt}{dr} 2\pi r L \qquad (1-17)$$

因 Q, L, λ 为常数(不随 r 变化)，分离变量后积分，有

$$\int_{t_1}^{t_2} dt = -\frac{Q}{2\pi\lambda L} \int_{r_1}^{r_2} \frac{dr}{r}$$

积分后得 $\qquad t_1 - t_2 = \frac{Q}{2\pi\lambda L} \ln \frac{r_2}{r_1}$

图1-3 单层圆筒炉墙的导热

故 $\qquad Q = \frac{2\pi L(t_1 - t_2)}{\frac{1}{\lambda} \ln \frac{r_2}{r_1}} \qquad (1-18)$

为了便于与传热一般方程和平壁炉墙的导热公式进行比较，式(1-18)可改写成

$$Q = \frac{\lambda}{r_2 - r_1} \frac{2\pi L(r_2 - r_1)}{\ln \frac{2\pi L r_2}{2\pi L r_1}} (t_1 - t_2)$$

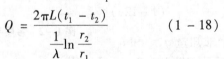

$$= \frac{\lambda}{s} \frac{F_2 - F_1}{\ln \frac{F_2}{F_1}} (t_1 - t_2) = \frac{t_1 - t_2}{\frac{s}{\lambda F}} \qquad (1-19)$$

其中，F_1 和 F_2 分别为内外表面积；s 为单层圆筒炉墙的厚度；$F = (F_2 - F_1)/\ln \frac{F_2}{F_1}$，是圆筒炉墙的对数平均面积。这时圆筒炉墙内的温度分布按对数规律变化。

考虑到实际炉墙的热导率随温度呈线性变化，这时式(1-19)中 λ 也用热导率平均值代入。

由此可见，圆筒炉墙和平壁炉墙传导热热流量的计算公式在形式上完全相同。

工程上为了计算方便,当 $\frac{r_2}{r_1} \leqslant 2$ 时,可用算术平均面积代替对数平均面积。这样简化后 Q 值的计算结果要偏大些,但其计算误差不超过4%。

2. 多层圆筒炉墙的稳定导热

对于由 n 层组成的多层圆筒炉墙,若已知其内外表面的恒定温度分别为 t_1 和 t_{n+1}($t_1 > t_{n+1}$),各层的内外半径以及各层的材料和圆筒炉墙的高度 L 也已知,并假定各层间紧密接触,求通过这 n 层圆筒炉墙的导热热流及各交界面温度。这也是个单向稳定态导热问题,可用下面的公式进行运算。

多层(n 层)圆筒炉墙的导热热流量为

$$Q = \frac{2\pi L(t_1 - t_{n+1})}{\sum\limits_{i=1}^{n} \frac{1}{\lambda_i} \ln \frac{r_{i+1}}{r_i}} \qquad (1-20)$$

如果圆筒炉墙各层的内外高度不等,则热流量为

$$Q = \frac{t_1 - t_{n+1}}{\sum\limits_{i=1}^{n} \frac{s_i}{\lambda_i F_i}} \qquad (1-21)$$

其中,$s_i/(\lambda_i F_i)$ 为第 i 层圆筒炉墙的热阻,其计算方法与单层圆筒炉墙相同。由此可见,和多层平壁炉墙一样,多层圆筒炉墙的总热阻等于各层炉墙热阻之和。

各层的界面温度按式(1-15)计算,但这时公式中各层的热阻为圆筒炉墙各层的热阻。

1.3 对流换热

在热处理炉上,对流换热主要发生在炉气、盐浴炉中的熔盐、流动粒子炉中流动粒子与工件表面之间以及炉墙外表面与车间空气之间。

1.3.1 对流换热的计算

1701年牛顿提出了对流换热量的计算公式(牛顿公式),即对流换热所传递的热流量与流体和固体表面间的温度差以及两者的接触面积成正比。其数学表达式为

$$Q = \alpha(t_1 - t_2)F \qquad (1-22)$$

或 $$q = \alpha(t_1 - t_2) \qquad (1-23)$$

式中 Q——单位时间内对流换热量,即热流量,W;

q——单位时间内,在单位传热面积上的对流换热量,即热流密度,W/m²;

$t_1 - t_2$——流体与固体表面的温度差,℃;

F——流体与固体的接触面积,m²;

α——对流换热系数,它表示流体与固体表面之间的温度差为1℃时,每秒钟通过1 m²面积所传递的热量,W/(m²·℃)。

牛顿公式在形式上似乎很简单,但它并没有提供任何实质性的简化,只是将影响对流换热的各因素都集中在对流换热系数上。因此对流换热量的计算主要就是要求出各种具体条件下的对流换热系数 α。

1.3.2　影响对流换热的因素

影响对流换热的因素很多,如流体流动的动力,流体的流动状态,流体的物理性质,流体与固体接触表面的几何形状、大小、放置位置,粗糙程度以及固体表面与流体的温度等。

1. 流体流动的动力

按流体流动动力的来源不同,流体流动可分为自然流动和强制流动(或强迫流动)。由于流体内存在温度差,造成流体各部分密度不同而引起的流动称为自然流动。自然流动时所进行的换热称为自然对流换热,它是流体和温度不同的固体表面接触的结果,其流动速度与流体性质、固体表面的位置等因素有关,其传热强度主要取决于温度差。流体受外力(如风机、搅拌机等)作用而发生的流动称为强制流动。强制流动时所进行的换热称强制对流换热,其换热强度主要取决于流体的流动速度。

2. 流体的流动状态

流体的流动状态分为层流和紊流。层流流动时,流体的质点都平行于固体表面流动[图1-4(a)],流体与固体表面之间的热量传递主要靠互不干扰的流层导热,而其热流方向垂直于流体的流动方向。紊流流动时,流体质点不仅沿前进方向流动,而且还向其他方向做不规则的曲线运动[图1-4(b)]。这时,流体内各质点发生急剧的混合,流体在宏观上还是向前流动的,但在紧靠固体表面的薄层中仍为层流,即为层流底层。在层流底层中,热量的传递靠流体的导热,而在层流底层以外,热量的传递主要靠流体质点的急剧混合(涡旋混合)作用。所以紊流是传导传热和流体质点混合作用的结果,但传热的快慢主要受层流底层的控制。由于层流底层很薄,故紊流时的对流换热系数比层流时要大得多。

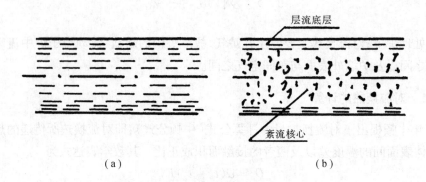

(a)　　　　　　　　　　　　　　　(b)

图1-4　流体的层流和紊流

(a)层流;(b)紊流

层流和紊流可用一个无量纲数,即雷诺数(Re)来判别。

$$Re = \frac{vd\rho}{\mu} \qquad (1-24)$$

式中　v——流体的流速,m/s;

d——通道的当量直径,m($d = 4F/s$,s 为通道横截面周长,m;F 为通道横截面面积,m^2);

ρ——流体的密度,kg/m^3;

μ——流体的黏度,$N \cdot s/m^2$。

当流体在光滑圆管中流动时,Re 小于 2 100 为层流,Re 大于 2 300 为紊流,而 Re 在 2 100 ~ 2 300 之间时,可能为层流,也可能为紊流。

3. 流体的物理性质

影响对流换热的流体物理参数主要是热导率、比热容、密度和黏度。这些参数将直接影响流体的流动形态、层流底层厚度和导热性等,从而影响对流换热系数。

热导率大的流体,对流换热系数就大。如水的热导率是空气热导率的 20 多倍,因而水的对流换热系数比空气高。比热容大的流体,对流换热系数也大。黏度大的流体对流换热系数小,而密度大的流体对流换热系数大。

4. 固体的表面形状、大小和放置位置

不论是自然对流还是强制对流,传热面的形状和大小都影响流体传热面附近的流动情况,从而影响对流换热系数的大小。同一固体表面,如果放置位置不同,则对流换热系数值也各不相同。

1.3.3 对流换热系数的确定

1. 自然对流时的对流换热系数

炉墙、炉顶和架空炉底与车间空气间的对流换热均属自然对流换热,其对流换热系数一般用下述经验公式确定,即

$$\alpha = A \sqrt[4]{\frac{t_1 - t_2}{L}} \quad [W/(m^2 \cdot ℃)] \tag{1-25}$$

式中 t_1——炉墙、炉顶或炉底的外表面温度,℃;

      t_2——车间温度,℃;

      L——换热面特性尺寸,m;

      A——系数(炉顶 $A = 3.26$;侧墙 $A = 2.56$;架空炉底 $A = 1.63$)。

2. 强制对流时的对流换热系数

(1)气流沿平面强制流动时

此时对流换热系数 α 值可按表 1-1 的近似公式计算。

表 1-1 对流换热系数计算

表面状态	气流速度	
	$v_0 \leqslant 4.65$ m/s	$v_0 > 4.65$ m/s
光滑表面	$\alpha = 5.58 + 4.25 v_0$	$\alpha = 7.51 v_0^{0.78}$
轧制表面	$\alpha = 5.81 + 4.25 v_0$	$\alpha = 7.53 v_0^{0.78}$
粗糙表面	$\alpha = 6.16 + 4.49 v_0$	$\alpha = 7.94 v_0^{0.78}$

表 1-1 中的 v_0 为标准状态下的气流速度,若气流温度为 t 时的实际流速为 v_t,则用下式换算,即

$$v_0 = v_t \frac{273}{273 + t} \tag{1-26}$$

（2）气流沿长形工件强制流动时

当加热长形工件时，循环空气对工件表面的对流换热系数可用下述近似公式计算，即

$$\alpha = K v_t^{0.8} \tag{1-27}$$

式中　v_t——炉膛内循环空气的实际流速，m/s；

　　　K——取决于炉温的系数（表1-2）。

表1-2　不同炉温下的 K 值

炉温/℃	100	200	300	400	500	600
K	4.81	4.19	3.74	3.74	3.20	3.09

（3）炉气在管道内紊流流动时

此时对流换热系数可用下式计算，即

$$\alpha = Z \frac{v_t^{0.8}}{d^{0.2}} K_L K_{H_2O} \tag{1-28}$$

式中　v_t——炉气的实际流速，m/s；

　　　d——通道的当量直径，m；

　　　Z——炉气温度系数（表1-3）；

　　　K_L——通道长度 L 与 d 比值的系数（表1-4）；

　　　K_{H_2O}——炉气中水蒸气含量的系数（表1-5）。

表1-3　系数 Z 值

炉气温度/℃	600	800	1 000	1 200	1 400
Z	1.99	1.77	1.61	1.48	1.39

表1-4　系数 K_L 值

L/d	2	5	10	15	20	30	40	50
K_L	1.40	1.24	1.14	1.09	1.07	1.04	1.02	1.00

表1-5　系数 K_{H_2O} 值

$w(H_2O)/\%$	0	2	5	10	15	20	25	30
K_{H_2O}	1.00	1.18	1.24	1.29	1.34	1.39	1.43	1.47

（4）气流在通道内层流流动时

此时对流换热系数主要取决于炉气的热导率，而与炉气的流速无关，其对流换热系数可用下述近似公式计算，即

$$\alpha = 5.99 \frac{\lambda}{d} \tag{1-29}$$

式中　λ——炉气的热导率，W/(m·℃)；

　　　d——通道的当量直径，m。

1.4 辐射换热

1.4.1 绝对黑体的概念

当物体受热后一部分热能转变为辐射能并以电磁波的形式向外放射,其波长从 $1~\mu m$ 到若干米。各种不同波长的射线具有不同性质。可见光和红外线能被物体吸收转化为热能,被称为热射线。各种物体由于原子结构和表面状态的不同,其辐射和吸收热射线的能力有明显差别。

当能量为 Q 的一束热射线投射到物体表面时,也和可见光一样,一部分能量 Q_A 将吸收,一部分能量 Q_R 被反射,还有一部分能量 Q_D 透射过物体(图 $1-5$)。按能量守恒定律则有

$$Q_A + Q_R + Q_D = Q$$

或 $$\frac{Q_A}{Q} + \frac{Q_R}{Q} + \frac{Q_D}{Q} = 1 \qquad (1-30)$$

式中 $\dfrac{Q_A}{Q}$——物体的吸收率,用 A 表示;

$\dfrac{Q_R}{Q}$——物体的反射率,用 R 表示;

$\dfrac{Q_D}{Q}$——物体的透射率,用 D 表示。

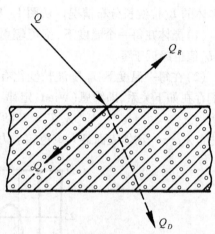

图 $1-5$ 辐射能的吸收、反射和透过

则 $$A + R + D = 1 \qquad (1-31)$$

如果 $A=1$,则 $R=D=0$,即辐射能全部被吸收,这种物体称绝对黑体,简称黑体。

如果 $R=1$,则 $A=D=0$,即辐射能全部被反射,这种物体称绝对白体,简称白体。

如果 $D=1$,则 $A=R=0$,即辐射能全部被透过,这种物体称绝对透过体,简称透过体。

自然界中,黑体、白体和透过体是不存在的,它们都是假定的理想物体。对于一种实际物体来说,其 A,R,D 的数值,不仅取决于物体的特性,还与表面状态、温度以及投射射线的波长等有关。

为研究方便,人们用人工方法制成黑体模型。在温度均匀、不透过热射线的空心壁上开一个小孔(图 $1-6$),此小孔即具有绝对黑体性质:所有进入小孔的辐射能,在多次反射过程中几乎全部被内壁吸收。小孔面积与空腔内壁面积之比越小,小孔越接近黑体。当它们的面积比小于 0.6%,空腔内壁的吸收率为 0.8 时,则小孔的吸收率 A 大于 0.998,非常接近黑体。

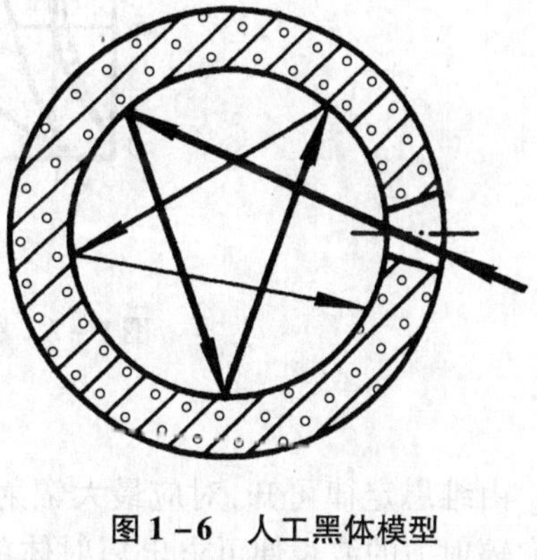

1.4.2 黑体辐射基本定律

1. 普朗克定律

普朗克于 1900 年根据量子理论导出了黑体在不同温度下的单色辐射力 $I_{0\lambda}$(角标"0"表

图 $1-6$ 人工黑体模型

示黑体）随波长 λ 的分布规律，即

$$I_{0\lambda} = \frac{C_1\lambda^{-5}}{e^{\frac{C_2}{\lambda T}} - 1} \qquad (W/m^3) \qquad\qquad (1-32)$$

式中　λ ——波长，m；

　　　T ——黑体表面的绝对温度，K；

　　　e ——自然对数的底数；

　　　C_1 ——常数，其值为 3.734×10^{-16}，$W \cdot m^2$；

　　　C_2 ——常数，其值为 1.4387×10^{-2}，$m \cdot K$。

　　式（1-32）称为普朗克定律。将式（1-32）画成图 1-7，可以更清楚地显示不同温度下黑体的 $I_{0\lambda}$ 按波长分布情况。从图 1-7 可得下述规律：

　　（1）黑体在每一个温度下，都可辐射出波长从 0 到 ∞ 的各种射线，当 λ 趋近于零或∞时，$I_{0\lambda}$ 值也趋近于零。

　　（2）在每一温度下，$I_{0\lambda}$ 随波长变化有一最大值，当温度升高，其最大值向短波方向移动。它们存在如下关系，即维恩（Wien）定律

$$\lambda_m T = 2.8976 \times 10^{-3} \qquad (m \cdot K) \qquad\qquad (1-33)$$

式中　λ_m ——物体表面最大单色辐射力所对应的波长，m。

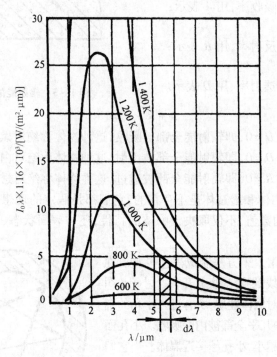

**图 1-7　黑体在不同温度下的单色辐射力
随波长的分布图**

　　由维恩定律可知，对应最大辐射力的波长与绝对温度的乘积为常数，如果已知对应于最大辐射力的波长便可求出辐射体的表面温度。这就是利用观察火色来判别加热温度的理论依据。

2. 斯蒂芬－玻耳兹曼定律

在一定温度下单位面积上，单位时间内发射出各种波长的辐射能量的总和，称为该温度下的辐射力，用 E 表示。因此，黑体的辐射力 E_0 为

$$E_0 = \int_0^\infty I_{0\lambda} d\lambda = \int_0^\infty \frac{C_1 \lambda^{-5}}{e^{\frac{C_2}{\lambda T}} - 1} d\lambda \tag{1-34}$$

积分后改写成

$$E_0 = C_0 \left(\frac{T}{100}\right)^4 \quad (W/m^2) \tag{1-35}$$

式中　C_0——黑体的辐射系数，其值为 5. 675 $W/(m^2 \cdot K^4)$。

式(1-35)表明黑体的辐射力与绝对温度的四次方成正比，称为辐射四次方定律，也叫斯蒂芬－玻耳兹曼定律。

3. 灰体和实际物体的辐射力

如果某物体的辐射光谱是连续的，光谱曲线与黑体的光谱曲线相似，而且它的单色辐射力 I_λ 与同温度、同波长下黑体的单色辐射力 $I_{0\lambda}$ 之比为定值，并且与波长和温度无关，即

$$\frac{I_{\lambda1}}{I_{0\lambda1}} = \frac{I_{\lambda2}}{I_{0\lambda2}} = \cdots = \frac{I_{\lambda n}}{I_{0\lambda n}} = \varepsilon_\lambda = 定值 < 1 \tag{1-36}$$

那么，这种物体为灰体。ε_λ 称为灰体的单色黑度，或单色辐射率。上述关系可用图 1-8 表示。

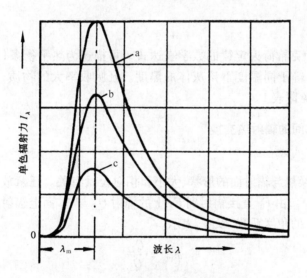

图 1-8　灰体与黑体辐射光谱的比较

a—黑体($\varepsilon = 1$)；b—灰体($\varepsilon = 0.67$)；c—灰体($\varepsilon = 0.33$)

灰体的黑度 ε（或称辐射率）被定义为灰体的辐射力 E 与同温度下黑体辐射 E_0 之比。对灰体来说 $E/E_0 = I_\lambda/I_{0\lambda}$，故 $\varepsilon = \varepsilon_{\lambda0}$，即灰体的黑度与它的单色黑度在数值上相等。

那么，灰体的辐射力为

$$E = \varepsilon C_0 \left(\frac{T}{100}\right)^4 = C \left(\frac{T}{100}\right)^4 \tag{1-37}$$

式中　C——灰体的辐射系数，$C = \varepsilon C_0$，$W/(m^2 \cdot K^4)$；

　　　ε——灰体黑度。

灰体黑度值的大小,说明了该灰体接近于黑体的程度,当 $\varepsilon = 1$ 时即为黑体。

4. 克希荷夫定律

物体的辐射和吸收是物体同一性质的两种形式。克希荷夫定律揭示了灰体的吸收率和黑度之间的定量关系。

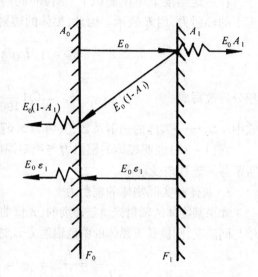

设有两个相距很近,面积相等的平行大平面(图1-9),两者温度相同,中间为完全可以透过辐射力的空间,且不受外界影响,F_1 面为任意灰体,其吸收率为 A_1,黑度为 ε_1,F_0 面为黑体,其吸收率为1。由 F_0 面向 F_1 面辐射的辐射力 E_0,其中有 E_0A_1 部分被 F_1 面所吸收;同时,由 F_1 面所辐射的辐射力 $E_1 = E_0\varepsilon_1$,也全部被 F_0 面所吸收。

由于两平面的温度相等,它们在辐射换热过程中没有热量的损失,体系处于平衡状态。则 F_1 面的热支出就等于热收入,热平衡方程为

图1-9 平衡黑面与灰面之间的辐射热交换

$$E_1 = E_0A_1 = E_0\varepsilon_1$$

故

$$A_1 = \varepsilon_1 \tag{1-38}$$

式(1-38)即为克希荷夫定律的数学表达式。可描述为热平衡条件下,任意灰体对黑体辐射能的吸收率,等于同温度下该灰体的黑度。凡吸收率大的物质,其辐射率也大。一些常用材料的黑度见附表1。

1.4.3 两物体间的辐射热交换

1. 角度系数

物体辐射热交换量与辐射面的形状、大小和相对位置有关。任意放置的两个均匀辐射面,其面积为 F_1 及 F_2,由 F_1 直接辐射到 F_2 上的辐射 Q_{12} 与 F_1 面上辐射出去的总辐射能 Q_1 之比,称为 F_1 对 F_2 的角度系数,以 φ_{12} 表示。

$$\varphi_{12} = \frac{Q_{12}}{Q_1} \tag{1-39}$$

同理

$$\varphi_{21} = \frac{Q_{21}}{Q_2} \tag{1-40}$$

式中　Q_{21}——F_2 辐射到 F_1 上的辐射能,W;

　　　Q_2——F_2 辐射出去的总辐射能,W。

角度系数只取决于两个换热表面的形状、大小以及两者间的相互位置、距离等几何因素,而与它们的温度、黑度无关。

在热处理炉的辐射换热计算中,最基本的是由两个表面组成的封闭系统。根据角度系数的上述规律可得下列最常见的几种封闭体系内角度系数值。

(1)两个相距很近的平行大平面,如图1-10(a)所示,这时 $\varphi_{12} = 1$,$\varphi_{21} = 1$。

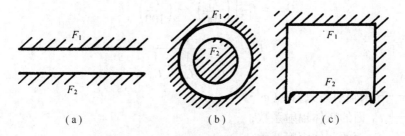

图 1 - 10　由两个表面组成的封闭体系

(a)两个相距很近的平行大平面;(b)两个很大的同轴圆柱表面;(c)一个平面和一个曲面

(2)两个很大的同轴圆柱表面,如图 1 - 10(b)所示,它相当于长轴在井式炉内加热时的情况,这时 $\varphi_{21} = 1$,$\varphi_{12} = F_2/F_1$。

(3)一个平面和一个曲面,如图 1 - 10(c)所示,它相当于平板在马弗炉内加热时的情况,这时 $\varphi_{21} = 1$,$\varphi_{12} = F_2/F_1$。

2. 封闭体系内两个大平面间的辐射换热

设有两个相互平行、相距又很近的大平面,面积为 $F_1 = F_2 = F$(图 1 - 11),各自的表面温度均匀,并保持恒定,其表面温度分别为 T_1 和 T_2,并且 $T_1 > T_2$。两平面间的介质为透过体。若 F_1 面辐射出的能量为 Q_1,全部投到 F_2 面并全部被吸收,同时 F_2 面辐射出的能量为 Q_2,也全部投到 F_1 面并全部被吸收。因 $T_1 > T_2$,F_1 面辐射给 F_2 面的热量较多,最终 F_2 面能获得的能量等于两个面所辐射出的能量之差,即

$$Q_{12} = Q_1 - Q_2$$

或

$$Q_{12} = C_0 \left[\left(\frac{T_1}{100} \right)^4 - \left(\frac{T_2}{100} \right)^4 \right] F \qquad (1 - 41)$$

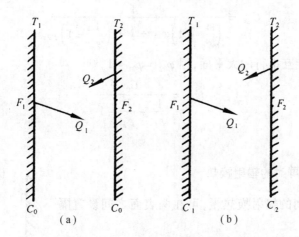

图 1 - 11　平行面间的辐射交换

(a)黑体;(b)灰体

如果两平面都是灰体,则如图 1 - 11(b)所示,辐射热交换过程较为复杂,经数学方法导出 F_1 面给 F_2 面的能量为

$$Q_{12} = C_导 \left[\left(\frac{T_1}{100} \right)^4 - \left(\frac{T_2}{100} \right)^4 \right] F \qquad (1-42)$$

$$C_导 = \cfrac{1}{\cfrac{1}{C_1} + \cfrac{1}{C_2} - \cfrac{1}{C_0}} \qquad (1-43)$$

式中　$C_导$——导来辐射系数，$W/(m^2 \cdot K^4)$；

　　　C_1——F_1 面的灰体辐射系数；

　　　C_2——F_2 面的灰体辐射系数。

将 $C_1 = \varepsilon_1 C_0, C_2 = \varepsilon_2 C_0$ 代入式（1-43），则

$$C_导 = \cfrac{1}{\cfrac{1}{\varepsilon_1} + \cfrac{1}{\varepsilon_2} - 1} C_0 \qquad (1-44)$$

式中　ε_1——1 物体的黑度；

　　　ε_2——2 物体的黑度。

在实际情况下，辐射面的形状、大小和相互位置是多样的，辐射热交换不仅与两面的温度和黑度有关，而且还与它们间的角度系数有关。因此，在封闭体系内任意面之间辐射热交换的计算公式为

$$Q_{12} = C_导 \left[\left(\frac{T_1}{100} \right)^4 - \left(\frac{T_2}{100} \right)^4 \right] F \varphi_{12} \qquad (1-45)$$

式中

$$C_导 = \cfrac{1}{\left(\cfrac{1}{C_1} - \cfrac{1}{C_0} \right) \varphi_{12} + \cfrac{1}{C_0} + \left(\cfrac{1}{C_2} - 1 \right) \varphi_{21}} \qquad (1-46)$$

又可写成

$$C_导 = \cfrac{1}{\left(\cfrac{1}{\varepsilon_1} - 1 \right) \varphi_{12} + 1 + \left(\cfrac{1}{\varepsilon_2} - 1 \right) \varphi_{21}}$$

如果辐射面是两个相互平行的大平面，因 $\varphi_{12} = \varphi_{21} = 1$，则

$$C_导 = \cfrac{C_0}{\cfrac{1}{\varepsilon_1} + \cfrac{1}{\varepsilon_2} - 1}$$

即式（1-44）。

1.4.4　有隔热屏时的辐射换热

为削弱两表面间的辐射换热量，可在两表面之间设置隔热屏（图 1-12）。

隔热屏对整个系统不起加入或移走热量的作用，仅是在热流途中增加热阻，可减少单位时间的换热量。

当两平行大平面之间加隔热屏时，设两辐射面的温度为 T_1, T_2，且 $T_1 > T_2$，隔热板温度为 T_3，辐射系数（$C_1 = C_2 = C_3$）和面积（$F_1 = F_2 = F_3 = F$）均相等，根据式（1-42），它们间的辐射能量为

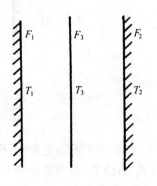

图 1-12　隔热屏示意图

$$Q_{13} = C_导 \left[\left(\frac{T_1}{100} \right)^4 - \left(\frac{T_3}{100} \right)^4 \right] F \tag{1-47}$$

$$Q_{32} = C_导 \left[\left(\frac{T_3}{100} \right)^4 - \left(\frac{T_2}{100} \right)^4 \right] F \tag{1-48}$$

当体系内达稳定态时,$Q_{13} = Q_{32}$,所以

$$\left(\frac{T_1}{100} \right)^4 - \left(\frac{T_3}{100} \right)^4 = \left(\frac{T_3}{100} \right)^4 - \left(\frac{T_2}{100} \right)^4$$

或

$$\left(\frac{T_3}{100} \right)^4 = \frac{1}{2} \left[\left(\frac{T_1}{100} \right)^4 + \left(\frac{T_2}{100} \right)^4 \right] \tag{1-49}$$

将式(1-49)代入式(1-47)或式(1-48)可得

$$Q_{13} = Q_{32} = \frac{1}{2} C_导 \left[\left(\frac{T_1}{100} \right)^4 - \left(\frac{T_2}{100} \right)^4 \right] F \tag{1-50}$$

由式(1-50)与式(1-45)比较可看出,如果两个辐射面之间放置 1 个隔板时,若导来辐射系数不变,则辐射能量可减少一半;若放置 n 个隔板,同理可以证明能量为原有能量的 $\frac{1}{n+1}$,即

$$Q_n = \frac{1}{n+1} Q \tag{1-51}$$

式中　Q_n ——放置 n 层隔板时的辐射能;

　　　　Q ——未放隔板时的辐射能。

1.4.5　通过孔口的辐射换热

在炉墙上常设有炉门孔、窥视孔及其他孔口,当这些孔敞开时,炉膛内的热量便向外辐射,在炉子设计计算过程中需计算这项热损失。

1. 薄墙的辐射换热

当炉墙厚度与孔口尺寸相比较小时,可以认为孔口处的炉衬表面不影响炉膛的热辐射,如图 1-13(a)所示,从孔口辐射的能量可以认为是黑体间的辐射热交换。

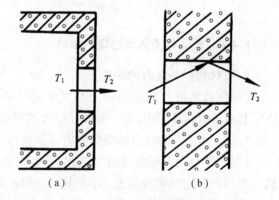

图 1-13　通过孔口的热辐射

(a)薄墙;(b)厚墙

$$Q = C_0 \left[\left(\frac{T_1}{100} \right)^4 - \left(\frac{T_2}{100} \right)^4 \right] F \tag{1-52}$$

式中　T_1 ——开孔内的温度,K;

　　　　T_2 ——开孔外的温度,K;

　　　　F ——开口的面积,m^2。

2. 厚墙的辐射换热

当炉墙厚度与孔口尺寸相比较大时,如图 1-13(b)所示,从孔口辐射出的能量有部分要落到孔口周围的炉墙表面被吸收和反射,不能全部辐射到孔口之外,这时辐射的能量为

$$Q = C_0 \Phi \left[\left(\frac{T_1}{100} \right)^4 - \left(\frac{T_2}{100} \right)^4 \right] F \qquad (1-53)$$

式中 Φ——孔口的遮蔽系数,是小于1的数值。

Φ 大小与孔口的形状、大小及炉墙厚度有关(图1-14),孔口越深,横截面面积越小,Φ值越小,遮蔽效果越好。

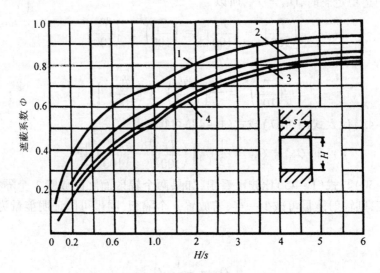

图1-14 孔口的遮蔽系数

1—拉长的矩形;2—1:2矩形;3—方形;4—圆形

1.4.6 气体与固体间的辐射换热

1. 气体辐射与吸收的特性

(1)气体的吸收和辐射能力与气体的分子结构有关。只有三原子和多原子气体(如 CO_2,H_2O,SO_2,CH_4,NH_3 等)才具有较大的吸收和辐射能力,单原子和同元素双原子气体(如 N_2,O_2,H_2 等)的吸收和辐射能力可以忽略,可看作透过体。

(2)气体辐射和吸收波谱不连续,具有明显的选择性。某一种气体只吸收和辐射某些波长范围(波带)内的辐射能,对波带以外的辐射能则既不吸收也不辐射。例如,水蒸气有三个主要吸收波带,即 $2.55 \sim 2.84$ μm,$5.6 \sim 7.6$ μm,$12.0 \sim 30$ μm;CO_2 的吸收波带为 $2.65 \sim 2.80$ μm,$4.15 \sim 4.48$ μm,$13.5 \sim 17.0$ μm。

(3)气体对辐射线没有反射能力,它一面透过一面吸收,在整个气体体积中进行。显然,气体的吸收能力取决于热射线在透过途中所碰到的气体分子数目,而气体层中的分子数目又正比于射线行程长度 S 和气体的分压 P。

2. 气体的辐射力和黑度

实验表明,气体的辐射力并不服从四次方定律,例如,E_{CO_2} 与 $T_g^{3.5}$ 成正比,E_{H_2O} 与 T_g^3 成正比。但为了计算方便,仍利用四次方定律计算,而将其偏差计入气体黑度内,则气体的辐射力表示为

$$E_g = \varepsilon_g C_0 \left(\frac{T_g}{100} \right)^4 \qquad (1-54)$$

式中 T_g——气体温度,K;

ε_g——气体黑度。

在热平衡的情况下,ε_g 等于其同温度下的吸收率 A_g。

气体的黑度是温度 T、分压 P 和行程长度 S 的函数,即

$$A_g = \varepsilon_g = f(T_g, P, S) \qquad (1-55)$$

计算时,S 值取平均射线行程长度,它与容器形状和尺寸有关,可依下式计算,即

$$S = \frac{3.6V}{F} \qquad (1-56)$$

式中 V——容器体积;

F——包围气体的容器表面积。

3. 火焰辐射

火焰的辐射能力随火焰的形态而异,按其性质分为暗焰和辉焰。

若火焰为完全燃烧产物,其所含的辐射气体主要是 H_2O 和 CO_2,它们的辐射光谱没有可见光波,亮度很小,故称暗焰。暗焰的黑度较小,一般在 0.15 ~ 0.3 范围。

若火焰中含有固体燃料颗粒或热分解产生的小碳粒,它们的辐射光谱是连续的,有可见光射线,亮度较大,故称为辉焰。辉焰的辐射能力远高于暗焰。气体燃料的辉焰黑度为 0.2 ~ 0.3,重油辉焰黑度为 0.35 ~ 0.4。

4. 气体与固体壁面间的辐射换热

炉子或通道内充满具有辐射能力的气体时,气体将与周围壁面间发生辐射换热,在工程计算中,可近似地按下式计算,即

$$Q = \frac{C_0 F}{\dfrac{1}{\varepsilon_g} + \dfrac{1}{\varepsilon_w} - 1}(T_g^4 - T_w^4) \qquad (1-57)$$

式中 T_g——气体温度,K;

T_w——壁面温度,K;

ε_g——气体黑度;

ε_w——壁面黑度;

F——气体与壁面的接触面积,m^2。

1.5 综 合 传 热

前面分别讨论了传导、对流和辐射的基本规律及其计算方法。在实际传热过程中往往是两种或三种传热方式同时发生,所以,必须考虑它们的综合传热效果。例如,工件在热处理电阻炉内加热时,电热体和炉墙内壁以辐射和对流方式先将热量传给工件表面,然后热量再由工件表面以传导方式传至工件内部,工件加热的快慢是三种传热方式综合作用的结果。

1.5.1 对流和辐射同时存在时的传热

工件在热处理炉内加热时,热源与工件表面间不仅有辐射换热,而且还有对流换热。因而单位时间内炉膛传给工件表面的总热流量为

$$Q = Q_{对} + Q_{辐} = \alpha_{对}(t_1 - t_2)F + C_{导}\left[\left(\frac{T_1}{100}\right)^4 - \left(\frac{T_2}{100}\right)^4\right]F$$

为了便于对更复杂的传热过程进行综合计算以及对不同类型炉子的传热能力的大小进行比较，一般将它改写成传热一般方程的形式，即

$$Q = \alpha_{对}(t_1 - t_2)F + \frac{C_{导}\left[\left(\frac{t_1 + 273}{100}\right)^4 - \left(\frac{t_2 + 273}{100}\right)^4\right]}{t_1 - t_2}(t_1 - t_2)F$$

$$= (\alpha_{对} + \alpha_{辐})(t_1 - t_2)F = \alpha_{\sum}(t_1 - t_2)F \qquad (1-58)$$

式中　t_1——炉膛温度，℃；

　　　t_2——工件表面温度，℃；

　　　$\alpha_{对}$——对流换热系数，W/(m² · ℃)；

　　　$\alpha_{辐}$——辐射换热系数，$\alpha_{辐} = C_{导}\left[\left(\frac{t_1 + 273}{100}\right)^4 - \left(\frac{t_2 + 273}{100}\right)^4\right] \Big/ (t_1 - t_2)$，W/(m² · ℃)；

　　　$\alpha_{\sum}$——综合传热系数或总换热系数，$\alpha_{\sum} = \alpha_{对} + \alpha_{辐}$，它表示炉子的传热能力，W/(m² · ℃)。

对不同类型的炉子，辐射和对流在炉内所起的作用并不相同。例如，在中、高温电阻炉和真空电阻炉内，炉膛传热以辐射换热为主，而对流换热的作用极小以致可忽略不计，$\alpha_{辐}$ 就代表这类炉子的传热能力。在低温空气循环电阻炉以及盐浴炉内，炉膛传热以对流换热为主，而其他传热方式可忽略不计，所以 $\alpha_{对}$ 就代表了这类炉子的传热能力。对装有风扇的中温电阻炉或燃料炉来说，对流和辐射的作用均不可忽略，因而这类热处理炉传热能力的大小，应该用 $\alpha_{\sum}$ 值来表示。

当研究炉墙外表面向车间散热时，$\alpha_{\sum}$ 的大小表示炉墙外表面向车间散热的强弱程度，这时式（1-58）中 t_1，t_2 分别为炉墙外表面和车间的温度，而 $\alpha_{对}$，$C_{导}$ 分别按式（1-25）和式（1-43）计算。当炉壳为钢板或涂灰漆时，$C_{导} = 4.65$ W/(m² · K⁴)；涂铝粉漆时，$C_{导} = 2.56$ W/(m² · K⁴)。车间温度为 20 ℃时，$\alpha_{\sum}$ 值计算结果见附表2。

1.5.2　炉墙的综合传热

在炉内热流通过炉墙传到周围的空气中，这一过程包括炉气以对流和辐射方式传给内壁，内壁又以传导方式传到外壁，外壁则以对流和辐射方式传给周围的空气，如图1-15所示。设炉壁内外表面温度分别为 t_1，t_2，炉膛内空气温度和炉外空气温度分别为 t，t_0，炉壁厚度为 s，热导率为 λ，则热量传递过程表示如下。

高温气体以辐射和对流方式传给内壁的热流密度为

$$q_1 = \alpha_{\sum_1}(t - t_1) \qquad (1-59)$$

炉壁以传导方式由内壁传到外壁的热流密度为

$$q_2 = \frac{\lambda}{s}(t_1 - t_2) \qquad (1-60)$$

外壁以辐射和对流方式传给周围空气的热流密度为

$$q_3 = \alpha_{\sum_2}(t_2 - t_0) \qquad (1-61)$$

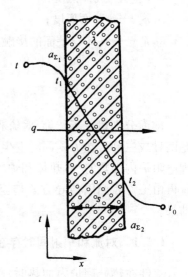

图1-15　平壁炉墙的综合传热过程

在稳定传热情况下，$q_1 = q_2 = q_3 = q$，整理式(1-59)、式(1-60)和式(1-61)得到

$$q = \dfrac{t - t_0}{\dfrac{1}{\alpha_{\sum_1}} + \dfrac{s}{\lambda} + \dfrac{1}{\alpha_{\sum_2}}} \qquad (1-62)$$

式中　q ——炉气通过炉墙向车间空气中的散热热流密度，W/m^2；

　　　$\alpha_{\sum_1}$——炉气对炉墙内表面的综合传热系数，$W/(m^2 \cdot ℃)$；

　　　$\alpha_{\sum_2}$——炉墙外表面对空气的综合传热系数，$W/(m^2 \cdot ℃)$(参见附表2)。

由式(1-62)可以看出，炉墙内外气体可看成多层平壁的组成部分，即平壁内侧有一个附加层，热阻为 $\dfrac{1}{\alpha_{\sum_1}}$，其外侧也有一个附加层，热阻为 $\dfrac{1}{\alpha_{\sum_2}}$。由于 $\alpha_{\sum_1}$ 值较大，故其热阻 $\dfrac{1}{\alpha_{\sum_1}}$ 很小，可以忽略不计。式(1-62)可写成

$$q = \dfrac{t - t_0}{\dfrac{s}{\lambda} + \dfrac{1}{\alpha_{\sum_2}}} \qquad (1-63)$$

对于 n 层炉墙的传热过程，可导出下式

$$q_n = \dfrac{t - t_0}{\dfrac{s_1}{\lambda_1} + \dfrac{s_2}{\lambda_2} + \cdots + \dfrac{s_n}{\lambda_n} + \dfrac{1}{\alpha_{\sum_2}}} \qquad (1-64)$$

习题与思考题

1. 试比较传导、对流、辐射传热过程的共同性和特殊性。
2. 怎样强化高温热处理炉炉内辐射换热和减少辐射热损失？
3. 试分析不同类型热处理炉炉内综合传热情况。
4. 试述温度场与温度梯度、热流与热流密度的基本概念。
5. 试述热导率的基本概念，并指出其影响因素。
6. 试述对流换热系数的影响因素，并说明增大或减小对流换热系数的措施。

第2章　气体力学

气体力学是研究气体平衡和运动的一般规律的科学。热处理炉中,常用的气体有空气、氮气、氢气、氩气、可控气氛以及燃料炉中的燃烧产物等。在燃料炉内炉气是加热介质,其在炉内的运动状态(流向、流速、流量及流动形态等)与燃料燃烧、能源消耗、炉内热交换、炉温均匀性、介质一致性以及炉子安全操作等都有密切关系。因此设计和使用热处理炉的主要任务之一是引导炉气合理流动。

本章将介绍炉气运动的某些基本规律,主要是静止气体的能量、炉内气体与炉外气体的相互作用、气体运动的动力和阻力以及伯努利方程等,为合理设计和正确使用热处理炉打好基础。

2.1　气体静力学

2.1.1　静止气体的能量

1. 气体的压强(p)和压力能(E_s)

绝对压强:气体作用在容器单位面积上的力称为气体压强。气体压强若从绝对零点(绝对真空)算起,则称为绝对压强,以 p 表示。国际单位制中,压强单位为帕斯卡(Pa),$1\ Pa = 1\ N/m^2$。

相对压强:气体压强若以大气压强 p_a 为计算起点,即同一水平面上容器内气体的绝对压强 p 与大气压强 p_a 之差,称为相对压强(Δp),其值通常可用普通压力表直接测量,故又称为表压强。在图 2-1 中,用 U 形管测得的液柱高度差 h,即表示相对压强。

$$\Delta p = p - p_a = \rho g h \qquad (2-1)$$

式中　ρ ——管内液体的密度,kg/m^3;

$\quad\ g$ ——重力加速度,等于 $9.8\ m/s^2$;

$\quad\ h$ —— U 形管液面高度差,m。

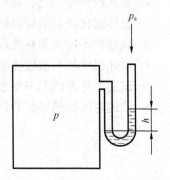

图 2-1　表压强的测定

当 $p = p_a$ 时,称为相对零压;当 $p > p_a$ 时,称为相对正压;当 $p < p_a$ 时,称为相对负压。

压力能(静压能):气体压强是气体分子储存能量大小的一种表现形式,通常称为压力能(E_s)。例如在图 2-2 中,气体可推动活塞做功 dW,它等于气体的压强 p、活塞面积 F 及活塞的位移 dl 三者之乘积,即

$$dW = pF dl = p dV$$

而单位体积气体所做的功为

$$dW/dV = p$$

因此,单位体积气体的静压能 E_s 为

$$E_s = p \qquad (2-2)$$

由此可见,从力的角度来看,p 为气体具有的静压强,单位为 Pa;从能量的角度来看,p 则是单位体积气体具有的静压能 E_s,单位为 J/m^3。

2. 气体的位能(E_P)

在重力作用下,质量为 m,距某一基准面的高度为 z 的物体所具有的位能为 mgz。因此,体积为 dV 的静止气体,在距某基准面的高度为 z 时(图 2-3)所具有的位能为

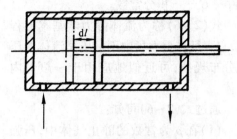

图 2-2　气体推动活塞做功

$$mgz = \rho dV gz$$

则单位体积的气体所具有的位能为

$$E_P = \rho gz dV / dV = \rho gz \qquad (2-3)$$

由此可知,E_P 与距某基准面的 z 有关。

3. 静止气体的平衡方程

在静止气体中取一垂直于地面的微小体积元,上下两面面积为 df(图 2-4)。六个表面除了受到其周围气体的静压力作用外,尚有其自身的重力 dmg。由于气体处于静止状态,受力必平衡。现只列出 z 轴方向的平衡方程式。设该微小体积元下表面所受的压强为 p,上表面所受的压强为 $p + \dfrac{dp}{dz}dz$,则 z 轴方向的平衡方程式为

$$p df - \left(p + \frac{dp}{dz}dz\right)df - dmg = 0 \qquad (2-4)$$

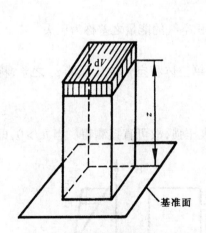

图 2-3　在距基准面高度为 z、
体积为 dV 的静止气体

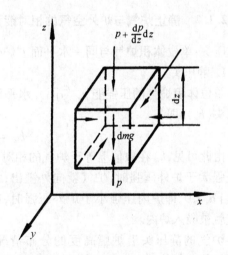

图 2-4　平衡气体的受力情况

将 $dm = \rho df dz$ 代入式(2-4)并消去 df,得

$$dp = -\rho g dz \qquad (2-5)$$

若 ρ 为常数,则将式(2-5)积分得

$$p + \rho gz = C$$

或
$$p = -\rho gz + C \qquad (2-6)$$

式中　C——积分常数。

式(2-6)称为流体静力学基本方程式,它表征在重力场中不可压缩流体的压强分布规律,可近似地应用于一般炉内气体。

通过式(2-6)可知:

(1)在 ρ 为常数的静止气体中,压强沿高度呈现直线分布,其斜率为 $-\rho g$。

(2)静止气体中任一高度处的压强能与位能之和为一常数,故在图2-5所示的静止气柱中,任意两截面Ⅰ和Ⅱ都可按式(2-6)列出

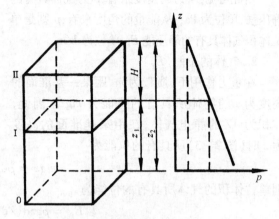

图2-5　平衡气体的压强分布

$$p_1 + \rho gz_1 = C, \qquad p_2 + \rho gz_2 = C$$

因此
$$p_1 + \rho gz_1 = p_2 + \rho gz_2$$

或
$$p_1 = p_2 + \rho g(z_2 - z_1) = p_2 + \rho gH \qquad (2-7)$$

式中　H——截面Ⅰ和截面Ⅱ之间的气柱高度。

由式(2-7)可见,Ⅰ面上的压强 p_1 等于Ⅱ面上的压强 p_2 再加上Ⅰ,Ⅱ面之间的气柱所受重力在Ⅰ面上所产生的压强 ρgH。因此,静止气体的绝对压强随高度的增加而减小。

2.1.2　静止炉气与炉外空气的相对能量——压头

压头:单位体积炉气与同一水平面上炉外单位体积空气的能量之差称为压头。

1. 静压头

单位体积炉气的压强能 p_g 与同一水平面上炉外单位体积空气的压强能 p_a 之差,称为静压头(h_s),即

$$h_s = p_g - p_a \qquad (2-8)$$

由此可见,h_s 在数值上等于炉气的相对压强,即表压强,故可直接测得。当 $h_s > 0$,即炉内压强大于炉外压强时,炉气就向外溢出;相反,当 $h_s < 0$,即炉内压强小于炉外压强时,冷空气就被吸入炉内。

炉气的静压头沿炉膛高度的分布情况,可利用静止气体基本方程式推出。图2-6为一充满炉气的容器,设炉气密度为 ρ_g,压力能为 p_g,容器外是密度为 ρ_a 的冷空气,其压力能为 p_a。根据静止气体压力分布规律可知,p_g 和 p_a 的分布是两条不同斜率的直线,p_g 的斜率为 $-\rho_g g$,p_a 的斜率为 $-\rho_a g$。因 $\rho_g < \rho_a$,故 p_g 分布直线比 p_a 陡,且两直线相交于一点 O,

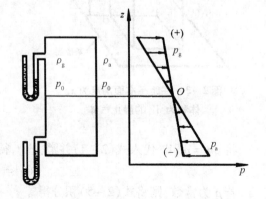

图2-6　静止炉气和空气静压头的分布

在 O 点,炉气的压力能和空气的压力能相等,即炉气的静压头为零。容器在该点处的水平截面称为相对零压面,或简称零压面。在零压面,若压力能为 p_0,则有 $p_g = p_a = p_0$ 或 $p_g - p_a = 0$。若容器在该处开一小孔,则不会产生溢气和吸气现象。

静止炉气静压头的大小亦可用静止气体基本方程式求得。对于在零压面之上 H 处的一截面,应用式(2-7)可列出

$$p_g = p_0 - \rho_g g H$$
$$p_a = p_0 - \rho_a g H$$

两式相减并整理后得

$$h_s = p_g - p_a = (\rho_a - \rho_g) g H \tag{2-9}$$

由式(2-9)可知,ρ_g 为常数的静止炉气所具有的静压头也沿其高度呈现直线分布,可表示为图 2-7 的形状,炉顶的静压头总比炉底的高。在相对零压面以上,炉气的静压头为正,越往上其正值越大,从炉壁开口会向外溢气;同理,在零压面以下,炉气的静压头为负,越往下负值越大,从炉壁开口处会吸入冷空气。这是由于炉内热气柱所受的重力小,炉内气体的绝对压强随高度增加而减小得慢;而炉外空气柱所受重力大,空气的绝对压强随高度增加而减小得快的缘故。

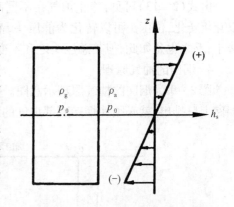

图 2-7 静止炉气的静压头分布

2. 位压头(几何压头)

单位体积炉气的位能与同一水平面上炉外单位体积空气的位能之差称为位压头(h_P),即

$$h_P = \rho_g g z - \rho_a g z = (\rho_g - \rho_a) g z \tag{2-10}$$

气体压头的分布与选取的基准面位置有关,为了计算方便,使位压头为正,常把基准面选在研究系统的顶部(图 2-8)。就加热炉来说,常常是 $\rho_g < \rho_a$,按图 2-8 炉气的位标 z 也是负值,故在加热炉设计时,习惯上把位压头的计算公式写成

$$h_P = (\rho_a - \rho_g) g z \tag{2-11}$$

由式(2-11)可知,静止炉气的位压头沿其高度呈直线分布,由于 $\rho_a > \rho_g$,故越往下位压头越大。

位压头的物理意义是:单位面积上的热炉气所受到的炉外同一水平面上冷空气的浮力大小的量度。但位压头和浮力是两个不同的概念,前者是能量,后者是力。位压头虽不能直接测量,但可按式(2-11)进行计算。

从式(2-9)和式(2-11)可以看出,静止炉气的静压头和位压头,都是由

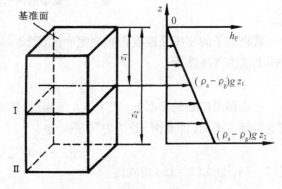

图 2-8 静止炉气的位压头分布

于热炉气的密度(ρ_g)与炉外空气的密度(ρ_a)存在着差异而产生的,但两者是以不同角度分析推导出来的,有不同的概念。静压头常用来分析炉膛溢气和吸气,位压头则用于分析炉

气上浮能力的大小。

3. 静止炉气静压头与位压头的关系

根据式(2-7)，对 I，II 截面的炉气和空气可分别列出以下两式

$$p_{g1} + \rho_g g z_1 = p_{g2} + \rho_g g z_2$$

$$p_{a1} + \rho_a g z_1 = p_{a2} + \rho_a g z_2$$

两式相减得

$$(p_{g1} - p_{a1}) + (\rho_g - \rho_a)g z_1 = (p_{g2} - p_{a2}) + (\rho_g - \rho_a)g z_2 \qquad (2-12)$$

再根据式(2-9)和式(2-11)整理得

$$h_{s1} + h_{P1} = h_{s2} + h_{P2} \qquad (2-13)$$

由式(2-13)可见，静止炉气在不同高度上，其静压头和位压头之和为一定值，二者可以互相转化，位压头可以转化为静压头，静压头也可以转化为位压头；静压头大处，位压头必小，反之也是如此，但其总压头之和不变，即压头守恒。

4. 烟囱的抽气原理

图2-9为烟囱的抽气原理示意图。要使炉气能从燃烧室顺利流经炉膛、烟道，最后从烟囱上口排出，就必须使烟囱底部炉气的静压头低于燃烧室和炉膛内炉气的静压头。

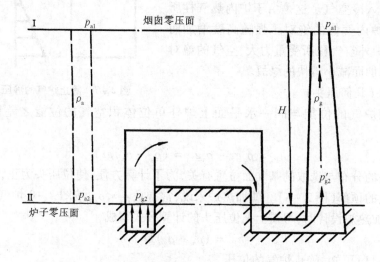

图2-9 烟囱的抽气原理示意图

若将炉子的零压面控制在燃烧室底部(图2-9中II面)，并设烟囱顶部的气压为 p_{a1}，则 II 面上的炉气压强为

$$p_{g2} = p_{a2} = p_{a1} + \rho_a g H \qquad (2-14)$$

在烟囱出口处的 I 面上，炉气与大气相通，该面即为烟囱的零压面，故在烟囱内位于燃烧室底部水平面(即II面)处的炉气压强为

$$p_{g2}' = p_{a1} + \rho_g g H \qquad (2-15)$$

式(2-14)与式(2-15)相减得

$$p_{g2} - p_{g2}' = (\rho_a - \rho_g)g H \qquad (2-16)$$

当炉气为热状态时，$\rho_a > \rho_g$，故 $p_{g2} > p_{g2}'$，此时系统内炉气不可能保持平衡，必将从燃烧室被抽向烟囱底部。式(2-16)中的 $(\rho_a - \rho_g)g H$ 恰为水平面 II 上的炉气所具有的位压头。

由此可见,烟囱的作用就在于烟囱所造成的位压头,它使炉气具有上浮能力,在烟囱底部形成相对负的静压头。烟囱越高,炉气与空气的温差越大,即($\rho_a - \rho_g$)值越大,则烟囱的抽力也越大。

必须指出,式(2-16)是在炉气静止的条件下得出的,而实际上烟囱抽力却使炉气处于流动状态,故按式(2-16)计算出的抽力是理想的,常称为烟囱的理想抽力或理论抽力。烟囱的理想抽力应大于炉气在燃烧室、炉膛、烟道和烟囱中流动的能量损失,才能使炉气在流动过程中克服各种阻力,顺利地流入烟囱而排出。在进行理论计算时,还要参考有关文献,将各种能量损失考虑全面。

2.2 气体动力学及伯努利方程

2.2.1 气体流动的性质

1. 气体流量和流速

气体流量:在单位时间内流过给定面积的气体量,称为气体的流量。流量通常可用体积流量 $q_V(\mathrm{m^3/s})$ 和质量流量 $q_m(\mathrm{kg/s})$ 来表示,即

$$q_V = \frac{V}{t}, \qquad q_m = \frac{m}{t} \qquad\qquad (2-17)$$

气体流速:气体的流动速度在管道截面上的分布通常是不均匀的,工程上所说的流速是指管道中流体的平均流速,即单位面积上的平均流量,单位为 m/s。

$$v = \frac{q_V}{f} \qquad\qquad (2-18)$$

则

$$q_m = \rho v f \qquad\qquad (2-19)$$

气体随温度升高而膨胀。根据气体方程,其在某一温度下的体积 V_t 与在标准状态的体积 V_0 之间存在如下关系,即

$$V_t = V_0(1 + \beta t) \qquad\qquad (2-20)$$

式中 β——气体膨胀系数,$\beta = 1/273\ \text{℃}^{-1}$。

由式(2-20)可以推出某一温度下气体的体积流量(q_{V_t})、流速(v_t)和密度(ρ_t)等与标准状态下的体积流量(q_{V_0})、流速(v_0)和密度(ρ_0)间存在如下相应关系,即

$$q_{V_t} = q_{V_0}(1 + \beta t) \qquad\qquad (2-21)$$

$$v_t = v_0(1 + \beta t) \qquad\qquad (2-22)$$

$$\rho_t = \rho_0/(1 + \beta t) \qquad\qquad (2-23)$$

在研究气体运动时,通常把气流速度分为低速和高速两大类。

气体在管道内以低速运动时,其压力梯度很小,对气体密度影响不大,可看作是不可压缩流体。炉气在炉膛和烟道内流动均属于这种情况。气体高速流动(如在喷嘴中的运动)时,气流压力梯度很大,气体密度变化也较大,这时就不能运用由不可压缩气体推导出来的公式。

2. 气体的黏性

气体流动时,其内部各层之间产生的摩擦力(或切应力)的性质,称为气体的黏性,黏性大小程度称为黏度。

气体沿水平管道作层状流动时，由于附着力的作用，在管内壁上的速度为零。离管壁越远，速度越大，形成如图 2-10 中所示的速度分布曲线。相邻层之间相对运动而产生的内摩擦力 F 与层间交界面积 f' 及相邻层的速度梯度 $\dfrac{\mathrm{d}v}{\mathrm{d}n}$ 成正比，即

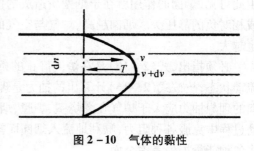

图 2-10　气体的黏性

$$F = \mu f' \frac{\mathrm{d}v}{\mathrm{d}n} \qquad (2-24)$$

以切应力 τ 表示时，则

$$\tau = \frac{F}{f'} = \mu \frac{\mathrm{d}v}{\mathrm{d}n} \qquad (2-25)$$

式中　μ——动力黏度系数或动力黏度，$Pa \cdot s$。

气体黏度与压力的关系不大，但随温度的升高而增大，因为温度升高将增强气体分子的不规则运动和动量的交换，增大运动的阻力。气体黏度随温度 T 的变化关系为

$$\mu_T = \mu_0 \frac{273 + C}{T + C} \left(\frac{T}{273}\right)^{\frac{3}{2}} \qquad (2-26)$$

式中　μ_T——气体在温度为 T（热力学温度）时的动力黏度；

C——与气体性质有关的常数；

μ_0——气体在 273 K 时的动力黏度。

空气的 $\mu_0 = 17.09 \times 10^{-6}\ Pa \cdot s$，$C = 111$；燃烧产物的 $\mu_0 = 15.9 \times 10^{-6}\ Pa \cdot s$，$C = 170$。有时为简化问题的分析过程，常常忽略气体的黏性，不考虑黏性的气体称为理想气体。

3. 气体的动能与动压头

动能：对于密度为 ρ 的单位体积的气体，其所具有的动能 E_d 在数值上可表示为

$$E_d = \frac{1}{2}mv^2 = \frac{1}{2}\rho v^2 \qquad (2-27)$$

动压头：管道内流动着的单位体积气体与管外空气之间的动能差，称为该种气体的动压头（h_d）。对于热处理炉来说，车间空气可认为是静止的，其动能为零，故炉气所具有的压头就等于炉内气体本身的动能，即

$$h_d = \frac{1}{2}\rho v^2 \qquad (2-28)$$

2.2.2　炉气在运动中的能量（压头）损失

炉气在炉膛、烟道等通道内流动时会由于冲击及摩擦等作用造成能量损失或压头损失 h_1。流体只有流动才会有能量损失，其一般表达式为

$$h_1 = K \frac{1}{2}\rho v^2 \qquad (2-29)$$

式中　K——阻力系数。

工程上为计算方便，常把能量损失分为摩擦阻力损失（沿程阻力损失）和局部阻力损失两类。

1. 摩擦阻力损失 h_f

摩擦阻力损失指气体在管道中流动时因气流与管壁和气体分子间的摩擦力而产生的

能量损失。摩擦阻力损失与气流动能成正比,即

$$h_\mathrm{f} = K\frac{1}{2}\rho_t v_t^2 = K\frac{1}{2}\rho_0 v_0^2(1+\beta t) \qquad (2-30)$$

式中

$$K = K_\text{摩}\frac{L}{d} \qquad (2-31)$$

式中　$K_\text{摩}$——摩擦阻力系数,在一般加热炉计算时,对砖砌管道 $K_\text{摩}=0.05$;对光滑金属管
　　　　道 $K_\text{摩}=0.03$;对生锈金属管道 $K_\text{摩}=0.045$;

　　　L——管道长度;

　　　d——管道当量直径。

2. 局部阻力损失 h_p

局部阻力损失指由局部阻力引起的能量损失,即由于管道突然转向或截面变化而引起局部气流运动方向或速度改变,使气流内各质点间相互冲击或形成漩涡而造成该局部区域的能量损失。局部阻力损失也与流体动能成正比,即

$$h_\mathrm{p} = K_\text{局}\frac{1}{2}\rho_t v_t^2 = K_\text{局}\frac{1}{2}\rho_0 v_0^2(1+\beta t) \qquad (2-32)$$

式中　$K_\text{局}$——局部阻力系数,其数值取决于管道形状和尺寸的变化情况,一般由实验求得。

应当指出,对于截面发生变化的管道,式中的 $K_\text{局}$ 值在本书中是按最小截面的气流速度计算的。

局部阻力损失按管道形式而异,常见的有如下几种情况。

(1)管道进出口的局部阻力损失

管道口的形状不同,对气流的阻力影响很大。管道口形状对阻力系数的影响如图 2-11 所示。

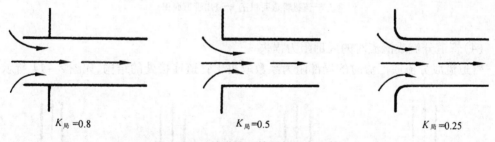

　　　　$K_\text{局}=0.8$　　　　　　　　$K_\text{局}=0.5$　　　　　　　　$K_\text{局}=0.25$

图 2-11　管道进口的局部阻力系数

(2)管道转变一定角度时的局部阻力损失

管道转弯90°时的气体流动情况如图 2-12 所示。气体质点在转弯处除撞击端壁,除使向前的速度减小为零而消耗能量外,质点还向新的方向加速运动,并在弯角处形成漩涡也需消耗一部分能量。若将直角转弯做成圆弧状或用两个45°角转弯来代替,则可有效地降低局部能量损失。圆管弯曲成不同角度时的局部阻力系数见表 2-1。

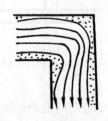

**图 2-12　管道转弯 90°时
气流运动情况**

表2-1　圆管道弯曲成不同角度时的局部阻力系数 $K_局$ 值

壁面状况	θ					说明
	22.5°	30°	45°	60°	90°	
平滑管	0.07	0.24	0.24	0.47	1.13	若作成圆弧形转弯,其 K 值只有表内数值的1/4
粗糙管	0.11	0.32	0.32	0.68	1.27	

壁面状况	l/d					
	0.71	1.17	1.36	6.28	∞	
平滑管	0.51	0.33	0.29	0.40	0.47	
粗糙管	0.51	0.38	0.39	0.45	0.64	

(3)管道局部扩张或收缩时的局部阻力损失

因气流具有一定惯性力,故不能按管道形状突然收缩或扩张,而形成如图2-13所示的变化,从而引起气体质点间或质点与管壁间的相互冲击和旋涡而消耗能量。若将突然扩张管作成逐渐扩张形状,则局部阻力损失随扩张角的减小而降低,甚至可以忽略不计。

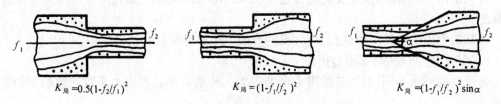

$$K_局=0.5(1-f_2/f_1)^2 \qquad K_局=(1-f_1/f_2)^2 \qquad K_局=(1-f_1/f_2)^2\sin\alpha$$

图2-13　管道扩张或收缩的局部阻力系数
f_1 —流进管道面积;f_2 —流出管道面积

(4)管道分流或汇流时的局部阻力损失

管道流股分流或汇流时的局部阻力系数取决于管道连接处的结构,如图2-14所示。

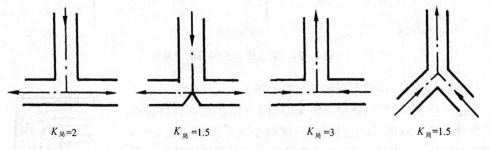

$$K_局=2 \qquad K_局=1.5 \qquad K_局=3 \qquad K_局=1.5$$

图2-14　管道流股分流或汇流时的局部阻力系数

(5)闸门的局部阻力损失

闸门的局部阻力系数与闸门的形式及其开启程度有关,如表2-12所示。

表 2 – 12　闸门的局部阻力系数

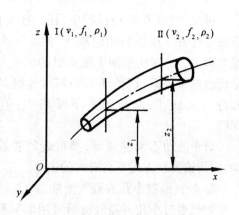

挡板旋转角度 α	5°	10°	20°	40°	60°	70°	90°	挡板开启程度/%	10	30	50	80
$K_{局}$	0.24	0.52	1.54	10.3	11.8	75.1	∞	$K_{局}$	23.0	16.7	4.0	0.5

（6）其他局部阻力损失

炉气流经燃烧室、煤层、换热器等造成的能量损失,是由许多局部能量损失和摩擦能量损失组成的综合压头损失。

2.2.3　气体流动的连续性方程

因气体是连续介质,在研究气体运动时,认为是连续地充满所占据的空间。根据质量守恒定律,对于空间固定的封闭曲面（图 2 – 15）,气体作稳定流动时,流入的流体质量必然等于流出的流体质量。若单位时间内通过 I 和 II 两截面的气体质量分别为 $v_1 f_1 \rho_1$ 和 $v_2 f_2 \rho_2$,则

$$v_1 f_1 \rho_1 = v_2 f_2 \rho_2 \qquad (2 – 33)$$

式（2 – 33）即为气体流动的连续性方程式,可见它是气体流动时质量守恒定律的数学表达式。对不可压缩的流体,$\rho_1 = \rho_2$,则

图 2 – 15　气流的连续性

$$v_1 f_1 = v_2 f_2 \qquad (2 – 34)$$

式（2 – 34）表明,ρ 保持恒定的气体作稳定流动时,其流速与管道截面成反比。

2.2.4　伯努利方程及其应用

1. 伯努利方程表达式

根据运动物体的能量守恒定律,当不可压缩的气体在管内作稳定流动时,气体能量在其流动过程中保持恒定。在图 2 – 15 中,I 截面上气体的全部能量（压力能、位能、动能之和）等于 II 截面上气体的全部能量（压力能、位能、动能之和）加上气体从 I 截面到 II 截面的能量损失,即

$$p_1 + \rho g z_1 + \frac{1}{2}\rho v_1^2 = p_2 + \rho g z_2 + \frac{1}{2}\rho v_2^2 + \frac{K}{2}\rho v^2 \qquad (2 – 35)$$

式中　z_1 ——管道 I 截面的水平高度;

　　　z_2 ——管道 II 截面的水平高度。

式（2 – 35）即为气体的伯努利方程,它不但说明了总能量守恒,还说明了压力能、位能、动能的能量形式之间可以相互转化。能量损失和能量转化是两个不同的概念,能量损失是指气体流动时一部分能量变成热能而散失掉了,是不可逆的;能量转化是各种能量之间在一定条件下互相转化,是可逆的。

伯努利方程也可以用压头的形式表示。当流动气体的管外（或炉外）是静止的空气时，根据式（2-35）可分别列出如下两个方程

$$p_{g1} + \rho_g g z_1 + \frac{1}{2}\rho_g v_1^2 = p_{g2} + \rho_g g z_2 + \frac{1}{2}\rho_g v_2^2 + \frac{K}{2}\rho_g v^2 \qquad (2-36)$$

$$p_{a1} + \rho_a g z_1 = p_{a2} + \rho_a g z_2 \qquad (2-37)$$

式（2-36）与式（2-37）相减得

$$(p_{g1} - p_{a1}) + (\rho_g - \rho_a)g z_1 + \frac{1}{2}\rho_g v_1^2$$

$$= (p_{g2} - p_{a2}) + (\rho_g - \rho_a)g z_2 + \frac{1}{2}\rho_g v_2^2 + \frac{K}{2}\rho_g v^2 \qquad (2-38)$$

式（2-38）又可简写为

$$h_{s1} + h_{P1} + h_{d1} = h_{s2} + h_{P2} + h_{d2} + h_1 = h_{\sum} \qquad (2-39)$$

可见，气体在流动过程中，任一压头的增大，必然伴有另一压头的相应减少，但总压头（$h_{\sum}$）保持恒定。炉气在烟囱中流动时的压头变化就是呈现出这种关系，即位压头沿高度连续向动压头和静压头转化，能量损失不断增大，但总能量守恒。

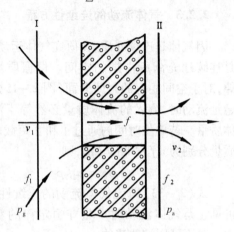

对于波动不大的流动，都可近似看成稳定流动，应用伯努利方程不会有大的误差。

2. 炉气通过小孔的溢气流量

炉气通过小孔的溢气流量可用伯努利方程式（2-38）求解。在小孔两侧取两个截面，Ⅰ面取在炉内，Ⅱ面取在炉外（图2-16）。由于炉膛面积远大于小孔面积，故可认为 $v_1 = 0$，又因为气流是水平流动，$z_1 = z_2$，若炉外气流的压力等于大气压 p_a，则解式（2-38）可得

图2-16　小孔溢气

$$v_2 = \sqrt{\frac{1}{1+K_{局}}} \times \sqrt{\frac{2(p_g - p_a)}{\rho_g}} \qquad (2-40)$$

根据式（2-9）可知

$$p_g - p_a = (\rho_a - \rho_g)gH \qquad (2-41)$$

故式（2-39）可改写为

$$v_2 = \sqrt{\frac{1}{1+K_{局}}} \times \sqrt{\frac{2(\rho_a - \rho_g)gH}{\rho_g}} \qquad (2-42)$$

由于气体的流量等于流速与气流截面的乘积，即

$$q_V = f_2 v_2 = f_2 \sqrt{\frac{1}{1+K_{局}}} \times \sqrt{\frac{2(\rho_a - \rho_g)gH}{\rho_g}} \qquad (2-43)$$

令 $\mu = \sqrt{\dfrac{1}{1+K_{局}}}$，则气体通过小孔的流量为

$$q_V = f\mu \sqrt{\frac{2(\rho_a - \rho_g)gH}{\rho_g}} \qquad (2-44)$$

式中 μ ——流量系数,当孔径很小时,$\mu = 0.82$。

3. 通过敞开炉门的溢气和吸气

炉门洞与小孔的区别在于沿炉门洞高度炉气的静压头是变化的。如图 2 – 17 所示,设门洞高为 H,宽为 B,零压面取在门洞底部,则通过整个炉门洞的溢气流量为

$$q_V = \frac{2}{3}(0.65 \sim 0.7)BH\sqrt{\frac{2(\rho_a - \rho_g)gH}{\rho_g}} \qquad (2-45)$$

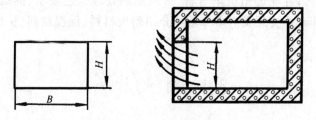

图 2 – 17 炉门的溢气

需要说明的是:

(1)当零压面不在炉底且炉门未完全打开时,则 H 应为零压面到炉门开启高度间的距离。零压面以上溢气,零压面以下吸气。

(2)若为吸气,则此时流动着的气体是空气,式(2 – 45)中根号下分母中的 ρ 值应为 ρ_a,H 应为炉门口底面到零压面间的距离。

习题与思考题

1. 某热处理炉,炉膛高度为 1.2 m,炉内温度为 900 ℃,炉外空气温度为 25 ℃,试求下列三种情况下静压头的垂直分布:

(1)相对零压面在炉底;

(2)炉底处炉气静压头为 10 Pa;

(3)炉底处炉气静压头为 – 10 Pa。

2. 设烟囱在烟囱内的平均温度为 500 ℃,烟囱外空气温度为 20 ℃,试求烟囱高为 30 m 时,烟囱底部所具有的理论抽力。

3. 设炉门高 $H = 0.6$ m,宽 $B = 0.8$ m,炉气温度 $t_g = 900$ ℃,炉外空气温度 $t_a = 20$ ℃,相对零压面在炉底,试求每秒钟通过炉门的溢气流量。

4. 分析井式渗碳炉和井式回火炉炉内的压力分布、气流流动的状态及其对热处理件的质量和节约能量的影响。

5. 炉气运动过程中,能量损失有几种形式? 试分析其产生的原因。

6. 试述绝对压强、相对压强以及压头的基本概念。

第3章　筑炉材料

砌筑热处理炉时,需使用耐火材料、保温材料、炉用金属材料以及一般建筑材料。在建造和设计热处理炉时,合理选用筑炉材料,对满足热处理工艺要求、提高炉子使用寿命、节约能源、降低成本都有重要意义。本章重点介绍耐火材料、保温材料、炉内构件用材料的种类及性能。

3.1　耐火材料

凡是能够抵抗高温并承受在高温下所产生的物理、化学作用的材料,统称为耐火材料。

3.1.1　耐火材料的性能

耐火材料的性能可以分为物理性能和工作性能。

1. 物理性能

物理性能包括体积密度、真密度、气孔率、吸水率、透气性、耐压强度、热膨胀性、导热性、导电性和工作性能热容量等。

2. 工作性能

工作性能包括耐火度、高温结构强度、高温化学稳定性、高温耐急冷急热性、高温体积稳定性等。

(1)耐火度

耐火度是耐火材料抵抗高温作用的性能,表示材料受热后软化到一定程度时的温度。按耐火度的不同,可将耐火材料分为以下几种:

①普通耐火材料,耐火度为 1 580 ~ 1 770 ℃;

②高级耐火材料,耐火度为 1 770 ~ 2 000 ℃;

③特级耐火材料,耐火度为 2 000 ℃以上。

耐火材料的耐火度主要取决于成分。它不是熔点,也不是实际使用温度。

(2)高温结构强度——荷重软化点

高温结构强度用荷重软化点来评价。荷重软化开始点是指在一定压力(196 kPa,轻质材料为 98 kPa)条件下,以一定速度加热,测出试样开始变形(0.6%)时的温度;当试样变形达 4% 或 40% 的温度,称为荷重软化 4% 或 40% 软化点。

耐火材料的高温结构强度主要取决于化学成分和体积密度。耐火材料的使用温度必须低于其荷重软化点。

(3)高温化学稳定性

耐火材料在高温下抵抗熔渣、熔盐、金属氧化物及炉内气氛等的化学作用和物理作用的性能称为高温化学稳定性,常用抗渣性来评定。

例如,制造无罐气体渗碳炉时,高碳气氛对普通黏土砖有破坏作用,炉墙内衬的耐火材

料需用含 Fe_2O_3 小于 1% 的耐火砖,即抗渗砖;制造电极盐浴炉时,由于熔盐对耐火材料的冲刷作用,坩埚材料必须采用重质耐火砖或耐火混凝土;电热元件搁砖不得与电热元件材料发生化学作用,对铁铬铝电热元件要用高铝砖作搁砖。

（4）耐急冷急热性（热震稳定性）

耐急冷急热性表示材料抵抗温度急剧变化而不被破坏的性能。测定方法是将耐火制品加热到 850 ℃,然后放入流动的冷水中冷却,反复进行破碎至其质量损失 20% 时的次数。耐急冷急热性与制品的物理性能、形状和大小等因素有关。

（5）高温体积稳定性

高温体积稳定性是指耐火材料在高温下长期使用时,化学成分发生变化,产生再结晶和进一步烧结现象,从而使耐火材料的体积发生收缩或膨胀。通常用膨胀系数或重烧线收缩来表示。一般要求耐火制品的体积变化不得超过 0.5% ~1%。

3.1.2 常用耐火材料

热处理炉常用耐火材料包括:黏土砖、高铝砖、轻质耐火黏土砖、耐火纤维、耐火混凝土、耐火涂料和耐火泥等。

1. 黏土砖

黏土砖的主要成分是 30% ~48% 的 Al_2O_3,50% ~60% 的 SiO_2,其余为各种金属氧化物等。属弱酸性,荷重软化点为 1 350 ℃,耐急冷急热性好,原料来源广泛,是最常用的耐火材料,可用于砌筑炉顶、炉底、炉墙及燃烧室等。

2. 高铝砖

高铝砖中含 Al_2O_3 大于 48%,其余主要是 SiO_2,杂质很少。随 Al_2O_3 含量的增加,颜色变浅。当 Al_2O_3 的含量大于 85% 时,变为白色,叫白刚玉。其耐火度和高温结构强度都高于黏土砖,属中性,化学稳定性好,多用于高温热处理炉及电阻丝或电阻带的搁砖、热电偶导管、马弗炉的炉芯等。

3. 轻质砖与超轻质砖

轻质耐火砖一般是黏土砖,也有高铝砖。其成分与一般黏土砖和高铝砖相同,但因制造方法不同,其气孔率很高,体积密度很小,轻质黏土砖为 0.4 ~1.3 g/cm^3,超轻质黏土砖可小于 0.3 g/cm^3（一般黏土砖为 2.1 ~2.2 g/cm^3）,因此保温性好（传热损失小）,热容量小（炉子的蓄热损失小）。但是,高温强度低,高温化学稳定性差。宜用做炉墙和炉顶。在高温结构强度和耐火度满足要求的情况下,应尽可能选用轻质黏土砖。

4. 耐火纤维

耐火纤维是一种新型的筑炉材料,具有耐火和保温作用,可以作为绝热材料,也可以做炉子的内衬。耐火纤维的生产方式有很多种,目前工业规模采用的都是喷吹法,制得的纤维长度为 15 ~250 mm,平均直径为 2.8 μm。耐火纤维可以制成纤维毯、纤维毡、纤维绳、纤维板、纤维砖,或与耐火塑料制成复合材料,以适应多种用途。

耐火纤维的持续使用温度为 1 300 ℃,最高使用温度为 1 500 ℃,当超过该温度后耐火纤维开始软化并失去光泽。

耐火纤维具有一系列优点:

(1)质量轻

耐火纤维制品的质量仅仅是同体积轻质耐火砖的1/6，采用纤维制品筑炉其质量可以减少90%~95%。质量与炉子蓄热成正比，由于质量减轻，炉子热容量小，蓄热减少，故耐火纤维特别适合间歇性作业的热处理炉。

(2)绝热性能好

与轻质黏土砖及硅藻土砖等绝热材料相比，耐火纤维热导率要低75%~100%，因此炉衬可以减薄。纤维的绝热性能与密度有很大关系，当密度低于400 kg/m³时，与一般耐火材料相反，密度越大热导率越低；当密度超过400 kg/m³时，又和耐火砖相仿。导热系数为0.05 W/(m·℃)。

(3)热稳定性好

耐火纤维是一种具有柔性的弹性材料，所以很容易固定，便于炉体的设计与施工。

(4)化学稳定性好

除氢氟酸、磷酸和强碱外，耐火纤维能耐大多数化学品的侵蚀。只有在强还原气氛下，耐火纤维所含的TiO_2，Fe_2O_3等杂质有可能被CO还原，所以在退火炉中使用时，要求尽量减少纤维制品的杂质含量。

(5)容易加工

耐火纤维可以剪切、弯曲、裁剪成任意形状，作为炉衬安装非常简单，修理更换也很方便，只是耐碰撞、磨损性能较差。

最初耐火纤维只是作为填充材料和绝热材料，现在已经发展到可以作为热处理炉和其他一些炉子的内衬，例如，均热炉炉盖、炉墙内衬、炉盖密封材料(替代砂封)；在加热炉上用于水管包扎、炉顶及炉墙的内衬；在热处理炉上用作罩式退火炉外罩材料及底座密封材料，还可用于台车式炉一类间歇性作业的炉子上。

碳化硅耐火制品主要化学成分是SiC。其耐火度高，高温结构强度高，抗磨性、耐急热性好，导热性及导电性好。根据其制造工艺的不同，可用作高温炉的电热元件、马弗炉的马弗罐、高温炉的炉底板等。

5. 耐火混凝土

耐火混凝土是以一定粒度的矾土熟料为骨料，细粉状矾土熟料为掺合料加水，按一定比例混合，用水泥胶结、成形、硬化后得到的耐火材料。其优点是可以浇捣成整体炉衬，便于制造复杂构件，修炉和砌炉的速度快，炉子寿命长，成本低。缺点是耐火度低于耐火砖。

根据所用的胶结材料(水泥)不同，耐火混凝土可分为硅酸盐耐火混凝土、铝酸盐耐火混凝土、磷酸盐耐火混凝土和水玻璃耐火混凝土等。热处理炉常用铝酸盐耐火混凝土和磷酸盐耐火混凝土。

6. 耐火涂料——陶瓷涂料

(1)耐火材料用陶瓷涂料

它是氧化锆加水调制而成的，无毒、不可燃，在室温下涂敷于耐火材料表面，在空气中干燥5 min即成。陶瓷材料的辐射能力强，因而炉子升温速度快、炉温均匀，可降低能耗15%~30%。涂料的气孔率低，化学稳定性好，可阻止使耐火材料损坏的各种氧化性气氛扩散渗透，能成倍地提高耐火材料的使用寿命。这种涂料的应用范围广，除石墨以外的其他耐火材料均可涂这种涂料。其使用温度高达 2 482 ℃。

（2）金属构件用陶瓷涂料

它是用水调制的硅酸铝涂料,无毒、不可燃,可涂敷于电热元件、辐射管、换热器、料筐等表面。其特点是不影响炉内气氛;不影响被涂金属的物理化学性质和机械性能,还可防止被涂金属氧化、脱碳或渗碳,防化学侵蚀;与金属间的结合牢固,耐磨性良好,经固化处理之后,表面比基体更细密。可大幅度地提高金属构件的使用寿命(50% 以上)。其连续使用温度 1 038 ℃,间断使用可达 1 204 ℃。

7. 耐火泥

耐火泥应接近于砌体成分,具有一定耐火度和化学稳定性。耐火泥由 20% ~40% 的耐火黏土生料和 60% ~80% 的耐火黏土熟料粉组成。用水或稀释水玻璃调和后,用于砌炉时填塞砖缝,保证炉子强度和气密性,生料量越多,则强度越低。

3.2 保温材料

为减少炉子热传导引起的热损失,提高炉子的热效率,耐火层外需砌一层保温材料。保温材料具有体积密度小,气孔率高,热容量小,热导率小等特点。工程上把 λ 值小于 0.25 W/(m·℃)的材料称为保温材料。常用保温材料包括:石棉、矿渣棉、蛭石、硅藻土、膨胀珍珠岩、岩棉以及超轻质耐火砖等。它们常以散料或制成制品使用,近些年来新炉型不提倡使用散料。

3.2.1 石棉

石棉是天然纤维矿物,主要成分是 $3MgO \cdot 2SiO_2 \cdot 2H_2O$。其使用温度不超过 500 ℃,因为 500 ℃ 以上会脱水而粉化。常加工成石棉绳、石棉板、石棉布等形状使用。

3.2.2 矿渣棉

矿渣棉是用高炉炉渣经加工处理而成纤维状的材料。其最高使用温度为 750 ℃,缺点是易被压碎而降低保温性能。

3.2.3 蛭石

蛭石又称为黑云母,主要成分是 SiO_2,Al_2O_3,Fe_2O_3,MgO 和 5% ~10% 的化合水。受热时,其中的水分急剧蒸发,体积膨胀而成膨胀蛭石,体积密度减小,因而保温性能良好。其最高使用温度可达 1 000 ℃。使用时可以是散状,也可胶结成各种形状的保温制品使用。

3.2.4 硅藻土

硅藻土是有机藻类腐败形成的天然疏松多孔物质,主要成分是 SiO_2。其使用温度低于900 ℃。大多数制成硅藻土砖使用,也可散状使用。

3.2.5 膨胀珍珠岩

膨胀珍珠岩是以含 70% 的 SiO_2 的天然珍珠岩为主要原料烧制而成的良好保温材料。其体积密度小，热导率小，使用温度可达 1 000 ℃。既可散料使用，又可制成不同形状的砖使用。

3.2.6 岩棉

岩棉是以玄武岩为主要原料，经高温、熔融制成直径为 4~7 μm 的人造无机纤维，加工成板、管、毡等，是一种新型轻质保温材料，具有良好的化学稳定性、耐热性，工作温度为 −120~600 ℃。岩棉制品热导率随密度和温度的不同而变化，$\rho = 80 \text{ kg/m}^3$ 的岩棉毡室温下热导率为 0.025 0 W/(m · ℃)，平均温度 400 ℃ 时，热导率为 0.125 W/(m · ℃)。

3.3 炉用金属材料

热处理炉用耐热钢是指在高温条件下工作，并具有足够的强度、抗氧化、耐腐蚀性能和长期的组织稳定性的钢种，耐热钢包括热强钢和抗氧化钢。热处理炉的炉底板、炉罐、风扇、坩埚、辐射管、导轨、料筐、料盘、炉辊、传送带、螺旋输送器、夹具、紧固件及其引出棒等均需要用耐热钢制造。

20 世纪 50 年代，热处理炉用耐热钢大多采用高镍铬奥氏体钢。高铬镍奥氏体钢可在 1 000~1 250 ℃ 温度范围长期工作，通用的钢有 3Cr18Ni25Si2，1Cr25Ni20Si2 等。高温高负荷条件下工作的钢有 5Cr25Ni35Co15W5，5Cr28Ni48W5，4Cr25Ni35Mo 等。

为了节约镍，降低钢的成本，20 世纪 60 年代后普遍使用不含镍或少含镍的耐热钢，常用的有 Cr – Mn – N 系和 Fe – Al – Mn 系耐热钢。

Cr – Mn – N 系耐热钢具有较高的高温强度，较好的抗氧化性、抗渗碳性和耐急冷急热性，成本也较低，可制成锻件，能承受较大负荷，适于制作高温下的受力构件，如锅炉吊挂、渗碳炉构件等，最高使用温度约 1 000 ℃。Cr19Mn12Si2N 和 Cr20Mn9Ni2Si2N 是两种比较成熟的 Cr – Mn – N 系耐热钢。前者焊接性能较好，但是具有较大的时效脆性倾向，铸件长期使用温度应低于 950 ℃，锻件和轧制件的使用温度限制在 900~950 ℃。后者的性能得到了改善，具有良好的焊接、铸造、热加工和抗渗碳、抗急冷急热性，并有较好的抗熔盐腐蚀性，可用于 900~1 000 ℃ 的炉内构件，如盐浴坩埚、链式炉炉爪、渗碳炉罐、高温正火炉料盘等。

Fe – Al – Mn 系耐热钢可用于含碳的气氛中，用作热处理炉的加热原件。6Mn28Al7TiRE 和 6Mn28Al8TiRE 是两种典型的 Fe – Al – Mn 系耐热钢。前者 Al 含量控制在 7%~7.5%，形成单一奥氏体耐热钢具有较高的高温强度，可以在 900 ℃ 以下工作；后者 Al 含量控制在 8%~8.5% 时，其显微组织为含有体积分数不超过 25% 的铁素体的奥氏体 – 铁素体组织，可以在 950 ℃ 以下的环境工作。

20 世纪 80 年代开始，一种含镍少的优质稀土耐热钢得到了广泛使用，该稀土耐热钢包括 3Cr24Ni7SiN 和 3Cr24Ni7SiNRE（简称 24 –7NRE），这种钢性能超过 3Cr18Ni25Si2，具有高温强度好、塑性好、抗氧化性好、组织稳定、耐硫化作用好、能耐温度急剧变化、时效脆性较 2Cr25Ni20Si2 小的优点，同时还具有较好的铸造性、焊接性和加工性，工作温度可以达到 1 100 ℃。

此外，在生产实际中还使用 Cr24Al2Si 铸钢、中硅球墨铸铁和高铝铸铁等。

常用耐火材料和保温材料的最高使用温度如图 3 – 1 所示，其他性能指标见附表 3、附表 4，常用耐火砖的规格见附表 5。

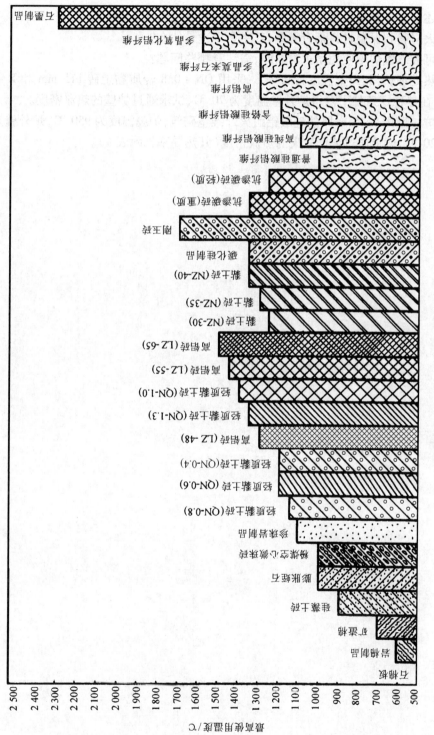

图3-1 常用耐火材料和保温材料的最高使用温度

习题与思考题

1. 试述耐火度和高温结构强度的基本概念。

2. 耐火材料和保温材料都有哪些,其主要用途是什么?

3. 在可控气氛炉中使用耐火材料时,需注意哪些问题?

4. 某热处理炉,其内壁温度为 950 ℃,采用 QN – 0.8 轻质黏土砖 115 mm 和 B 级硅藻土砖砌筑,在热稳定条件下测得炉外壁温度为 70 ℃,试求通过炉壁的热流密度。

5. 某炉炉壁用 0.15 m 厚的硅酸铝耐火纤维毡砌筑,炉膛温度为 950 ℃,炉外壁周围空气温度为 20 ℃,试求通过炉壁散失的热流密度(其热导率见附表 4)。

第 4 章　热处理电阻炉概述

热处理电阻炉是以电为能源,通过炉内电热元件将电能转化为热能而加热工件的炉子。

电阻炉结构简单,操作方便,工作温度范围宽,容易准确控制温度,炉膛温度分布均匀,便于使用可控气氛,容易实现机械化和自动化。

4.1　热处理电阻炉的基本类型

热处理电阻炉种类较多,按其作业规程可分为周期作业炉和连续作业炉。常用电阻炉已有系列化标准产品,由专业电炉厂制造,此外还有根据用户需要而设计的非标准热处理电阻炉。

4.1.1　周期作业式热处理电阻炉

周期炉是将工件成批入炉,在炉中完成加热、保温等工序,出炉后再将另一批工件装入炉子的热处理炉。这类炉子结构简单、便于制造,可以完成多种工艺,适用于多品种、小批量生产。常用的炉型包括:
①箱式炉;
②井式炉;
③台车式炉;
④罩式炉等。

4.1.2　连续作业式电阻炉

连续作业炉是指连续或间歇装料,工件在炉内不断移动,完成加热、保温,有时包括冷却在内全过程的热处理炉。这类炉子生产连续进行,具有生产效率高,产品质量稳定,节约能源,生产成本低,容易实现机械化与自动化,适用于大批量生产等优点,但一次性投资大,不易改变工艺。根据工艺要求,炉膛常分为加热区、保温区和冷却区,各区配备不同功率,并分区供电和控温。常用连续作业炉包括:
①输送带式炉;
②网带式炉;
③推杆式炉;
④震底式炉;
⑤辊底式炉;
⑥步进式炉;
⑦转底式炉;
⑧牵引式炉;
⑨滚筒式炉等。

连续作业炉的炉型、用途见表4-1。

表4-1　连续作业电阻炉的炉型

炉型	炉型示意图	用途	说明
输送带式 网带式		中小型工件的淬火、正火、回火、碳氮共渗	工件放在传送带（或网带）上连续向前输送
推杆式	推送机构	中小型工件的淬火、正火、回火、渗碳	工件放在料盘上，料盘在炉底导轨上向前移动（脉动）
震底式		螺栓、垫圈等中小型工件的淬火、正火、退火	工件直接放在炉底上，靠炉底的往复振动使工件前进（脉动）
辊底式		板材、棒材、管材的正火、淬火、回火、退火	作为炉底的辊子由电动机驱动，工件在炉辊上输送
步进式		板簧、长轴、管材、棒材的正火和淬火	由炉底步进梁的升、进、降、退动作，一步步输送工件（脉动）
转底式		中型工件、形状复杂的大型齿轮的淬火和正火	工件放在转动炉底上，炉底转一周后工件加热完毕
牵引式	加热　冷却	钢丝、钢带的退火、淬火	带或丝悬挂在炉内，两端用辊子支撑，由出料端的牵引机构牵引工作
滚筒式		轴承滚柱、滚珠等小零件淬火	滚筒内壁有螺旋片，滚筒的旋转使工件沿螺旋片前进

4.2 箱式电阻加热炉

箱式电阻炉按其工作温度可分为高温箱式炉(＞1 000 ℃)、中温箱式炉(650 ~ 1 000 ℃)和低温箱式炉(＜650 ℃),其中以中温箱式炉最为常用,特别适用于小零件单件和小批量生产。

箱式电阻加热炉的型号命名方式为

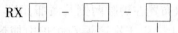

设计序号 功率(kW) 百分之最高工作温度(取整数)

其中,R 表示电阻加热,X 表示箱式炉,还有井式炉用"J",台车炉用"T"表示等。

4.2.1 中温箱式电阻炉

中温箱式电阻炉可用于退火、正火、淬火、回火或固体渗碳等。炉子结构如图 4 - 1 所示,主要由炉壳、炉衬、加热元件以及配套电气控制系统组成。炉壳由角钢及钢板焊接而成。炉衬一般采用体积密度不大于 1.0 g/cm^3 的轻质耐火黏土砖。近年来推广采用体积密度为 0.6 g/cm^3 的轻质耐火黏土砖作耐火层。保温层采用珍珠岩保温砖并填以蛭石粉、膨胀珍珠岩等,也有的在耐火层和保温层之间夹一层硅酸铝耐火纤维,还有的内墙用一层耐火砖,炉顶和保温层全用耐火纤维预制块砌筑。采用全纤维炉衬,由矿渣棉纤维、岩棉纤维、普通硅酸铝纤维做保温层,高纯硅酸铝纤维做耐火层,可节能 20% 以上。新型结构炉衬保温性能好,炉衬变薄、质量减轻,有效地减少了炉衬的散热和蓄热损失,降低了空载功率,缩短了空炉升温时间。

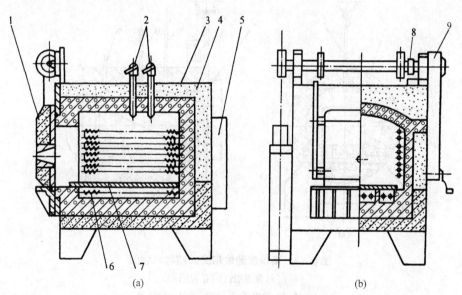

(a) (b)

图 4 - 1 RX3 系列 950 ℃箱式电阻炉结构图

(a)侧视图;(b)正视图

1—炉门;2—热电偶;3—炉壳;4—炉衬;5—罩壳;6—加热元件;

7—炉底板;8—炉门行程开关压紧凸轮;9—炉门升降机构

加热元件是由高电阻率铁铬铝或镍铬合金丝绕成螺旋体，放于炉膛两侧和炉底搁砖上，炉底覆盖耐热钢底板。大型箱式炉也将电热元件布置在炉顶、后壁或门内侧。

4.2.2 高温箱式电阻炉

高温箱式电阻炉用于高速钢或高合金钢模具的淬火加热，其结构与中温箱式炉相似。炉墙内侧比中温炉多一层高铝重质耐火砖，炉墙厚、炉门深，炉底多用碳化硅或重质高铝砖制成。这类电阻炉有 RX3 – □ – 12 系列和 RX2 – □ – 13 系列。RX2 – □ – 12 系列电热元件用 0Cr27Al7Mo2 绕成螺旋状布置在炉膛两侧及底部；RX2 – □ – 13 系列电热元件用 SiC 棒布置在炉底、炉顶或侧墙上。由于在高温箱式炉中加热工件易氧化，需装箱保护，使用受到限制，已逐步被盐浴炉和真空炉所代替。

4.2.3 低温箱式电阻炉

低温箱式电阻炉大多用于回火，主要靠对流换热。为提高炉温均匀性，常在炉顶或后墙安装风扇及导风装置，以强迫炉气循环。目前我国无定型产品。

4.2.4 圆体箱式电阻炉

圆体箱式电阻炉是近几年国内厂家参照国外先进技术制造而成的，产品外形、炉膛为圆形，而炉膛尺寸、炉底板、电热元件等均保持原有箱式炉特点及互换性，外表面积小，蓄热少，热损失比 RX 系列产品减少 20% 以上，节能显著。使用温度从低温到高温均有产品问世，炉体结构如图 4 – 2 所示。

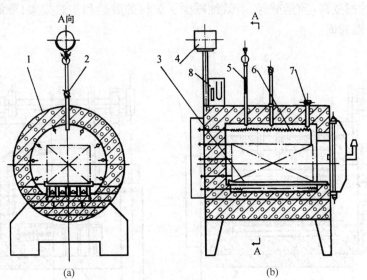

图 4 – 2 高精度圆体箱式炉结构示意图

（a）侧视图；（b）正视图

1—炉体；2—热电偶；3—炉底板；4—储液器；

5—滴液器；6—电热元件；7—防爆器；8—流量计、U 型压力计

4.3　井式电阻加热炉

井式电阻炉外形为圆形,一般置于地坑中,适用于加热细长工件,以减少加热过程中的变形。井式电阻炉炉膛较深,上下散热条件不一样,为使炉膛温度均匀,常分区布置电热元件,各区单独供电并控制温度。常用的井式炉有低温井式电阻炉、中温井式电阻炉、高温井式电阻炉和井式气体渗碳炉等。

4.3.1　高、中温井式电阻炉

中温井式电阻炉适用于轴类等长形零件的退火、正火、淬火及预热等,与箱式炉相比,装炉量少,生产效率低,常用于质量要求较高的零件。其结构如图 4 – 3 所示,由炉壳、炉衬、加热元件、炉盖及启闭机构组成。炉盖采用液压、气动或电动启动,可用砂封、水封或油封,根据炉子大小及炉温均匀性要求,可在炉口区适当增加功率。

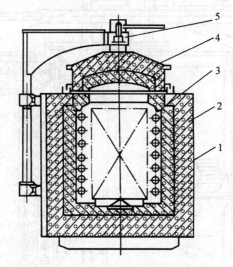

图 4 – 3　中温井式电阻炉结构示意图
1—炉壳;2—炉衬;3—电热元件;
4—炉盖;5—炉盖升降机构

炉衬结构与箱式炉相似。电热元件绕成螺旋状置于搁砖上,大型井式炉也用电阻丝或电阻带绕成"之"字形,挂于炉墙上。

高温井式电阻炉有 RJ2 – □ – 12 系列和 RJ – □ – 13 系列两种。RJ2 – □ – 12 系列供合金钢长杆件 1 200 ℃ 范围内加热,电热元件用 0Cr27Al7Mo2 电热合金丝;RJ – □ – 13 系列供高合金钢长杆件热处理用,电热元件用 SiC 棒。

4.3.2　低温井式电阻炉

低温井式电阻炉最高工作温度为 650 ℃,广泛用于零件的回火。其结构与中温井式炉相似,由炉壳、炉衬、电热元件、导风筒、风扇以及炉盖启闭机构组成。炉衬多采用轻质耐火砖砌筑,电热元件为螺旋状置于搁砖上。炉盖启闭机构种类较多,小型井式炉一般采用杠杆式,大型回火炉有液压、电动及气动等驱动方式。炉盖有整体式,也有对开式。风扇一般为顶装直通式结构,强迫炉气沿料筐向下流动,再由料筐底部板孔进入料筐将热量传给工件,筐内气体受风机风心负压吸入而循环流动。大型回火炉多采用侧装或底装风扇。

4.3.3 井式气体渗碳炉

井式气体渗碳炉主要适用于机械零件渗碳、碳氮共渗及氮碳共渗等化学热处理。其结构如图4-4所示,由炉壳、炉衬、炉盖及提升机构、风扇、炉罐、电热元件、滴注器、温度控制及碳势控制装置组成。

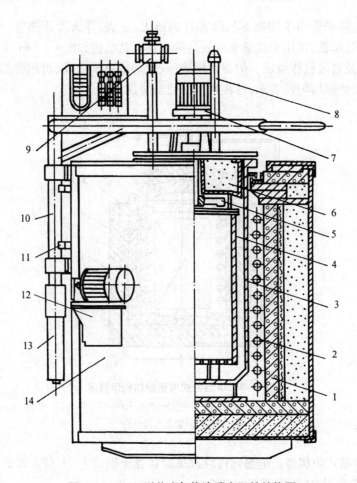

图4-4 RQ3型井式气体渗碳电阻炉结构图

1—炉衬;2—电热元件;3—炉罐;4—料筐;5—风扇;6—炉盖;7—电机;8—排气管;9—滴注器;
10—炉盖升降机构;11—限位开关;12—电机及减速器;13—炉门升降机构立柱;14—炉壳

炉罐过去多用铬锰氮钢铸造,现多用耐热钢板焊接,炉罐与炉盖之间的密封一般有两种方式,一种为螺栓紧固,另一种为双层砂封。炉盖下装有风扇,强迫炉气循环。为防止风扇轴漏气,可采用活塞环式密封、迷宫式密封或黄油密封等装置。炉盖上装有三头滴液器管,可同时向炉内滴入三种有机液体,经高温裂解制备成渗碳气氛,废气经排气管引出并点燃。炉盖上还有试样孔,用于投放试样。工件可放在料筐或专用夹具上,吊入马弗罐内。

4.4　台车式炉及罩式炉

4.4.1　台车式炉

台车式炉适用于大型和大批量铸、锻件的退火、正火和回火处理。其结构特点是炉子由固定的加热室和在台车上的活动炉底两大部分组成,与箱式炉相比增加了台车电热元件通电装置、台车与炉体间密封装置及台车行走驱动装置,如图 4 − 5 所示。台车式炉密封性较差,加热室与活动台车接触边缘采用砂封装置密封。为提高炉温均匀性,在台车底板下或炉门及后壁上装有电热元件,并在加热室顶部安装风扇强制炉气循环。台车电热元件一般采用触头通电,尾部设有固定触头,炉体后设有弹簧动触头,以保证台车进入炉膛后触头很好接触。

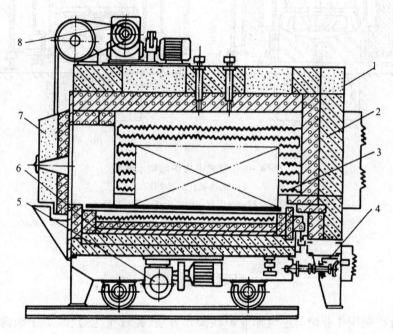

图 4 − 5　台车式炉结构示意图

1—炉壳;2—炉衬;3—电热元件;4—电接头;5—台车驱动装置;
6—台车;7—炉门;8—炉门升降机构

4.4.2　罩式炉

罩式炉多用于冶金行业的钢丝、钢管、铜带、铜线以及硅钢片等的退火处理。它有圆形及长方形结构,其结构如图 4 − 6 所示。罩式炉由外罩及底座组成,罩壳由钢板及型钢焊接而成,内部为炉衬,电热元件布置在炉膛周围墙壁上。炉台上设有两个导向立柱,便于罩壳安装,根据热处理工艺要求不同可通入不同气氛进行保护。为提高产品质量和缩短退火周期,一般罩式炉由两个加热罩、多个冷却罩和多个炉台及相应冷却、抽空系统组成。罩式炉装炉量大,炉温均匀性要求高,设置强制对流风扇,进行炉气循环。有文献报道,采用纤维、岩棉复合炉衬,使表面温升降低 20 ℃。

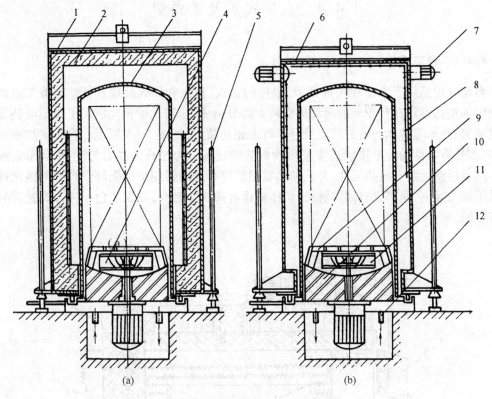

图 4-6　罩式退火炉结构示意图

(a)加热罩;(b)冷却罩

1—加热罩外壳;2—炉衬;3—内罩;4—风扇;5—导向装置;6—冷却装置;
7—鼓风装置;8—喷水系统;9—底栅;10—底座;11—抽真空系统;12—充气系统

习题与思考题

1. 试分析周期作业炉与连续作业炉在操作方法、完成工艺过程、炉子结构方面的主要差异。

2. 试分析常用周期炉的结构特点和改革方向。

3. 从节能观点出发,说明周期作业炉如何改革。

4. 根据所学知识说明井式气体渗碳炉和井式回火炉中风扇的用途。

5. 试述各种炉型的主要结构及用途。

6. 试分析高温炉和中温炉的炉墙结构差异。

7. 圆体式箱式炉比标准箱式炉具有哪些优点?

第5章 热处理电阻炉的设计

热处理电阻炉的设计是一项综合性的技术工作,除需炉子知识外,还包括热处理工艺、机械设计、电工及温度控制等有关内容,必须密切结合生产实际综合运用有关知识。

在炉子设计前,应详尽收集有关原始资料。原始资料包括炉子的生产任务(千克或件/小时或年)及作业制度(一、二班或连续生产),加热工件的材料、形状、尺寸和质量,工件的热处理工艺规程和质量要求,电源及车间厂房等条件,炉子的制造维修能力和投资金额等。

热处理电阻炉的设计包括如下内容:①炉型的选择;②炉膛尺寸的确定;③炉体结构设计(包括炉衬、构架、炉门等);④电阻炉功率的计算及功率分配;⑤电热元件材料的选择;⑥电热元件材料的设计计算;⑦炉用机械设备和电气、控温仪表的设计与选用;⑧技术经济指标的核算;⑨绘制炉子总图、砌体图、零部件图、安装图和编制电炉使用说明书等随机技术文件。

5.1 炉型的选择和炉膛尺寸的确定

5.1.1 炉型的选择

正确地选择炉型是炉子设计的关键环节。炉型选择主要是指采用什么类型的炉子能够满足工艺及产量的要求,并能结合企业的具体情况,保证炉型在技术上是先进的,经济上是合理的。在选择电阻炉的炉型时应主要考虑以下几个方面。

1. 工件的特点(形状、尺寸、质量)

加工细长轴类工件,为防止变形宜用井式炉;加工大中型铸、锻毛坯件的退火、正火、回火等处理,则宜用台车炉;小型轴承钢球、滚子等则选用滚筒式炉等。

2. 技术要求

对加热温度、炉膛介质、冷却速度、冷却方式、表面状态、允许变形量等有特殊要求时,如高合金钢模具淬火需要用高温炉,精加工零件表面要求不氧化则需保护气氛炉、真空炉,有表面硬度及化学热处理要求的则需渗碳、渗氮炉等。

3. 产量大小

在生产量大、品种单一、工艺稳定的情况下,可考虑使用连续炉;对产量不大、品种多、工艺变化大的,则可考虑使用箱式炉或箱式多用炉。

4. 劳动条件

所选炉型尽可能改善劳动条件及工作环境,提高机械化和自动化水平,并防止污染。

5. 炉子性能

对炉温的均匀性、准确性、控制精度以及升降温速度、能耗指标等有特殊要求时,也应将其考虑在内。

6. 其他

对车间厂房结构、地基、炉子建造、维修、维护、投资等也应周密考虑。

总之,应综合考虑各方面的因素,以"优质、高效、低耗、清洁、灵活"为目标,切实满足热处理生产的要求。

5.1.2　炉膛尺寸的确定

炉膛尺寸主要应根据工件的形状、尺寸、技术要求、装卸料方式、操作方法和生产率来决定,同时还应保证炉膛内良好的热交换条件,保证炉内温度均匀性;减少热损失和便于电热元件、炉内构件更换以及炉子维修等。以箱式炉为例,炉膛尺寸包括炉膛有效尺寸(指装载工件的炉底板宽度 $B_{效}$ 和长度 $L_{效}$ 以及堆放工件的有效高度 $H_{效}$)和炉膛砌砖体内腔的尺寸 $B \times L \times H$ 两个部分,如图 5-1 所示。

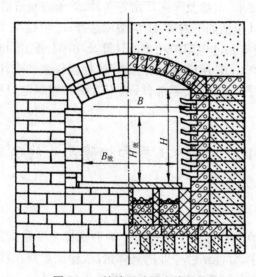

图 5-1　炉膛尺寸及砌体结构

1. 炉底面积

为防止工件装、出料时碰撞电热元件和保证工件温度的均匀性,工件与电热元件或工件与炉膛前、后壁之间应保持一定距离,一般为 0.1~0.15 m。常把用于装料的面积称为有效面积 F_1,它一般为炉底总面积 F 的 70%~85%,大型炉取上限。炉底宽度 B 与长度 L 之比一般应保留在 2/3~1/2 范围内。当炉膛长度小于 2 m 时,接近 1/2。因此,炉底面积的确定有两种方法。

(1)实际排料法

对生产批量不大、工件尺寸较大而且形状特殊者,采用此法。

$$L = L_{效} + (0.2 ~ 0.3) \tag{5-1}$$
$$B = B_{效} + (0.2 ~ 0.3) \tag{5-2}$$

(2)加热能力指标法

当工件加热周期和装炉量不明确时,炉底面积可根据炉底单位面积生产率 p_0 来计算。单位面积生产率指炉子在单位时间内单位炉底面积所能加热的金属质量,如表 5-1 所示。

$$F_1 = \frac{p}{p_0}, \quad F = F_1/(70\% ~ 85\%) \tag{5-3}$$

$$L = \sqrt{F/\left(\frac{1}{2} ~ \frac{2}{3}\right)}; \quad B = \left(\frac{1}{2} ~ \frac{2}{3}\right)L \tag{5-4}$$

式中 p ——炉子生产率,kg/h 或 W。

表 5 - 1 各种热处理炉的单位炉底面积生产率   单位:kg/(m² · h)

工艺类别		炉型									
		箱式	台车式	坑式	罩式	井式①	推杆式	输送带式	震底式	辊底式	转底式
退火	≥12 h	40 ~ 60	35 ~ 50	40 ~ 60	100 ~ 120						
	≤6 h	60 ~ 80	50 ~ 70								
	锻件(合金钢)	40 ~ 60	50 ~ 70								
	钢铸件	35 ~ 50	40 ~ 60								
	可锻化	20 ~ 30	25 ~ 30								
淬火 正火	一般	100 ~ 120	90 ~ 140	100 ~ 120		80 ~ 120	150 ~ 180	150 ~ 200	130 ~ 160	180 ~ 200	180 ~ 220
	锻件正火	110 ~ 120	120 ~ 150				150 ~ 200				
	铸件正火	80 ~ 140	100 ~ 160				120 ~ 180				
	合金钢淬火	80 ~ 100					120 ~ 140				
回火	550 ~ 600 ℃	70 ~ 100	60 ~ 90	80 ~ 100			100 ~ 120	150 ~ 200	80 ~ 100	150 ~ 180	160 ~ 200
渗碳	固体	10 ~ 12	10 ~ 20								
	气体					50 ~ 85	30 ~ 45				

注:①对井式炉,炉底单位面积生产率是指其最大纵剖面的单位生产率,最大纵剖面 = 炉膛直径 × 炉膛有效高度。

求出炉底尺寸后,需与标准炉系列进行比较后再确定,以便选用标准尺寸炉底板。

2. 炉膛高度

炉膛高度指炉底面至炉顶拱角的距离。炉膛高度常取决于装料高度和电热元件的安装位置,装料上方一般应保留 200 ~ 300 mm 的空间。对长周期作业的退火炉和渗碳炉,炉膛应高一些;对短周期作业的淬火炉和正火炉以及强制气流循环的炉子,炉膛应低一些。依统计资料,炉膛高度与宽度之比多数在 0.5 ~ 0.9 范围内变动,近年来有降低炉膛高度的趋势,对上述比值常取中下限。

井式炉的炉膛尺寸通常按工件和夹具的实际布置情况确定。工件之间的距离一般不少于其直径或厚度,工件至电热元件的距离应保持在 0.1 ~ 0.2 m,至炉底和炉顶的距离为 0.15 ~ 0.25 m。

5.1.3 炉体结构设计

炉体包括炉底、炉墙、炉顶和炉门。

1. 炉底

炉底起保持炉内热量和承载工件的作用,通常箱式电阻炉炉底结构是在炉底外壳钢板上用硅藻土砖砌成方格子状,然后在格子中填充松散的保温材料,在上面平铺 1 ~ 2 层保温砖,之后再铺一层轻质黏土砖,其上安置支撑炉底板或导轨的重质黏土砖和电热元件搁砖。

2. 炉墙

炉墙主要为砌砖体,外部为炉壳钢板。炉壳和保温层之间通常有一层 5 ~ 10 mm 的石棉板。中、低温炉炉墙砌体一般分两层,内层耐火层常用轻质黏土砖砌成,外层为保温层,由保温材料构成。高温炉炉墙常采用三层,内层用重质砖或高铝砖砌成,中层为过渡层,一般用轻质砖砌筑。有的低温炉采用双层钢板内填保温材料的结构。

炉墙砌体应有适当的厚度,以保证必要的强度和保温能力,减少蓄热和散热损失,其具体尺寸将通过传热计算确定。采用新型轻质砖、耐火纤维以及各种超轻质耐火、保温材料,可大大降低炉子散热量并提高保温能力,随着这类材料的发展,炉子结构也将发生变化。

炉墙通常采用标准砖砌筑,因此炉墙尺寸应为标准砖尺寸(230 mm × 113 mm × 65 mm)加砖缝厚度(一般为 2 mm)的倍数。最常见的炉墙由内向外各层厚度,中温炉是 113 mm 轻质黏土砖和 230 mm 保温砖;高温炉是 113 mm 轻质高铝砖、113 mm 轻质黏土砖和 230 mm 保温砖。不同炉温时电阻炉的炉墙厚度见附表6。

为防止炉墙反复热胀冷缩发生开裂,通常大型炉的黏土砖炉墙,每米长度应留5~6 mm 膨胀缝,各层之间膨胀缝应错开,缝内填入耐火纤维或掺有 25% ~30% 石棉的灰浆。

3. 炉顶

炉顶结构形式主要有拱顶和平顶两种。热处理炉大都采用拱顶,小型炉也可用预制耐火材料平板作炉顶,大型炉有时采用吊装式平顶。拱顶的圆心角称为拱角,标准拱角为 60°。拱顶质量及其受热时产生的膨胀力形成推力作用于拱角上。因此,拱顶常采用轻质楔形砖砌筑,上砌用轻质保温制品,而拱角则用重质砖砌造,以承受较大的侧推力。较大型的炉子为减轻质量,通常另有钢架结构支撑拱角。

4. 炉门

炉门部分包括炉门洞口、炉门框和炉门。炉门洞截面尺寸需保证装、出料方便和炉子安装电热元件以及维修的需要,通常应小于炉膛截面尺寸,以减少热损失和保护电热元件。高温炉的炉门洞长度应较大,以减少炉口辐射热损失。炉门洞口砌体常受工件摩擦撞击,应采用重质或其他较坚固的耐火砖砌筑。

炉门应保证炉子操作方便、炉口密封好(特别是可控气氛炉)和减少热损失。其基本结构特点和要求是:要有足够厚的保温层,炉门边缘与炉门框要重叠65~130 mm,炉门要压紧炉门框,炉门下缘常楔入工作台上的砂槽内,炉子与炉门间加密封垫圈,还应考虑减轻炉门质量等。

最常用的炉门压紧方法是炉门侧面设置楔铁或滚轮,当炉门落下时,楔铁或滚轮滑入炉门框上的楔形滑槽或滑道内。炉门越向下,炉门将越压紧炉门框。一般靠炉门自重使楔铁滑入楔形槽内。有时在炉门下设一气缸,靠气缸活塞杆的作用把炉门拉下,使滚轮或楔铁与滑道或楔形槽配合更紧密,将炉门紧压在炉门框上。此外还有倾斜炉门自动压紧、偏心轮或丝杆压紧等方法。

炉门框可用铸造或钢板焊接制造,后者质量轻,便于启闭,但容易变形,影响密封性。对于可控气氛炉常用耐热钢制造。

5.2 电阻炉功率的计算

热处理电阻炉功率的计算方法有热平衡计算法和经验计算法两种。

5.2.1 热平衡计算法

热平衡计算法是根据炉子的输入总功率(收入项)应等于各项能量消耗(支出项)总和的原则确定炉子功率的方法。

1. 热处理电阻炉的主要能量支出项

炉子能量消耗包括加热工件的热量(有效热量)、在生产操作中的各项热损失和电能输入炉子过程中在电气设备及导线中的电能损失(如变压器和炉外电缆的电能损失等)。炉子能量消耗量与炉子结构、尺寸、生产率、热处理工艺和供电方式有关。一般电阻炉能量消耗的基本项目如图 5 - 2 所示。工件吸收的热量 $Q_{件}$ 是有效热,其余的热量则为无效热损失。

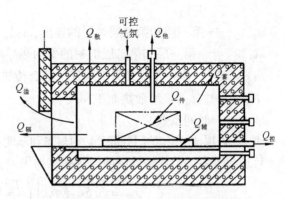

图 5 - 2　电阻炉热支出项目示意图

对连续作业炉,因连续生产,炉子蓄热损失是一次性损失,设计时可以忽略。对周期式炉在升温阶段能量消耗最大,常把加热阶段所需功率作为功率计算依据。对工件随炉升温的炉型计算功率时,热量支出项目还应包括 $Q_{蓄}$。

电阻炉主要热量支出项目的计算方法如下。

(1)加热工件所需热量 $Q_{件}$

$$Q_{件} = p(c_2 t_2 - c_1 t_1) \qquad (5-5)$$

式中　p ——炉子的生产率,kg/h;

　　　t_1, t_2 ——工件加热的初始和终了温度,℃;

　　　c_1, c_2 ——工件在 t_1 和 t_2 时的比热容,kJ/(kg·℃)(参见附表7)。

若以加热阶段作为热平衡时间单位时,$Q_{件}$ 应为

$$Q_{件} = G_{装}(c_2 t_2 - c_1 t_1)/\tau_{加} \qquad (5-6)$$

式中　$G_{装}$ ——一次装炉料质量,kg;

　　　$\tau_{加}$ ——加热阶段时间,h。

(2)加热辅助构件(料筐、工夹具、支承架、炉底板及料盘等)所需热量 $Q_{辅}$

$$Q_{辅} = p_{辅}(c_2 t_2 - c_1 t_1) \qquad (5-7)$$

式中　$p_{辅}$ ——每小时加热辅助构件的质量,kg/h;

　　　t_1, t_2 ——辅助构件加热的初始和终了温度,℃;

　　　c_1, c_2 ——辅助构件在 t_1 和 t_2 时的比热容,kJ/(kg·℃)。

(3)加热控制气体所需热量 $Q_{控}$

$$Q_{控} = V_{控} c_{控}(t_2 - t_1) \qquad (5-8)$$

式中　$V_{控}$ ——控制气体的用量,m³/h;

　　　t_1, t_2 ——控制气体入炉前温度和工作温度,℃;

　　　$c_{控}$ ——控制气体在 $t_1 \sim t_2$ 温度范围内的平均比热容,kJ/(m³·℃)(参见附表11)。

(4)通过炉衬的散热损失 $Q_{散}$

在炉体处于稳定态传热时,通过双层炉衬的散热损失为

$$Q_{散} = 3.6 \frac{t_g - t_a}{\dfrac{s_1}{\lambda_1} + \dfrac{s_2}{\lambda_2} + \dfrac{1}{\alpha_{\sum 2}}} F_{散} \qquad (5-9)$$

式中 t_g, t_a ——炉气和炉外空气温度,℃(对电阻炉可以认为 t_g 近似等于炉内壁温度或炉温);

    s_1, s_2 ——第一层和第二层炉衬的厚度,m;

    λ_1, λ_2 ——第一层和第二层炉衬的平均热导率,W/(m·℃)(参见附表3);

    $\alpha_{\sum 2}$ ——炉体外壳对其周围空气的综合传热系数,W/(m²·℃)(参见附表2);

    $F_{散}$ ——炉体的平均散热面积,m²;

    3.6 ——时间系数。

当炉壁、炉顶、炉底和炉门各部分炉衬材料和厚度不同时,应分别计算各自的散热损失。

(5)通过开启炉门或炉壁缝隙的辐射热损失 $Q_{辐}$

$$Q_{辐} = 3.6C_0 F\Phi\delta_t \left[\left(\frac{T_g}{100} \right)^4 - \left(\frac{T_a}{100} \right)^4 \right] \tag{5-10}$$

式中 C_0 ——黑体辐射系数;

    F ——炉门开启面积或缝隙面积,m²;

    3.6 ——时间系数;

    Φ ——炉口遮蔽系数,如图1-14所示;

    δ_t ——炉门开启率(即平均1h内开启的时间),对常开炉门或炉壁缝隙而言 $\delta_t = 1$。

(6)通过开启炉门或炉壁缝隙的溢气或吸气热损失 $Q_{溢}$ 或 $Q_{吸}$

$Q_{溢}$ 或 $Q_{吸}$ 是开启炉门或炉壁存在缝隙时热炉气溢出炉外或冷空气吸入炉内所造成的热损失。当炉压为正值时(如可控气氛炉),开启炉门将引起炉气外溢;当炉压为负值时(一般对燃料炉而言),将吸入冷空气。对于一般箱式电阻炉,开启炉门时,通常以加热吸入的冷空气所需要的热量作为该项热损失,即

$$Q_{吸} = q_{V_a}\rho_a c_a (t'_g - t_a)\delta_t \tag{5-11}$$

式中 t_a ——炉外冷空气温度,℃;

    t'_g ——溢出热空气温度,℃(随炉门开启时间的增长而降低,若开启时间很短,可取炉子工作温度);

    ρ_a ——空气的密度,kg/m³;

    c_a ——空气在 $t_a \sim t'_g$ 温度内的平均比热容,kJ/(kg·℃);

    q_{V_a} ——吸入炉内的空气流量,m³/h。

对于空气介质电阻炉,零压面在炉门开启高度中分线上,可按下式计算,即

$$q_{V_a} = 1\,997BH\sqrt{H} \quad (\text{m}^3/\text{h}) \tag{5-12}$$

式中 B ——炉门或缝隙的宽度,m;

    H ——炉门开启高度或缝隙高度,m;

    1 997 ——系数,m^0.5/h。

对于可控气氛炉,其溢气热损失已计入到 $Q_{控}$ 一项中,在此不应重复计算。

(7)砌体蓄热量 $Q_{蓄}$

砌体蓄热量指炉子从室温加热至工作温度并且达到稳定状态时炉衬本身所吸收的热量。对双层砌体可按下式计算,即

$$Q_{蓄} = V_1\rho_1(c'_1 t'_1 - c_1 t_0) + V_2\rho_2(c'_2 t'_2 - c_2 t_0) \tag{5-13}$$

式中 V_1, V_2 ——耐火层和保温层的体积,m³;

ρ_1,ρ_2 ——耐火材料和保温材料的密度,kg/m^3;

t'_1,t'_2 ——耐火层和保温层在温度达到稳定状态时的平均温度,℃;

t_0 ——室温,℃;

c'_1,c'_2 ——耐火和保温材料在 t'_1 和 t'_2 时的比热容,$kJ/(kg \cdot ℃)$;

c_1,c_2 ——耐火和保温材料在 t_0 时的比热容,$kJ/(kg \cdot ℃)$。

在实际生产中,炉子并非在每一生产周期都从室温开始加热,炉砌体常保持远高于室温的温度,其温度值与生产过程中冷却阶段和装料阶段的热损失有关,特别是与炉子重新开炉前的空闲(停炉)时间有关,因此,此项热损失的真正值,应视具体情况而修正。

(8)其他热损失 $Q_{他}$

此项热损失包括未考虑到的各种热损失及一些不易精确计算的热损失,如炉衬砖缝不严、炉子长期使用后保温材料隔热性能和炉子密封性能降低以及热电偶、电热元件引出杆的热短路等造成的热损失。此项热损失可取上述各项热损失总和的某一近似百分数。通常对箱式炉为 10% ~ 20%,对机械化炉为 25%,对敞开式盐浴炉为 30% ~ 50%。

2. 炉子所需功率

(1)连续作业的炉子功率

连续作业炉工作时,可认为炉体已处于热稳定状态,不再吸热,因此其总的热支出为

$$Q_{总} = Q_{件} + Q_{辅} + Q_{控} + Q_{散} + Q_{辐} + Q_{吸} + Q_{他} \qquad (5-14)$$

$Q_{总}$ 为维持炉子正常工作所必不可少的热量支出。在实际生产中还必须考虑某些具体情况,如炉子长期使用后炉衬局部损坏引起热损失增加,电压波动、电热元件老化引起炉子功率下降以及工艺制度变更要求提高功率,等等。因此,炉子的功率应有一定储备,其安装功率应为

$$P_{安} = \frac{KQ_{总}}{3\ 600} \qquad (kW) \qquad (5-15)$$

式中　K ——功率储备系数,对连续作业炉,$K = 1.2 \sim 1.3$;对周期作业炉,$K = 1.3 \sim 1.5$。

炉子的热效率 η 可由下式求得,即

$$\eta = \frac{Q_{件}}{Q_{总}} \times 100\% \qquad (5-16)$$

η 越大,炉子热利用率越高,如果 η 过小,说明设计不合理,一般电阻炉的热效率为 30% ~ 80%。有时也将正常工作时的效率和保温时(关闭炉门)的热效率分别计算。

(2)周期作业的炉子功率

周期作业炉按加热阶段作为热平衡计算时间单位时,其热损失主要项目是加热工件和辅助构件所需的热量和炉砌体的蓄热量。炉子实际的蓄热损失量与炉子冷却阶段、装卸阶段和停炉期造成炉体降温的程度有关。在加热阶段的其他热损失应视具体炉型和工艺规程而定。

对一般热装炉的周期作业炉,也常先按式(5-15)计算出功率,然后按下式考核空炉升温时间 $\tau_{升}$,即

$$\tau_{升} = \frac{Q_{蓄}}{3\ 600 P_{安}} \qquad (h) \qquad (5-17)$$

一般周期作业式电阻炉空炉从室温升到额定温度需 3 ~ 8 h,若升温时间太长,则说明功率不够,需将 $P_{安}$ 加到满足空炉升温时间数值。还需说明的是,在计算 $Q_{蓄}$ 时,所用温度

为额定温度下已处于稳定态传热条件的耐火层、保温层温度,这比炉子升温时实际耐火层、保温层的平均温度要高得多,故计算求得的空炉升温时间 $\tau_升$ 比实际测得的要长。

5.2.2 经验计算法

1. 类比法

与同类炉子相比较,当炉膛尺寸和炉体结构确定后,依据生产率、升温时间等方面的具体要求,与性能较好的同类炉子相比较,而确定新设计炉子的功率。如果所设计的炉子与参考炉子在尺寸、炉衬材料的选择以及技术指标等方面有所不同,可依据实际情况适当增减。

2. 经验公式法

炉子功率可用下式计算,即

$$P_安 = C\tau_升^{-0.5} F^{0.9}\left(\frac{t}{1\,000}\right)^{1.55} \tag{5-18}$$

式中 $\tau_升$ ——空炉升温时间,h;

F ——炉膛内壁面积,m^2;

t ——炉温,℃;

C ——系数,$(kW \cdot h^{0.5})/(m^{1.8} \cdot ℃^{1.55})$(热损失大的炉子,$C = 30 \sim 35$;热损失小的炉子,$C = 20 \sim 25$)。

这种方法适用于周期作业封闭式电阻炉,使用时需注意使用条件并参考有关文献。

5.3 功率的分配及电热元件的接线

5.3.1 功率的分配

由于炉膛内各部分的传热条件和炉气运动状态有差异,为了保证炉膛内温度的均匀性和满足热处理工艺的要求,电阻炉的功率应根据具体条件适当分配,常需对炉子各部分输入不同的功率,分区段布置电热元件,必要时还需分区控温。

1. 箱式电阻炉

对于炉膛长度不超过 1 m 的炉子,一般可将功率均匀分配在炉内两侧墙和炉底上。对大型的箱式炉,通常在炉门口处增加一些功率,即在炉长 1/4 ~ 1/3 处,其功率比平均功率增加 15% ~ 25%,大型箱式炉可在炉门上分配一些功率。

对于一般热处理炉,在分配炉子功率时,布置电热元件炉壁上的功率负荷在 15 ~ 35 kW/m² 范围,否则会缩短炉壁寿命。目前设计中一般采用 20 ~ 25 kW/m²,数值过大电热元件布置也有困难。

2. 井式电阻炉

井式电阻炉的炉口附近及炉底处温度常常偏低,对没有强制对流的井式炉应当在炉子的上部与下部适当增加一些功率。另外,为了保证井式炉上下炉温均匀,通常采用分区控制。当炉深(H)与直径(D)之比小于 1 时,可采用一个加热区;当 $H/D = 1.5 \sim 3$ 时,采用三个加热区。各区的功率分配可参考表 5 - 2。

表 5 – 2　井式电阻炉的功率分配

H/D	加热区数	炉温/℃	炉膛内壁的单位表面负荷/(kW/m²)		
			上区	中区	下区
<1	I	950	—	≤15	—
		1 200	—	20 ~ 25	—
1 ~ 2	II	950	≤15	—	≤15
		1 200	20 ~ 25	—	20 ~ 15
1.5 ~ 3	III	950	≤15	≤10	≤15
		1 200	20 ~ 25	15 ~ 20	20 ~ 25

3. 连续作业电阻炉

连续作业电阻炉的功率分配要根据各区段工件的吸热量与炉子的散热量多少来确定。在加热区工件的吸热最多,在均热区工件的吸热量显著减少,而在保温区工件基本上不吸收热量。因此,加热区的功率应当最大,均热区的功率就要降低一些,保温区的功率最小,主要用来补偿炉体的散热损失,维持保温区的恒温。

5.3.2　供电电压和接线方法

电阻炉的供电电压,除少数因电热元件的电阻温度系数大或要求采用低压供电的大截面电阻板外,一般均采用车间电网电压,即 220 V 或 380 V。

电热元件的接线,应根据炉子功率大小等因素决定。当炉子功率小于 25 kW 时,采用 220 V 或 380 V 单相接法。炉子功率为 25 ~ 75 kW 时,采用三相 380 V 星形接法,个别的也可用三相 380 V 三角形接法。当炉子功率大于 75 kW 时,可将电热元件分成两组或两组以上的 380 V 星形接法或三角形接法。每组功率以 30 ~ 75 kW 为宜,即每相功率在 10 ~ 25 kW 之间。这样,可使每一电热元件的功率不致过大,便于布置安装,而且电热元件的尺寸也较合适。

电阻炉的功率,由于工艺要求不同,各阶段相差甚大,如台车炉、井式气体渗碳炉工件在升温加热阶段需要功率很大,而在保温或渗碳阶段所需功率甚小,旧系列热处理电阻炉大多采用位式控温,因此,保温阶段由于功率不匹配,控制精度差,波动大。新设计多通过可控硅采用 PID 连续调节或计算机控制温度,在升温段提供较大功率,在保温段提供较小功率,这样不仅提高了控温精度,也大大提高了电热元件的使用寿命。

5.4　常用电热元件材料及其选择

电热元件是热处理电阻炉的关键部件,电阻炉性能的好坏和使用寿命的长短与所选用的电热元件材料密切相关。

5.4.1　电热元件材料和性能要求

1. 具有良好的耐热性及高温强度

电热元件的工作温度一般比炉温高 100 ~ 200 ℃,所用材料必须具有良好的耐热性和一定的高温强度,以保证电热元件在高温下不熔化、不氧化、不挥发,以及不发生明显的蠕变变形和坍塌。

2. 具有较大的电阻率 ρ

在电热元件端电压一定的条件下,电热元件发出的功率与其电阻成反比,而电热元件

的电阻与其材料的电阻率 $\rho(\Omega\cdot mm^2/m)$ 成正比，即

$$R = \rho\frac{L}{f} \tag{5-19}$$

式中　f——电热元件截面积，mm^2；

　　　L——长度，m。

当 R 和 f 不变时，ρ 越大，则 L 越短，节省材料，便于安装；当 R 和 L 不变时，ρ 越大，则 f 越大，提高强度，延长寿命。

3. 具有较小的电阻温度系数 α

电热元件材料的电阻温度系数 $\alpha(℃^{-1})$ 越大，则电热元件在不同温度下发出功率的变化也越大，电阻炉功率就不稳。如果使用电阻温度系数大的材料做电热元件，则应配备调压器，保证炉子功率的稳定。

4. 具有较小的热膨胀系数

电热元件受热伸长，可用下式计算，即

$$L_t = L_0(1+\beta t) \tag{5-20}$$

式中　L_0,L_t——电热元件在温度为 0 和 t 时的长度，m；

　　　t——电热元件的工作温度，℃；

　　　β——电热元件的热膨胀系数，$℃^{-1}$。

对热膨胀系数较大的元件，应留有充分的膨胀余地。

5. 具有良好的加工性

电热元件材料应便于加工成各种形状并具备良好的焊接性。

5.4.2　常用电热元件材料及特点

电热元件材料可分为金属材料和非金属材料两大类。

1. 金属电热元件材料

金属电热元件材料包括合金和纯金属两种，而合金材料中又分为铁铬铝系和镍铬系。

（1）铁铬铝系

这类材料电阻率(ρ)大，电阻温度系数(α)小，功率稳定，耐热性好，抗渗碳，耐硫蚀，价格便宜，应用广泛。其缺点是塑性差，高温加热后晶粒粗大，脆性大。常用牌号有0Cr25Al5，0Cr27Al7Mo2，0Cr23Al6Mo2，1Cr13Al4，0Cr25Al6RE 等。

（2）镍铬系

这类材料高温加热不脆化，具有良好的塑性和焊接性，便于加工和维修，抗渗氮。其缺点是电阻率(ρ)小，电阻温度系数(α)较大，不抗硫蚀，价格昂贵。常用牌号有 Cr20Ni80，Cr15Ni60，Cr20Ni80Ti3 和 Cr23Ni18 等。

（3）纯金属

钼、钨和钽熔点很高，塑性很好，可作成线状、带状和筒状的电热元件，其中钼应用最广。这类材料高温易氧化，常需在氢气、氨分解气氛或真空中使用。其缺点是电阻温度系数(α)很大，常应附加调压器调节功率；价格昂贵，热处理炉中使用较少。常用金属电热元件材料及性能见附表13。

2. 非金属电热元件材料

非金属电热元件材料主要有硅碳系、碳系和硅钼系三种，多用于高温热处理炉或真空炉。

（1）硅碳系

这类电热元件材料电阻率（ρ）大，通常制成带状、棒状，可在氧化性介质1 350 ℃下长期工作。其缺点是易老化、脆性大、强度低，安装使用中需避免碰撞，并需配调压器。其成分主要是 SiC。

（2）碳系

石墨、碳粒和各种碳质制品都属于碳系电热元件。常用于 1 400～2 500 ℃中性气氛或真空中，最高可达3 600 ℃。其热膨胀系数（β）小，电阻率（ρ）大，易加工，耐急冷急热性好，价格低廉。

（3）硅钼系

这类电热元件材料耐高温，不易老化，最高使用温度可达 1 700～1 800 ℃，其电阻温度系数（α）大，便于在低温输入较大功率而缩短炉子升温时间，在 1 350 ℃以上会软化，不便水平安装。其主要成分为 $MoSi_2$。

常用非金属电热元件材料性能见附表14。

5.4.3　电热元件的表面负荷

电热元件的表面负荷 W 指元件单位表面积上所发出的功率，单位为 W/cm^2。元件表面负荷越高，发出的热量就越多，元件温度就越高，所用元件材料也越少，但是，如果表面负荷过高，元件寿命会缩短。因此，表面负荷应有一个允许的数，称为允许表面负荷 $W_允$，其大小取决于元件材料和工作温度。

实际选用允许表面负荷时，应考虑到电热元件的工作环境，环境好可取大些，环境差可取小些。如有腐蚀气体和保护气体时可取低些；电热元件装在辐射管中或炉底之下应取低些；若敞开在炉膛中可取高些；强制对流时可取更高值；工件黑度小时应取低值；带状应比丝状电热元件的值高；电热元件不易更换时应取低值，易更换时取高值。图 5－3 为合金电热元件的允许表面负荷曲线，图中上限为敞露型电热元件的最低允许表面负荷，一般取上下限之间。电热元件温度一般比炉温高出 100～200 ℃。

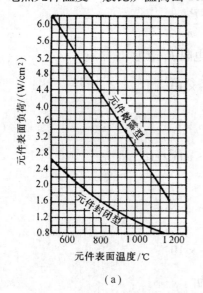

（a）

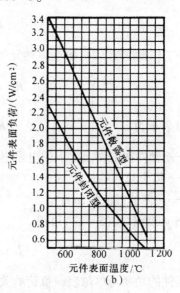

（b）

图 5－3　合金电热元件的允许表面负荷

（a）Fe－Cr－Al；（b）Ni－Cr

表 5-3 为电阻丝在不同温度下常用的允许表面负荷,表 5-4 为硅碳棒在不同温度下的允许表面负荷,可供设计时选用。

表 5-3 电阻丝的允许表面负荷 $W_允$ 单位:W/cm^2

材料	炉膛温度/℃							
	600	700	800	900	1 000	1 100	1 200	1 300
0Cr25Al5	—	3.0~3.7	2.6~3.2	2.1~2.6	1.6~2.0	1.2~1.5	0.8~1.0	0.5~0.7
Cr20Ni80	3.0	2.5	2.0	1.5	1.1	0.5		
Cr15Ni60	2.5	2.0	1.5	0.8	—	—	—	—

表 5-4 硅碳棒的允许表面负荷 $W_允$ 单位:W/cm^2

炉膛温度/℃	1 000	1 100	1 200	1 250	1 300	1 350	1 400
$W_允$	35	26	21	18	14	10	5

5.5 电热元件的计算

电热元件的计算主要包括元件的截面尺寸、长度和质量以及一些结构尺寸的计算,以满足功率、使用寿命和安装要求。

5.5.1 金属电热元件的计算

1. 电热元件的尺寸和质量

设炉子共有 n 个电热元件,炉子的安装功率为 $P_安$,则每个电热元件的功率为

$$P = \frac{P_安}{n} \qquad (5-21)$$

在炉子工作温度为 t 时,每个电热元件的电阻 R_t 应为

$$R_t = \frac{U^2}{P} \times 10^{-3} \qquad (5-22)$$

R_t 又可表示为 $$R_t = \rho_t \frac{L}{f} \qquad (5-23)$$

式中 ρ_t ——元件在工作温度下的电阻率,$\Omega \cdot mm^2/m$;

　　　L ——每个元件的长度,m;

　　　f ——元件的截面积,mm^2。

由式(5-22)和式(5-23)可得

$$L = \frac{fU^2}{P\rho_t} \times 10^{-3} \qquad (5-24)$$

电热元件的功率与单位表面负荷的关系为

$$P = W_允 F \times 10^{-3} = W_允 SL \times 10^{-2}$$

$$L = \frac{P \times 10^2}{W_{允} S} \tag{5-25}$$

式中　F ——电热元件表面积，cm^2；

　　　S ——电热元件横截面的周长，mm。

将式(5-25)代入式(5-24)得

$$Sf = \frac{10^5 P^2 \rho_t}{W_{允} U^2} \tag{5-26}$$

由于丝状电热元件和带状电热元件的截面、周长计算方法不同要分别讨论。

(1)直径为 d 的丝状电热元件

因 $S = \pi d, f = \frac{\pi}{4} d^2$，故

$$Sf = \frac{\pi^2}{4} d^3 \tag{5-27}$$

将式(5-27)代入式(5-26)，经整理得到

$$d = \sqrt[3]{\frac{4 \times 10^5 P^2 \rho_t}{\pi^2 U^2 W_{允}}} = 34.3 \sqrt[3]{\frac{P^2 \rho_t}{U^2 W_{允}}} \tag{5-28}$$

则每个电热元件的长度可按式(5-23)求得，即

$$L = \frac{Rf}{\rho_t} = 0.785 \frac{R_t d^2}{\rho_t} = 0.785 \times 10^{-3} \frac{U^2 d^2}{P \rho_t} \tag{5-29}$$

每个元件的质量为

$$G = \frac{\pi}{4} d^2 L \rho_M \times 10^{-3} \tag{5-30}$$

式中　ρ_M ——元件材料密度，g/cm^3。

所需电热元件总长度和总质量分别为

$$L_{总} = nL \tag{5-31}$$
$$G_{总} = nG \tag{5-32}$$

(2)带状电热元件

设带状电热元件宽为 b，厚为 a，则 $b/a = m$，一般地，$m = 8 \sim 12$。

电热元件的横截面积为

$$f = ab = ma^2 \tag{5-33}$$

电热元件截面周长为

$$S = k(a+b) = k(m+1)a \tag{5-34}$$

式中　k ——周长减少系数，有轧制圆角时 k 取 1.88，无轧制圆角时 k 取 2。

将 f 和 S 值代入式(5-26)得

$$a = \sqrt[3]{\frac{P^2 \rho_t \times 10^5}{k(m+1)m U^2 W_{允}}} \tag{5-35}$$

则每段电热元件长度为

$$L = \frac{ab R_t}{\rho_t} \tag{5-36}$$

每段电热元件的质量为

$$G = abL\rho_M \times 10^{-3} \tag{5-37}$$

所需电热元件的总长度和总质量可用式（5-31）和式（5-32）求得。

2. 电热元件的形状及结构尺寸

计算出电热元件截面及长度之后，还要将它制成适当形状，然后才能布置在炉内。

（1）电阻丝的绕制尺寸

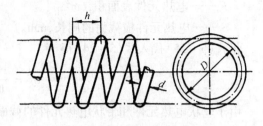

图5-4　螺旋管状电热元件

电阻丝一般绕成螺旋管状，如图5-4所示。丝的直径较大，绕制困难时，也可绕成波纹状。绕制节径 D 和螺距 h 应保证不坍塌，同时又要热屏蔽小。D 和 h 小，虽然不易坍塌，但热屏蔽大。所以不能过大或过小，一般可按表5-5的所列公式计算。

表5-5　螺旋电热元件绕制尺寸

项目	Fe-Cr-Al 合金		Cr-Ni 合金		
	>1 000 ℃	<1 000 ℃	950 ℃	950~750 ℃	<750 ℃
节径 D/mm	$(4\sim6)d$	$(6\sim8)d$	$(5\sim6)d$	$(6\sim8)d$	$(8\sim12)d$
螺距 h/mm	$(2\sim4)d$	$(2\sim4)d$	$(2\sim4)d$	$(2\sim4)d$	$(2\sim4)d$
螺旋柱长度 L'/m	$\dfrac{Lh}{\pi D}$	$\dfrac{Lh}{\pi D}$	$\dfrac{Lh}{\pi D}$	$\dfrac{Lh}{\pi D}$	$\dfrac{Lh}{\pi D}$

按表5-5中关系计算出的螺旋柱长度 L' 还必须满足在炉内布置的要求。如果 L' 过长，则应适当调整 D 和 h，直至在表所列值的范围内，又适合布置要求。

（2）电阻带的绕制尺寸

带状电热元件一般绕制成波纹状，如图5-5所示。带的宽度为 b，厚度为 a，波纹结构尺寸如下：

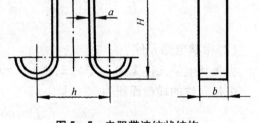

图5-5　电阻带波纹状结构

波纹高度　　　$H \leqslant 10b$

波纹间距　　　$h = (10\sim30)a$

曲率半径　　　$r = (4\sim8)a$

波纹体长度　　　$L' = \dfrac{L}{2(H+1.14r)}h$ $\tag{5-38}$

5.5.2　碳化硅电热元件的计算

1. 根据炉膛尺寸确定 SiC 棒的规格，并计算每根的功率

$$P_棒 = \pi dLW_允 \times 10^{-2} \tag{5-39}$$

式中　　$W_允$——在工作温度下元件允许表面负荷，W/cm²（表5-4）；

　　　　d——SiC 棒工作部分的直径，mm；

L——SiC 棒工作部分的长度,m。

2. 根据炉子安装功率 $P_安$ 和每根 SiC 棒功率 $P_棒$ 确定 SiC 棒根数

$$n = \frac{P_安}{P_棒} \tag{5-40}$$

式(5-40)计算出 n 应取整数,一般为偶数,以便在炉内对称布置,若为三相接法,还应是 3 的倍数。

3. 计算 SiC 棒的端电压(V)

$$U = \sqrt{10^3 \times P_棒 R_t} \tag{5-41}$$

式中 R_t——SiC 棒在工作温度下的电阻,Ω。

4. 确定电压调节范围

$$U_调 = (0.35 \sim 2)U \tag{5-42}$$

5.6 电热元件的安装

5.6.1 电热元件的安装方式

电热元件在炉内的安装部位主要根据炉温分布和工艺要求而定,同时还要考虑到炉子的结构和电热元件的形状。箱式炉一般都布置在炉底和侧墙上,大型箱式炉还在炉顶甚至炉门上布置电热元件,后墙一般不布置电热元件。

1. 安装在侧墙上

电热元件平放在侧墙搁砖上,也可悬挂在侧墙上或安装在套管上,如图5-6(a)~(d)所示。

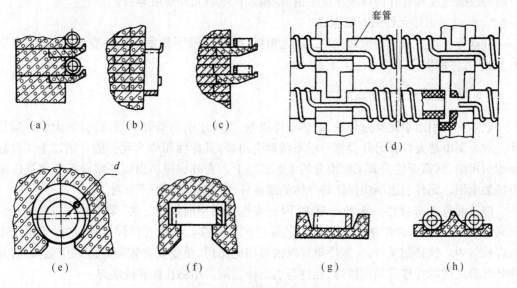

图 5-6 金属电热元件的安装

(a)~(d)安装在侧墙上;(e)(f)安装在炉顶;(g)(h)安装在炉底

2. 安装在炉顶

电热元件放在炉顶的异型砖沟槽内,如图 5-6(e)(f)所示。

3. 安装在炉底

电热元件水平放置在炉底搁砖上,如图 5-6(g)(h)所示,但应与炉底板有适当的距离,以避免接触炉底板短路。

4. 安装在辐射管内

在可控气氛炉中,为便于更换和保护电热元件不受炉气侵蚀,将电热元件绕在芯棒或骨架上,再套上圆形辐射管,辐射管结构如图 5-7 所示。辐射管既可竖安又可横安于侧墙,也可安装在炉顶、炉底。

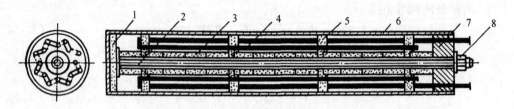

图 5-7 电热辐射管示意图

1—陶瓷垫片;2—耐热钢固定杆;3—陶瓷套筒;4—电热元件
5—隔板;6—辐射管;7—堵头;8—螺帽

辐射管常采用 ZG Cr24Ni17SiNRE,Cr23Ni18,Cr15Ni35 等钢制造,通常由离心铸造而成,也有采用陶瓷材料做辐射管的。

美国索菲斯公司还制造了一种管状电热元件,内通空气,从侧墙置于可控气氛炉中,使管内的脱碳速度和管外的渗碳速度平衡,从而延长电热元件使用寿命。

5. 非金属电热元件的安装方式

硅碳棒可垂直或水平安装,而二硅化钼棒,因在高温下易发生塑性变形,只能垂直安装,电热元件距壁面的距离应大于 30 mm。

5.6.2 电热元件引出与焊接

电热元件引出端需穿过炉壁,散热条件很差,为防止引出端温度过高,应加大引出端尺寸。对金属电热元件常另外焊接一段不锈钢引出棒,其截面积应为元件的 3 倍以上。对硅碳棒引出端,其截面应为其工作部分的 1.5 倍以上。在硅碳棒引出端还常涂覆金属层以减少接触电阻。元件引出端应保证与壳体绝缘良好、拆卸方便和炉子密封。

电热元件的焊接性一般都比较差,因此应选择适当的焊接方法,采用成分与电热元件相同或相近的焊条,并严格按照焊接工艺规程进行焊接。镍铬元件焊接性较好,可采用电弧焊或气焊。铁铬铝元件,一般质量要求的可用电弧焊,质量要求较高时应采用氩弧焊,元件各部分之间的焊接常采用搭焊,元件与引出棒之间采用钻孔焊或铣槽焊。

5.7　电阻炉的性能试验及技术规范

5.7.1　电阻炉的性能试验

电阻炉的性能试验主要项目有电热元件的电阻、额定功率、空炉升温时间、空载功率等。

1. 电热元件冷态直流电阻的测定

电热元件冷态直流电阻用直流双臂电桥测量。在单相接线时,测量总电阻;在三相接线时,测量并计算各相的电阻。各相的电阻值必须相等,否则各相功率就不一样,电阻值高的功率小,电阻值低的功率大,影响炉温均匀性。

2. 额定功率的测定

(1)对于用金属电热元件的电阻炉在额定电压下,当炉温达到额定温度的瞬间,用功率表测量出额定功率。在测量时,如果接线端的电压并非额定电压,可用下式换算成额定功率,即

$$P = P_1 \left(\frac{U}{U_1} \right)^2 \tag{5-43}$$

式中　U_1——测量时的电压,V;

　　　U——额定电压,V;

　　　P_1——测量电压时的输入功率,kW。

(2)对于非金属电热元件的电阻炉在达到额定温度的瞬间,用功率表测量。额定电压应能调节,以便使额定功率波动在规定的允许范围之内(一般为 ±10%)。

3. 空炉升温时间的确定

经烘干的电阻炉,从冷态(室温)以额定电压(使用 Fe – Cr – Al 及 Ni – Cr 电热元件)或额定功率(使用 SiC)送电,记录其达到额定温度时所经历的时间(即空炉升温时间)。测定时,电压的波动不得大于 ±2%。

空炉升温时间的长短,是周期作业炉的一项重要指标。若空炉升温时间太长,表明电阻炉的设计功率不够或是电阻炉的炉衬不合理,炉子蓄热量太大。RX3 系列箱式炉和 RQ3 系列井式炉标准规定,空炉升温时间 $\tau_{升} \leqslant 2.5 \sim 3$ h。

4. 空载功率的测定

空载功率是指电阻炉在额定温度下不装工件运行时所消耗的功率。空载功率小,说明炉子保温性能好,炉子热损失少。

空载功率应在烘炉后,当电阻炉处于额定温度并已达到热稳定状态时测量,一般为额定功率的 15%。

5. 炉温均匀性的测定

炉温均匀性是在电阻炉处于额定温度,并已达到热稳定状态,空载时测量。测温位置和点数根据炉型按有关标准执行。箱式炉一般采用 9 点法。同一时刻在规定测温区域内最高点与最低点的温度差作为均匀性的指标。共测五次,取五次最大温差的平均值。

6. 表面温升的测定

表面温升是电阻炉外表面温度减去环境温度所得的温差值。测量的条件是电阻炉处于空载和额定温度下的热稳定状态。测温仪用半导体温度计、热电偶表面温度计或水银温

度计。测量点的位置按具体炉型而定。RX3 系列箱式炉标准规定,炉壁表面的温升不得超过 50 ℃,炉门部位不应超过 80 ℃。

5.7.2　电阻炉的技术规范

电阻炉的技术规范常列成表格写到使用说明书中,重要指标标在铭牌上。其内容包括:额定(设计)功率(kW)、额定(最高工作)温度(℃)、额定电压(V)、相数、电热元件接法、空载功率(kW)、空炉升温时间(h)、最大技术生产率(kg/h)、最大一次装料量(kg)、工作空间尺寸、外廓尺寸、质量等。

5.8　热处理电阻炉设计、计算举例

5.8.1　设计任务

为某厂设计一台热处理电阻炉,其技术条件如下:

(1)用于中碳钢、低合金钢毛坯或零件的淬火、正火及退火处理,处理对象为中小型零件,无定型产品,处理批量为多品种,小批量;

(2)生产率为 160 kg/h;

(3)最高使用温度为 950 ℃;

(4)生产特点为周期式成批装料,长时间连续生产。

5.8.2　炉型的选择

根据设计任务给出的生产特点,拟选用箱式热处理电阻炉,不通保护气氛。

5.8.3　确定炉体结构和尺寸

1. 炉底面积的确定

因是无定型产品,故不能用实际排料法确定炉底面积,只能用加热能力指标法。已知生产率 p 为 160 kg/h,按表 5-1 选择箱式炉用于正火和淬火时的单位面积生产率 p_0 为 120 kg/($m^2 \cdot h$),故可求得炉底有效面积为

$$F_1 = \frac{p}{p_0} = \frac{160}{120} = 1.33 \text{ m}^2 [1]$$

由于有效面积与炉底总面积存在关系式 $F_1/F = 0.75 \sim 0.85$,取系数上限,得炉底实际面积为

$$F = \frac{F_1}{0.85} = \frac{1.33}{0.85} = 1.57 \text{ m}^2$$

2. 炉底长度和宽度的确定

由于热处理箱式电阻炉设计时应考虑装出料方便,取 $L/B = 2$,因此,可求得

$$L = \sqrt{F/0.5} = \sqrt{1.57/0.5} = 1.772 \text{ m}$$

$$B = L/2 = 1.772/2 = 0.886 \text{ m}$$

---

[1]　根据相关行业习惯,本书中涉及的数值计算结果取能够满足实际生产要求的近似值,且使用"="代替"≈"。

根据标准砖尺寸,为便于砌砖,取 $L = 1.741$ m,$B = 0.869$ m,如图 5 - 8 所示。

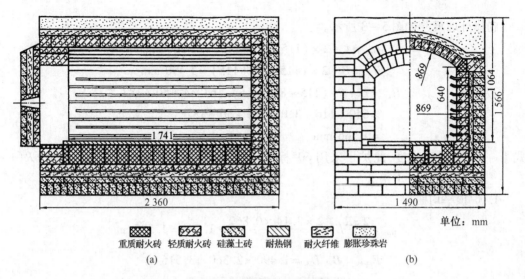

重质耐火砖　轻质耐火砖　硅藻土砖　耐热钢　耐火纤维　膨胀珍珠岩

(a)　　　　　　　　　　　　　(b)

图 5 - 8　砌体结构示意图

(a)侧视图;(b)主视图

3. 炉膛高度的确定

按统计资料,炉膛高度 H 与宽度 B 之比 H/B 通常在 $0.5 \sim 0.9$ 之间,根据炉子工作条件,取 $H/B = 0.7$ 左右,根据标准砖尺寸,选定炉膛高度 $H = 0.640$ m。

因此,通过查附表 5 里炉底搁砖、拱脚砖的取值,确定炉膛尺寸如下:

长　　　　　$L = (230 + 2) \times 7 + \left(230 \times \dfrac{1}{2} + 2\right) = 1741$ mm

宽　　$B = (120 + 2) \times 4 + (65 + 2) + (40 + 2) \times 2 + (113 + 2) \times 2 = 869$ mm

高　　　　　　　　$H = (65 + 2) \times 9 + 37 = 640$ mm

为避免工件与炉内壁或电热元件搁砖相碰撞,应使工件与炉膛内壁之间有一定的空间,确定工作室有效尺寸为

$$L_{效} = 1500 \text{ mm}, B_{效} = 700 \text{ mm}, H_{效} = 500 \text{ mm}$$

4. 炉衬材料及厚度的确定

由于侧墙、前墙及后墙的工作条件相似,采用相同炉衬结构,即 113 mm QN - 0.8 轻质黏土砖 + 80 mm 密度为 250 kg/m³ 的普通硅酸铝纤维毡 + 113 mm B 级硅藻土砖。

炉顶采用 113 mm QN - 1.0 轻质黏土砖 + 80 mm 密度为 250 kg/m³ 的普通硅酸铝纤维毡 + 115 mm 膨胀珍珠岩。

炉底采用 4 层 QN - 1.0 轻质黏土砖(67 × 4)mm + 50 mm 密度为 250 kg/m³ 的普通硅酸铝纤维毡 + 182 mm B 级硅藻土砖和膨胀珍珠岩复合炉衬。

炉门用 65 mm QN - 1.0 轻质黏土砖 + 80 mm 密度为 250 kg/m³ 的普通硅酸铝纤维毡 + 65 mm A 级硅藻土砖。

炉底搁砖采用重质黏土砖(NZ - 35),电热元件搁砖选用重质高铝砖。

炉底板材料选用 Cr - Mn - N 耐热钢,根据炉底实际尺寸给出,分三块或四块,厚 20 mm。

5.8.4 砌体平均表面积计算

砌体外廓尺寸如图5-8所示。

$$L_{外} = L + 2 \times (115 + 80 + 115) = 2\,360 \text{ mm}$$
$$B_{外} = B + 2 \times (115 + 80 + 115) = 1\,490 \text{ mm}$$
$$H_{外} = H + f + (115 + 80 + 115) + 67 \times 4 + 50 + 182$$
$$= 640 + 116 + 310 + 268 + 50 + 182$$
$$= 1\,566 \text{ mm}$$

式中 f——拱顶高度,此炉子采用60°标准拱顶,取拱弧半径 $R = B$,则 f 可由 $f = R(1 - \cos30°)$ 求得。

1. 炉顶平均面积

$$F_{顶内} = \frac{2\pi R}{6}L = \frac{2 \times 3.14 \times 0.869}{6} \times 1.741 = 1.585 \text{ m}^2$$
$$F_{顶外} = B_{外} L_{外} = 1.490 \times 2.360 = 3.516 \text{ m}^2$$
$$F_{顶均} = \sqrt{F_{顶内}F_{顶外}} = \sqrt{1.585 \times 3.516} = 2.360 \text{ m}^2$$

2. 炉墙平均面积

炉墙面积包括侧墙及前后墙,为简化计算将炉门包括在前墙内。

$$F_{墙内} = 2LH + 2BH = 2H(L + B) = 2 \times 0.640 \times (1.741 + 0.869) = 3.341 \text{ m}^2$$
$$F_{墙外} = 2H_{外}(L_{外} + B_{外}) = 2 \times 1.566 \times (2.360 + 1.490) = 12.058 \text{ m}^2$$
$$F_{墙均} = \sqrt{F_{墙内}F_{墙外}} = \sqrt{3.341 \times 12.058} = 6.347 \text{ m}^2$$

3. 炉底平均面积

$$F_{底内} = BL = 0.869 \times 1.741 = 1.510 \text{ m}^2$$
$$F_{底外} = B_{外} L_{外} = 1.490 \times 2.360 = 3.516 \text{ m}^2$$
$$F_{底均} = \sqrt{F_{底内}F_{底外}} = \sqrt{1.510 \times 3.516} = 2.304 \text{ m}^2$$

5.8.5 计算炉子功率

1. 根据经验公式法计算炉子功率

由式(5-18)可得

$$P_{安} = C\tau_{升}^{-0.5}F^{0.9}\left(\frac{t}{1\,000}\right)^{1.55}$$

取式中系数 $C = 30(\text{kW} \cdot \text{h}^{0.5})/(\text{m}^{1.8} \cdot ℃^{1.55})$,空炉升温时间假定为 $\tau_{升} = 4$ h,炉温 $t = 950$ ℃,炉膛内壁面积为

$$F_{壁} = 2 \times (1.741 \times 0.640) + 2 \times (0.869 \times 0.640) + 1.741 \times 0.869 +$$
$$2 \times 3.14 \times 0.869 \times \frac{60°}{360°} \times 1.741$$
$$= 6.440 \text{ m}^2$$

所以

$$P_{安} = C\tau_{升}^{-0.5}F^{0.9}\left(\frac{t}{1\,000}\right)^{1.55}$$

$$= 30 \times 4^{-0.5} \times 6.44^{0.9} \times \left(\frac{950}{1\,000}\right)^{1.55}$$

$$= 74.1 \ \text{kW}$$

由经验公式法计算得 $P_\text{安} = 75 \ \text{kW}$。

2. 根据热平衡计算炉子功率

(1)加热工件所需的热量 $Q_\text{件}$

由附表 7 查得工件在 950 ℃ 及 20 ℃ 时①比热容分别为 $c_{\text{件2}} = 0.636 \ \text{kJ/(kg} \cdot \text{℃)}$,$c_{\text{件1}} = 0.486 \ \text{kJ/(kg} \cdot \text{℃)}$,根据式(5 – 5)有

$$Q_\text{件} = p(c_{\text{件2}} t_1 - c_{\text{件1}} t_0)$$

$$= 160 \times (0.636 \times 950 - 0.486 \times 20)$$

$$= 95\,116.8 \ \text{kJ/h}$$

(2)通过炉衬的散热损失 $Q_\text{散}$

由于炉子侧壁和前后墙炉衬结构相似,故作统一数据处理,为简化计算,将炉门包括在前墙内。

根据式(1 – 16)得

$$Q_\text{散} = \frac{t_1 - t_{n+1}}{\sum\limits_{i=1}^{n} \dfrac{s_i}{\lambda_i F_i}}$$

对于炉墙散热,如图 5 – 9 所示,首先假定界面上的温度及炉壳温度,$t'_{\text{2墙}} = 800 \ ℃$,$t'_{\text{3墙}} = 450 \ ℃$,$t'_{\text{4墙}} = 65 \ ℃$,则耐火层 s_1 的平均温度 $t_{s_1\text{均}} = \dfrac{950 + 800}{2} = 875 \ ℃$,硅酸铝纤维层 s_2 的平均温度 $t_{s_2\text{均}} = \dfrac{800 + 450}{2} = 625 \ ℃$,硅藻土砖层 s_3 的平均温度 $t_{s_3\text{均}} = \dfrac{450 + 65}{2} = 257.5 \ ℃$,$s_1$,$s_3$ 层炉衬的热导率由附表 3 得

$$\lambda_1 = 0.294 + 0.212 \times 10^{-3} t_{s_1\text{均}}$$

$$= 0.294 + 0.212 \times 10^{-3} \times 875$$

$$= 0.480 \ \text{W/(m} \cdot \text{℃)}$$

$$\lambda_3 = 0.131 + 0.23 \times 10^{-3} t_{s_3\text{均}}$$

$$= 0.131 + 0.23 \times 10^{-3} \times 257.5$$

$$= 0.190 \ \text{W/(m} \cdot \text{℃)}$$

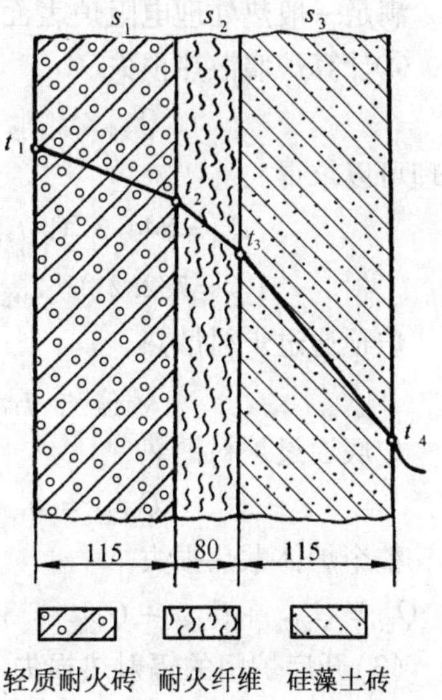

图 5 – 9 炉墙结构图

普通硅酸铝纤维的热导率由附表 4 查得,在与给定温度相差较小范围内近似认为其热导率与温度成直线关系,由 $t_{s_2\text{均}} = 625 \ ℃$ 得

$$\lambda_2 = 0.138 \ \text{W/(m} \cdot \text{℃)}$$

当炉壳温度为 65 ℃,室温为 20 ℃ 时,经查附表 2 得 $\alpha_{\sum} = 12.50 \ \text{W/(m}^2 \cdot \text{℃)}$。

---

① 950 ℃ 时工件比热容取附表 7 中 900 ℃ 时的数值,20 ℃ 时工件比热容取附表 7 中 50 ℃ 时的数值。

①求热流

$$q_{墙} = \frac{t_g - t_a}{\dfrac{s_1}{\lambda_1} + \dfrac{s_2}{\lambda_2} + \dfrac{s_3}{\lambda_3} + \dfrac{1}{\alpha_{\sum}}} = \frac{950 - 20}{\dfrac{0.115}{0.480} + \dfrac{0.080}{0.138} + \dfrac{0.115}{0.190} + \dfrac{1}{12.50}} = 618.1 \ W/m^2$$

②验算交界面上的温度 $t_{2墙}$ 和 $t_{3墙}$

$$t_{2墙} = t_1 - q_{墙} \frac{s_1}{\lambda_1} = 950 - 618.1 \times \frac{0.115}{0.480} = 801.9 \ ℃$$

$$\Delta = \frac{|t_{2墙} - t_{2墙}'|}{t_{2墙}'} = \frac{801.9 - 800}{800} = 0.24\% \ (0.237\%)$$

$\Delta < 5\%$, 满足设计要求, 不需重算。

$$t_{3墙} = t_{2墙} - q_{墙} \frac{s_2}{\lambda_2} = 801.9 - 618.1 \times \frac{0.080}{0.138} = 443.6 \ ℃$$

$$\Delta = \frac{|t_{3墙} - t_{3墙}'|}{t_{3墙}'} = \frac{|443.6 - 450|}{450} = 1.42\%$$

$\Delta < 5\%$, 也满足设计要求, 不需重算。

③验算炉壳温度 $t_{4墙}$

$$t_{4墙} = t_{3墙} - q_{墙} \frac{s_3}{\lambda_3} = 443.6 - 618.1 \times \frac{0.115}{0.190} = 69.5 \ ℃$$

满足一般热处理电阻炉表面温升 $< 50 \ ℃$ 的要求。

④计算炉墙散热损失

$$Q_{墙散} = q_{墙} F_{墙均} = 618.1 \times 6.347 = 3923.1 \ W$$

同理可以求得

$$t_{2顶} = 844.3 \ ℃, t_{3顶} = 562.6 \ ℃, t_{4顶} = 53 \ ℃, q_{顶} = 485.4 \ W/m^2$$

$$t_{2底} = 782.2 \ ℃, t_{3底} = 568.5 \ ℃, t_{4底} = 53.7 \ ℃, q_{底} = 572.2 \ W/m^2$$

炉顶通过炉衬散热

$$Q_{顶散} = q_{顶} F_{顶均} = 485.4 \times 2.360 = 1145.5 \ W$$

炉底通过炉衬散热

$$Q_{底散} = q_{底} F_{底均} = 572.2 \times 2.304 = 1318.3 \ W$$

整个炉体散热损失

$$Q_{散} = Q_{墙散} + Q_{顶散} + Q_{底散} = 3923.1 + 1145.5 + 1318.3 = 6386.9 \ W = 22992.9 \ kJ/h$$

(3)开启炉门的辐射热损失

设装、出料所需时间为每小时 6 min, 根据式(5 - 10)有

$$Q_{辐} = 3.6 \times 5.675 F \Phi \delta_t \left[\left(\frac{T_g}{100} \right)^4 - \left(\frac{T_a}{100} \right)^4 \right]$$

因为 $T_g = 950 + 273 = 1223 \ K, T_a = 20 + 273 = 293 \ K$, 由于正常工作时, 炉门开启高度为炉膛高度的一半, 故炉门开启面积 $F = B \times \dfrac{H}{2} = 0.869 \times \dfrac{0.640}{2} = 0.278 \ m^2$, 炉门开启率 $\delta_t = \dfrac{6}{60} = 0.1$。

由于炉门开启后, 辐射口为矩形, 且 $H/2$ 与 B 之比为 $0.320/0.869 = 0.37$, 炉门开启高

度与炉墙厚度之比为 $\dfrac{0.320}{0.310} = 1.03$，由图 1-14 第 1 条线查得 $\Phi = 0.7$，故

$$Q_{\text{辐}} = 5.675 \times 3.6 F \delta_t \Phi \left[\left(\frac{T_g}{100} \right)^4 - \left(\frac{T_a}{100} \right)^4 \right]$$

$$= 5.675 \times 3.6 \times 0.278 \times 0.1 \times 0.7 \times \left[\left(\frac{1223}{100} \right)^4 - \left(\frac{293}{100} \right)^4 \right]$$

$$= 8865.1 \text{ kJ/h}$$

（4）开启炉门溢气热损失

溢气热损失由式（5-11）有

$$Q_{\text{溢}} = q_{V_a} \rho_a c_a (t'_g - t_a) \delta_t$$

其中，q_{V_a} 由式（5-12）得

$$q_{V_a} = 1997 B \frac{H}{2} \sqrt{\frac{H}{2}} = 1997 \times 0.869 \times 0.320 \times \sqrt{0.320} = 314.1 \text{ m}^3/\text{h}$$

冷空气密度 $\rho_a = 1.29 \text{ kg/m}^3$，由附表 11 得 $c_a = 1.342 \text{ kJ/(m}^3 \cdot ℃)$，$t_a = 20 ℃$，$t'_g$ 为溢气温度，近似认为

$$t'_g = t_a + \frac{2}{3}(t_g - t_a) = 20 + \frac{2}{3}(950 - 20) = 640 ℃$$

$$Q_{\text{溢}} = q_{V_a} \rho_a c_a (t'_g - t_g) \delta_t$$

$$= 314.1 \times 1.29 \times 1.342 \times (640 - 20) \times 0.1$$

$$= 33713.3 \text{ kJ/h}$$

（5）其他热损失

其他热损失约为上述热损失之和的 10% ~ 20%，故

$$Q_{\text{他}} = 0.13(Q_{\text{件}} + Q_{\text{散}} + Q_{\text{辐}} + Q_{\text{溢}})$$

$$= 0.13 \times (95116.8 + 22992.9 + 8865.1 + 33713.3)$$

$$= 20889.5 \text{ kJ/h}$$

（6）热量总支出

其中 $Q_{\text{辅}} = 0$，$Q_{\text{控}} = 0$，由式（5-14）得

$$Q_{\text{总}} = Q_{\text{件}} + Q_{\text{辅}} + Q_{\text{控}} + Q_{\text{散}} + Q_{\text{辐}} + Q_{\text{溢}} + Q_{\text{他}}$$

$$= 95116.8 + 22992.9 + 8865.1 + 33713.3 + 20889.5$$

$$= 181577.6 \text{ kJ/h}$$

（7）炉子安装功率

由式（5-15）

$$P_{\text{安}} = \frac{KQ_{\text{总}}}{3600}$$

其中，K 为功率储备系数，本炉设计中 K 取 1.4，则

$$P_{\text{安}} = \frac{1.4 \times 181577.6}{3600} = 70.6 \text{ kW}$$

与标准炉子相比较，取炉子功率为 75 kW。

5.8.6 炉子热效率计算

1. 正常工作时的效率

由式(5-16)得

$$\eta = \frac{Q_件}{Q_总} = \frac{95\ 116.8}{181\ 577.6} = 52.4\%$$

2. 在保温阶段关闭炉门时的效率

$$\eta = \frac{Q_件}{Q_总 - (Q_辐 + Q_溢)} = \frac{95\ 116.8}{181\ 577.6 - (8\ 865.1 + 33\ 713.3)} = 68.4\%$$

5.8.7 炉子空载功率计算

$$P_空 = \frac{Q_散 + Q_他}{3\ 600} = \frac{22\ 992.9 + 20\ 889.5}{3\ 600} = 12.2\ \text{kW}$$

5.8.8 空炉升温时间计算

由于所设计炉子的耐火层结构相似,而保温层蓄热较少,为简化计算,将炉子侧墙、前后墙及炉顶按相同数据计算,炉底由于砌砖方法不同,进行单独计算,因升温时炉底板也随炉升温,所以也要计算在内。

1. 炉墙及炉顶蓄热

$$V_黏^侧 = 2 \times [1.741 \times (12 \times 0.067 + 0.135) \times 0.115] = 0.376\ \text{m}^3$$

$$V_黏^{前,后} = 2 \times [(0.869 + 0.115 \times 2) \times (16 \times 0.067 + 0.135) \times 0.115] = 0.305\ \text{m}^3$$

$$V_黏^顶 = 0.97 \times (1.741 + 0.276) \times 0.115 = 0.225\ \text{m}^3$$

$$V_纤^侧 = 2 \times [(1.741 + 0.115) \times (12 \times 0.067 + 0.135) \times 0.080] = 0.279\ \text{m}^3$$

$$V_纤^{前,后} = 2 \times [(0.87 + 0.115 \times 2) \times (16 \times 0.067 + 0.135) \times 0.080] = 0.212\ \text{m}^3$$

$$V_纤^顶 = 1.071 \times (1.741 + 0.276) \times 0.08 = 0.173\ \text{m}^3$$

$$V_硅^侧 = 2 \times [(12 \times 0.067 + 0.135) \times (1.741 + 0.115) \times 0.115] = 0.401\ \text{m}^3$$

$$V_硅^{前,后} = 2 \times [1.490 \times (16 \times 0.067 + 0.135) \times 0.115] = 0.414\ \text{m}^3$$

$$V_珍^顶 = 2.360 \times 1.490 \times 0.115 = 0.404\ \text{m}^3$$

由式(5-13)

$$Q_蓄 = V_黏 \rho_黏 c_黏 (t_黏 - t_0) + V_纤 \rho_纤 c_纤 (t_纤 - t_0) +$$
$$V_硅 \rho_硅 c_硅 (t_硅 - t_0)$$

因为 $t_黏 = \dfrac{t_1 + t_{2墙}}{2} = \dfrac{950 + 801.9}{2} = 875.9\ ℃$,查附表3经计算得

$$c_黏 = 0.84 + 0.26 \times 10^{-3} t_黏 = 0.84 + 0.26 \times 10^{-3} \times 875.9 = 1.07\ \text{kJ/(kg} \cdot ℃)$$

$$t_纤 = \frac{t_{2墙} + t_{3墙}}{2} = \frac{801.9 + 443.6}{2} = 622.8\ ℃$$

$$c_纤 = 0.81 + 0.28 \times 10^{-3} t_纤 = 0.81 + 0.28 \times 10^{-3} \times 622.8 = 0.98\ \text{kJ/(kg} \cdot ℃)$$

$$t_硅 = \frac{t_{3墙} + t_{4墙}}{2} = \frac{443.6 + 69.5}{2} = 256.6\ ℃$$

$$c_硅 = 0.84 + 0.25 \times 10^{-3} t_硅 = 0.84 + 0.25 \times 10^{-3} \times 256.6 = 0.90\ \text{kJ/(kg} \cdot ℃)$$

炉顶珍珠岩按硅藻土砖近似计算,炉顶温度均按侧墙近似计算,所以得

$$Q_{\text{蓄1}} = (V_{\text{黏}}^{\text{侧}} + V_{\text{黏}}^{\text{前,后}} + V_{\text{黏}}^{\text{顶}})\rho_{\text{黏}} c_{\text{黏}}(t_{\text{黏}} - t_0) +$$
$$(V_{\text{纤}}^{\text{侧}} + V_{\text{纤}}^{\text{前,后}} + V_{\text{纤}}^{\text{顶}})\rho_{\text{纤}} c_{\text{纤}}(t_{\text{纤}} - t_0) +$$
$$(V_{\text{硅}}^{\text{侧}} + V_{\text{硅}}^{\text{前,后}} + V_{\text{硅}}^{\text{顶}})\rho_{\text{硅}} c_{\text{硅}}(t_{\text{硅}} - t_0)$$
$$= (0.376 + 0.305 + 0.225) \times 0.8 \times 10^3 \times 1.07 \times (875.9 - 20) +$$
$$(0.279 + 0.212 + 0.173) \times 0.25 \times 10^3 \times 0.98 \times (622.8 - 20) +$$
$$(0.401 + 0.414 + 0.404) \times 0.55 \times 10^3 \times 0.90 \times (256.6 - 20)$$
$$= 904\ 610.4\ \text{kJ}$$

2. 炉底蓄热计算

炉底高铝质电热元件搁砖近似看成重质黏土砖。炉底的复合炉衬按硅藻土计算。

$$V_{\text{底}} = V_{\text{重黏}}^{\text{底}} + V_{\text{轻黏}}^{\text{底}} + V_{\text{纤}}^{\text{底}} + V_{\text{硅}}^{\text{底}}$$

$$V_{\text{重黏}}^{\text{底}} = (0.120 \times 0.020 \times 4 + 0.065 \times 0.230 + 0.040 \times 0.230 \times 2 + 0.113 \times 0.230 \times 2) \times 1.741$$
$$= 0.165\ \text{m}^3$$

$$V_{\text{轻黏}}^{\text{底}} = (0.113 \times 0.065 \times 4 + 0.113 \times 0.065 \times 3) \times 1.741 + (1.490 - 0.113 \times 2) \times$$
$$(2.360 - 0.113) \times 0.065$$
$$= 0.274\ \text{m}^3$$

$$V_{\text{纤}}^{\text{底}} = 2.360 \times 1.490 \times 0.05 = 0.176\ \text{m}^3$$
$$V_{\text{硅}}^{\text{底}} = 2.360 \times 1.490 \times 0.180 = 0.633\ \text{m}^3$$

由于 $t_{\text{黏}}^{\text{底}} = \dfrac{t_1 + t_{2\text{底}}}{2} = \dfrac{950 + 782.2}{2} = 866.1\ ℃$,近似将重质砖和轻质砖平均温度看成相等。

查附表3 经计算得

$$c_{\text{重黏}}^{\text{底}} = 0.88 + 0.23 \times 10^{-3} \times t_{\text{重黏}}^{\text{底}} = 0.88 + 0.23 \times 10^{-3} \times 866.1 = 1.08\ \text{kJ/(kg} \cdot ℃)$$
$$c_{\text{轻黏}}^{\text{底}} = 0.84 + 0.26 \times 10^{-3} t_{\text{轻黏}}^{\text{底}} = 0.84 + 0.26 \times 10^{-3} \times 866.1 = 1.07\ \text{kJ/(kg} \cdot ℃)$$

$$t_{\text{纤}}^{\text{底}} = \dfrac{t_{2\text{底}} + t_{3\text{底}}}{2} = \dfrac{782.2 + 568.5}{2} = 675.4\ ℃$$
$$c_{\text{纤}}^{\text{底}} = 0.81 + 0.28 \times 10^{-3} t_{\text{纤}}^{\text{底}} = 0.81 + 0.28 \times 10^{-3} \times 675.4 = 1.00\ \text{kJ/(kg} \cdot ℃)$$

$$t_{\text{硅}}^{\text{底}} = \dfrac{t_{3\text{底}} + t_{4\text{底}}}{2} = \dfrac{568.5 + 53.7}{2} = 311.1\ ℃$$
$$c_{\text{硅}}^{\text{底}} = 0.84 + 0.25 \times 10^{-3} t_{\text{硅}}^{\text{底}} = 0.84 + 0.25 \times 10^{-3} \times 311.1 = 0.92\ \text{kJ/(kg} \cdot ℃)$$

所以得

$$Q_{\text{蓄}}^{\text{底}} = 0.165 \times 2.1 \times 10^3 \times 1.08 \times (866.1 - 20) + 0.274 \times 1.0 \times 10^3 \times 1.07 \times$$
$$(866.1 - 20) + 0.176 \times 0.25 \times 10^3 \times 1.00 \times (675.4 - 20) + 0.633 \times$$
$$0.5 \times 10^3 \times 0.918 \times (311.1 - 20)$$
$$= 678\ 103.0\ \text{kJ}$$

3. 炉底板蓄热

根据附表7查得950 ℃和20 ℃时高合金钢的比热容分别为 $c_{\text{板2}} = 0.670\ \text{kJ/(kg} \cdot ℃)$ 和 $c_{\text{板1}} = 0.473\ \text{kJ/(kg} \cdot ℃)$。经计算炉底板质量 $G = 242\ \text{kg}$,所以有

$$Q_{\text{蓄}}^{\text{板}} = G(c_{\text{板2}} t_1 - c_{\text{板1}} t_0) = 242 \times (636.5 - 9.46) = 151\ 743.7\ \text{kJ}$$
$$Q_{\text{蓄}} = Q_{\text{蓄1}} + Q_{\text{蓄}}^{\text{底}} + Q_{\text{蓄}}^{\text{板}} = 904\ 610.4 + 678\ 103.0 + 151\ 743.7 = 1\ 734\ 457.1\ \text{kJ}$$

由式(5-17)得空炉升温时间

$$\tau_{升} = \frac{Q_{蓄}}{3\,600P_{安}} = \frac{1\,734\,457.1}{3\,600 \times 75} = 6.4 \text{ h}$$

对于一般周期作业炉，其空炉升温时间在 3~8 h 内均可，故本炉子设计符合要求。因计算蓄热时是按稳定态计算的，误差大，时间偏长，实际空炉升温时间应在 4 h 以内。

5.8.9　功率的分配与接线

75 kW 功率均匀分布在炉膛两侧及炉底，组成 Y、△ 或 YY、△△ 接线。供电电压为车间动力电网 380 V。

核算炉膛布置电热元件内壁表面负荷，对于周期式作业炉，内壁表面负荷应在 15~35 kW/m² 之间，常用为 20~25 kW/m² 之间。

$$F_{电} = 2F_{电侧} + F_{电底} = 2 \times 1.741 \times 0.640 + 1.741 \times 0.869 = 3.74 \text{ m}^2$$

$$W = \frac{P_{安}}{F_{电}} = \frac{75}{3.74} = 20.05 \text{ kW/m}^2$$

表面负荷在常用的范围 20~25 kW/m² 之内，故符合设计要求。

5.8.10　电热元件材料选择及计算

最高使用温度 950 ℃，选用线状 0Cr25Al5 合金作电热元件，接线方式采用 YY。

1. 图表法

由附表 15 查得 0Cr25Al5 电热元件 75 kW 箱式炉 YY 接线，直径 $d = 5$ mm 时，其表面负荷为 1.58 W/cm²。每组元件长度 $L_{组} = 50.5$ m，总长度 $L_{总} = 303.0$ m，元件总质量 $G_{总} = 42.3$ kg。

2. 理论计算法

(1)求 950 ℃时电热元件的电阻率 ρ_t

当炉温为 950 ℃时，电热元件温度取 1 100℃，由附表 13 查得 0Cr25Al5 在 20 ℃时电阻率 $\rho_{20} = 1.40$ Ω·mm²/m，电阻温度系数 $\alpha = 4 \times 10^{-5}$ ℃⁻¹，则 1 110 ℃下的电热元件电阻率为

$$\rho_t = \rho_{20}(1 + \alpha t) = 1.40 \times (1 + 4 \times 10^{-5} \times 1\,100) = 1.46 \text{ Ω·mm}^2/\text{m}$$

(2)确定电热元件表面功率

由图 5-3 可知，根据本炉子电热元件工作条件取 $W_{允} = 1.6$ W/cm²。

(3)每组电热元件功率

由于采用 YY 接法，即两组电热元件并联后再接成 Y 的三相双星形接法，每组元件功率为

$$P_{组} = \frac{75}{n} = \frac{75}{3 \times 2} = 12.5 \text{ kW}$$

(4)每组电热元件端电压

由于采用 YY 接法，车间动力电网端电压为 380 V，故每组电热元件端电压即为每相电压，即

$$U_{组} = \frac{380}{\sqrt{3}} = 220 \text{ V}$$

(5)电热元件直径

线状电热元件直径由式(5-28)得

$$d = 34.3 \sqrt[3]{P_{组}^2 \rho_t / (U_{组}^2 W_允)} = 34.3 \sqrt[3]{12.5^2 \times 1.46 / (220^2 \times 1.6)} = 4.9 \text{ mm}$$

故取 $d = 5$ mm。

（6）每组电热元件长度和质量

每组电热元件长度由式（5 - 29）得

$$L_{组} = 0.785 \times 10^{-3} \frac{U_{组}^2 d^2}{P_{组} \rho_t} = 0.785 \times 10^{-3} \times \frac{220^2 \times 5^2}{12.5 \times 1.46} = 52.05 \text{ m}$$

每组电热元件质量由式（5 - 30）得

$$G_{组} = \frac{\pi}{4} d^2 L_{组} \rho_M$$

其中，由附表 13 查得 $\rho_M = 7.1$ g/cm³，所以得

$$G_{组} = \frac{\pi}{4} d^2 L_{组} \rho_M = \frac{3.14}{4} \times 5^2 \times 52.05 \times 7.1 \times 10^{-3} = 7.25 \text{ kg}$$

（7）电热元件的总长度和总质量

电热元件总长度由式（5 - 31）得

$$L_{总} = 6 L_{组} = 6 \times 52.05 = 312.3 \text{ m}$$

电热元件总质量由式（5 - 32）得

$$G_{总} = 6 G_{组} = 6 \times 7.25 = 43.5 \text{ kg}$$

（8）校核电热元件表面负荷

$$W_实 = \frac{P_{组}}{\pi d L_{组}} = \frac{12.5 \times 10^3}{3.14 \times 0.5 \times 52.05} = 1.53 \text{ W/cm}^2$$

$W_实 < W_允$，结果满足设计要求。

（9）电热元件在炉膛内的布置

将 6 组电热元件每组分为 4 折，布置在两侧炉墙及炉底上，则有

$$L_折 = \frac{L_{组}}{4} = \frac{52.05}{4} = 13.01 \text{ m}$$

布置电热元件的炉壁长度

$$L' = L - 50 = 1\ 741 - 50 = 1\ 691 \text{ mm}$$

丝状电热元件绕成螺旋状，当元件温度高于 1 000 ℃ 时，由表 5 - 5 可知，螺旋节径 $D = (4 \sim 6)d$，取 $D = 6d = 6 \times 5 = 30$ mm。螺旋体圈数 N 和螺距 h 分别为

$$N = \frac{L_折}{\pi D} = \frac{13.02}{3.14 \times 30} \times 10^3 = 138 \text{ 圈}$$

$$h = \frac{L'}{N} = \frac{1\ 691}{138} = 12.3 \text{ mm}$$

$$\frac{h}{d} = \frac{12.3}{5} = 2.46$$

按规定，h/d 在 2～4 范围内满足设计要求。

根据计算，选用 YY 方式接线，采用 $d = 5$ mm 所用电热元件质量最小，成本最低。

电热元件节距 h 在安装时适当调整，炉口部分增大功率。

电热元件引出棒材料选用 1Cr18Ni9Ti，$\phi 12$ mm，$l = 500$ mm。

电热元件图略。

5.8.11　炉子构架、炉门启闭机构和仪表图（略）

5.8.12　炉子总图、主要零部件图及外部接线图、砌体图（略）

5.8.13　炉子电气原理图

见附图1。

5.8.14　炉子技术指标（标牌）

额定功率:75 kW　　　　　　　　额定电压:380 V

最高使用温度:950 ℃　　　　　　生产率:160 kg/h

相数:3　　　　　　　　　　　　接线方法:YY

工作室有效尺寸:1 500 mm×700 mm×500 mm

外形尺寸:

质量:　　　　　　　　　　　　出厂日期:

5.8.15　编制使用说明书（略）

习题与思考题

1. 解剖一般箱式热处理电阻炉的砌体结构,说明各部位砌体选用何种耐火和保温材料,归纳说明炉衬材料选择的基本原则。

2. 试比较箱式电阻炉各项热支出项目所占比例,分析它们对节能的作用。

3. 为减少周期作业箱式电阻炉的蓄热损失,在设计和使用上需注意哪些问题?

4. 设计一箱式电阻炉,计算和确定主要项目,并绘出草图。

基本技术条件如下:

(1)用途:碳钢、低合金钢等的淬火、调质以及退火、正火;

(2)工件:中小型零件,小批量多品种,最长0.8 m;

(3)最高工作温度为950 ℃;

(4)炉外壁温度小于60 ℃;

(5)生产率为60 kg/h。

设计计算的主要项目:

(1)确定炉膛尺寸;

(2)选择炉衬材料及厚度,确定炉体外形尺寸;

(3)计算炉子功率,进行热平衡计算,并与经验计算法比较;

(4)计算炉子主要经济技术指标(热效率、空载功率、空炉升温时间);

(5)选择和计算电热元件,确定其布置方法;

(6)写出技术规范。

第6章 热处理燃料炉

燃料炉的结构及传热特点与电阻炉有明显差别。它是利用燃料燃烧产生的热能来加热工件的一种炉子。本章将介绍燃料炉的种类、结构特点、燃料燃烧计算及燃烧装置性能等。

6.1 燃料炉的基本类型及特点

6.1.1 燃料炉的分类

热处理燃料炉按所使用的燃料不同,可分为固体燃料炉、液体燃料炉和气体燃料炉三种。各种燃料炉的特点如表6-1所示。

表6-1 各种燃料炉的特点

分类	燃料	优点	缺点	适用范围
固体燃料炉	煤 焦炭 煤粉	投资少,易建造	燃烧不完全,炉内温度均匀性差,劳动条件差	铸件退火、固体渗碳等技术要求不严的热处理
液体燃料炉	重油 煤油	设计操作得当,炉温基本均匀	不如气体易控制,燃料需雾化	能满足常规热处理要求
气体燃料炉	天然气 工业煤气	燃烧完全,容易控制燃烧过程,温度均匀,可适当调节炉内气氛,抑制工件氧化脱碳,操作方便,劳动条件好	与电炉相比结构复杂	能满足技术要求较严的热处理

6.1.2 燃料炉的炉型

燃料炉与电阻炉类似,周期作业的是室式炉(室状炉)和井式炉,连续作业的一般为直通式炉。燃料炉结构比电炉复杂,其基本结构形式与电阻炉的主要不同之处是设有燃烧室。按燃烧室的部位及燃烧产物流动方式不同,燃料炉分为直接燃烧式、顶燃式、侧燃式和底燃式四类。各类炉型的特点如表6-2所示。

表 6 – 2　各种炉型的特点

结构类型	直接燃烧式	顶燃式	侧燃式	底燃式
结构示意图	(a)	(b)	(c)	(d)
火焰特点	燃料在炉膛内燃烧，温度较高	火焰从上方进入炉膛（平焰）或在上方设燃烧室经多孔拱进入炉膛	火焰由侧墙进入炉膛或在燃烧室内燃烧后经挡火墙再进入炉膛	火焰从下面发出，经出火口进入加热室
优缺点	热效率高，结构紧凑；炉温难控制，工件易过热	燃烧完全，气体流动性好，炉温均匀好，热效率高，结构复杂，寿命低	结构简单，制造容易，单侧燃烧室有较高的挡火墙，炉气流动不易控制，加热速度慢，温度均匀性差，热效率低	能完全燃烧，炉底热，炉内气体流动易控制，炉温均匀，炉底结构复杂，寿命短，效率低，劳动条件差

6.1.3　炉型的选择及设计步骤

1. 炉型的选择

燃料炉炉型的选择，炉膛尺寸及砌体尺寸的确定与电阻炉基本相似，主要根据产品批量大小，工件的特性及热处理工艺的要求来确定。但由于燃料炉是以燃料燃烧产生的热烟气作为媒介进行加热工件的，在设计时要考虑如下问题。

（1）尽可能使燃料完全燃烧，充分发热，节省燃料。在设计时要分析燃料的燃烧过程，进行燃烧计算，计算出燃烧温度、燃料消耗量，确定燃烧的需要空气量及燃烧产物量，选择燃烧装置。

（2）引导炉气在炉内合理流动，并及时将废气排除，创造良好的传热及劳动条件。在设计时要设计烟囱，选择鼓风机，根据工件特点，选择炉型，确定结构尺寸，合理布置燃烧装置，控制气体流向，使炉内温度均匀。

（3）炉体结构需满足炉子耐热、保温、减少热损失的要求，并使炉子有足够的强度。因此，要认真进行炉体强度、钢结构计算。

2. 设计步骤

燃料炉的主要设计步骤：①根据工件形状、尺寸、数量、工艺要求和燃料种类确定炉型和基本结构方案；②确定基本尺寸，首先确定炉底面积；③确定砌体材料及厚度；④确定钢架结构和钢材的规格型号；⑤确定燃料消耗量，选择或设计燃烧装置；⑥计算燃烧所需空气量和所生成烟气量；⑦设计排烟口、烟道、烟囱和选择鼓风机；⑧设计炉门升降机构和装、出料机构及其控制系统；⑨设计炉前管路等辅助设施。

6.2　燃料燃烧计算

6.2.1　常用燃料的分类

根据燃料的物理状态,将燃料分为固体燃料、液体燃料和气体燃料;根据来源分为天然燃料和人造燃料,如表 6-3 所示。

表 6-3　工业炉燃料的一般分类

燃料的物态	来源	
	天然燃料	人造燃料
固体燃料	泥煤、褐煤、烟煤、无烟煤	焦炭、煤粉等
液体燃料	石油	重油、柴油、煤油等
气体燃料	天然气	焦炉煤气、高炉煤气、城市煤气、发生炉煤气、地下煤气等

各种燃料均由可燃成分和不可燃成分组成,常用燃料的化学成分列于表 6-4 中。

表 6-4　常用燃料的化学成分及发热量

燃料名称		燃料成分(质量分数)/%							挥发分/%	发热量 $Q_{低}$ /[kJ/kg(或 m³)]
		C	H	O	N	S	灰分 A	水分 W		
固体燃料	褐煤	48.1	3.4	11.7	1.2	1.0	15.6	19	41	约 18 170
	烟煤	70	4.4	8.3	1.0	2.0	8	6	35	约 27 210
	无烟煤	84	3	2	1	1	4	5	7	约 31 400
液体燃料	重油	85	12.5	1	0.2	1.5	0.3	1.5		39 360 ~ 41 670

燃料名称		燃料成分(体积分数)/%								发热量 /[kJ/kg(或 m³)]
		CO	H_2	CH_3	C_nH_m	S	O_2	N_2	$CO_2 + H_2S$	
气体燃料	天然煤气	—	0 ~ 2	85 ~ 97	0.1 ~ 4	—	—	1.2 ~ 4	0.1 ~ 2	35 170 ~ 38 520
	焦炉煤气	4 ~ 8	53 ~ 60	19 ~ 25	1.6 ~ 2.3	—	0.7 ~ 1.2	7 ~ 13	2 ~ 3	14 650 ~ 16 750
	高炉煤气	23 ~ 31	10 ~ 15	0.1 ~ 2.6	—	—	—	48 ~ 60	8 ~ 14	3 770 ~ 4 400
	发生炉煤气	32 ~ 33	0.5 ~ 0.9	—	—	—	—	64 ~ 66	0.5 ~ 1.5	5 025 ~ 6 280
	水煤气	35 ~ 40	47 ~ 52	0.3 ~ 0.6	—	—	0.1 ~ 0.2	2 ~ 6	5 ~ 7	8 370 ~ 10 470
	城市煤气	14 ~ 22	54 ~ 58	16 ~ 20	0.5 ~ 0.7	—	0.2 ~ 0.3	2 ~ 6	2 ~ 4	13 400 ~ 1 591
		C_3H_8	C_2H_6	C_4H_{10}	C_3H_6	C_4H_6	C_2H_2			
	液化石油气[①]	50 ~ 90	0 ~ 5.75	2 ~ 10	1 ~ 22	0 ~ 17	0 ~ 6.52			35 590 ~ 37 680

注:①液化石油气的成分因不同的生产厂家而差别很大。

6.2.2 燃料的发热量

燃料的发热量是衡量燃料质量的重要指标,它是单位质量或单位体积燃料完全燃烧所放出的热量。根据燃烧产物的状态不同,将发热量分为高发热量($Q_{高}$)和低发热量($Q_{低}$),单位为 kJ/kg 或 kJ/m^3。

高发热量($Q_{高}$):燃料燃烧后,生成产物中的水分冷凝到 0 ℃以液态存在时,单位燃料完全燃烧所放出的热量叫高发热量。

低发热量($Q_{低}$):燃料燃烧后,生成产物中的水分冷却成 20 ℃以气态存在时,单位燃料完全燃烧所放出的热量,叫低发热量。

高发热量常作为实验室内鉴定燃料的指标,而在实际应用中常用使用状态燃料的低发热量,以 $Q_{低}^{用}$ 表示,习惯写成 $Q_{低}$。

燃料的发热量,可根据可燃成分的发热量经计算求得,也可通过实验测得,工程上通常采用实验值。

6.2.3 燃料燃烧计算

燃料燃烧需计算燃烧空气需要量、燃烧产物量以及燃烧温度等,为设计燃烧装置、设计烟道、烟囱和选择鼓风机等排气系统提供理论依据。

1. 理论空气需要量和理论燃烧产物量

按燃料燃烧反应式计算出来的单位燃料燃烧所需空气量称为理论空气需要量,以 L_0 表示,单位为 m^3/(kg 燃料)或 m^3/(m^3 燃料)。其计算方法是分别计算燃料中各可燃成分的理论空气需要量,加在一起,得其总和。表 6-5 列出单位质量炭燃烧的理论空气需要量的求法和数值,其他可燃成分求法相似。

表 6-5　炭燃烧的理论空气需要量和燃烧产物量($C+O_2=CO_2$)

炭量	空气需要量		燃烧产物量	
	O_2	N_2	CO_2	N_2
12 g	22.4 dm^3		22.4 dm^3	
1 kg	1.87 m^3	7.03 m^3	1.87 m^3	7.03 m^3
	8.90 m^3		8.90 m^3	

单位燃料按理论空气需要量完全燃烧后所产生的全部燃烧气体称为理论燃烧产物量,以 V_0 表示,单位为 m^3/(kg 燃料)或 m^3/(m^3 燃料)。

在实际设计中常采用近似计算式计算单位质量(或标准状态下的体积)燃料的空气需要量和燃烧产物量,如表 6-6 所示。

表6-6 单位燃料的空气需要量和燃烧产物量的经验式

燃料名称	发热值 $Q_低$	过剩空气系数 n	理论空气需要量 L_0	理论燃烧产物量 V_0
煤	18 170 ~ 31 400	1.3 ~ 1.7	$\dfrac{0.241Q_低}{1\,000} + 0.5$	$\dfrac{0.213Q_低}{1\,000} + 1.65$
重油	39 360 ~ 41 868	1.1 ~ 1.15	$\dfrac{0.203Q_低}{1\,000} + 2.0$	$\dfrac{0.265Q_低}{1\,000}$
发生炉煤气	5 025 ~ 6 280	1.05 ~ 1.1	$\dfrac{0.209Q_低}{1\,000}$	$\dfrac{0.173Q_低}{1\,000} + 1.0$
城市煤气	13 400 ~ 15 610	1.05 ~ 1.1	$\dfrac{0.260Q_低}{1\,000} - 0.25$	$\dfrac{0.272Q_低}{1\,000} + 0.25$
天然气	35 170 ~ 38 520	1.05 ~ 1.21	$\dfrac{0.264Q_低}{1\,000} + 0.02$	$\dfrac{0.282Q_低}{1\,000} + 0.4$
水煤气	8 370 ~ 10 470	1.05 ~ 1.1	$\dfrac{0.209Q_低}{1\,000}$	$\dfrac{0.258Q_低}{1\,000}$
高炉煤气	3 370 ~ 4 400	1.05 ~ 1.1	$\dfrac{0.191Q_低}{1\,000}$	$\dfrac{0.074Q_低}{1\,000} + 1.30$
焦炉煤气	14 650 ~ 16 750	1.05 ~ 1.1	$\dfrac{0.251Q_低}{1\,000} - 0.11$	$\dfrac{0.239Q_低}{1\,000} + 0.83$

2. 空气过剩系数

燃料燃烧时,燃料与空气的混合难于达到十分完善的程度,所以为保证燃料完全燃烧,实际供应的空气量(L_n)应超过理论空气需要量(L_0)。实际供应空气量与理论空气量的比值,称为空气过剩系数,即

$$n = \frac{实际空气量}{理论空气量} = \frac{L_n}{L_0} \qquad (6-1)$$

n 值的大小与以下因素有关。

(1)燃料的种类

各种燃料与空气的混合程度不同,n 值也不一样。通常气体燃料 $n = 1.05 \sim 1.1$,液体燃料 $n = 1.1 \sim 1.2$,固体燃料 $n = 1.2 \sim 1.7$。

(2)燃烧装置的构造

燃烧装置的种类和结构会影响到燃料与空气的混合程度。若油喷嘴将油雾化得很细小时,混合就好,n 值就可取下限。

(3)燃料的准备状况

固体燃料在燃烧前要加工粉碎,其粉碎程度对混合有所影响,如采用煤粉燃烧可改善煤与空气的混合状况,n 值可取小些。

实际生产中,在保证燃料完全燃烧的前提下,应尽量减少过剩空气量。若过剩空气过多,会增加废气带走烟气量,降低炉温,且易使工件氧化。

实际生产中,实际燃烧产物量应为理论燃烧产物量再加上过剩的那部分空气。

燃料的燃烧产物所能达到的理论燃烧温度 t_n 可依热平衡进行计算,运算起来比较复杂,热处理炉通常不超过 1 300 ℃,一般无需计算。

6.3　燃料消耗量计算

燃料消耗量是指炉子每小时所消耗的燃料量,通过热平衡方法和经验统计数据方法进行计算。

6.3.1　热平衡计算法

燃料炉的热平衡计算法与电阻炉基本相同,仅计算项目有所差别。以下着重介绍燃料炉的特殊计算项目。

按热平衡方程式有

$$\sum Q_{收} = \sum Q_{支} \qquad (6-2)$$

1. 热量收入项目

(1)燃料燃烧的化学热 $Q_{烧}$

$$Q_{烧} = BQ_{低} \qquad (6-3)$$

式中　B——燃料的消耗量,kg/h 或 m^3/h。

(2)预热空气和燃料带入的物理热 $Q_{空}$ 和 $Q_{燃}$

$$Q_{空} = BnL_0 t_{空} c_{空} \qquad (6-4)$$

$$Q_{燃} = Bt_{燃} c_{燃} \qquad (6-5)$$

式中　n——空气过剩系数;

L_0——理论空气需要量,m^3;

$t_{空}$,$t_{燃}$——空气、燃料预热温度,℃;

$c_{空}$,$c_{燃}$——空气、燃料由 0 ℃至 $t_{空}$,$t_{燃}$ 的平均比热容,kJ/(kg·℃)或 kJ/(m^3·℃)。

2. 热量支出项目

(1)加热工件的有效热量 $Q_{件}$

(2)加热辅助工具所需的热量 $Q_{辅}$

(3)加热可控气氛所需的热量 $Q_{控}$

(4)通过炉衬的散热损失 $Q_{散}$

(5)通过开启炉门的辐射损失 $Q_{辐}$

(6)通过开启炉门或炉墙缝隙的溢气热损失 $Q_{溢}$

燃料炉中,若炉膛内炉气静压高于大气压,必然有炉气外溢,导致热损失。但若外溢炉气已流经工件进行了热交换,实际与烟囱排出的废气相同,则不应再计入该项损失。若燃料炉炉膛处于负压状态,则应计入加热吸入冷空气的热损失。

(7)砌体的蓄热损失 $Q_{蓄}$

以炉子升温过程中每小时平均热损失计算。

(8)废烟气带走的热量 $Q_{烟}$

$$Q_{烟} = BV_n t_{烟} c_{烟} \qquad (6-6)$$

式中　V_n——实际燃烧产物量,$V_n = V_0 + (n-1)L_0$,m^3;

$t_{烟}$——出炉废烟气的温度,℃(对热处理生产,一般高于工件加热温度,但应不超过工件终了温度的 5%);

$c_{烟}$——出炉废烟气的平均比热容,kJ/(m³·℃)(参见附表11)。

(9)燃料漏失引起的热损失 $Q_{漏}$

$$Q_{漏} = BKQ_{低} \tag{6-7}$$

式中　K——燃料漏失的百分数,对于固体燃料,指炉栅漏煤和炉渣带走的煤,取 $K=3\% \sim 5\%$;对于气体燃料,指经储油器和油管漏油,取 $K=1\%$。

(10)燃料不完全燃烧的热损失 $Q_{不}$

在无焰燃烧的情况下,可认为燃料燃烧完全,无此项热损失;但在有焰燃烧炉的废烟气中通常含有 0.5% ~3% 的未燃烧可燃气(CO + H₂),假设 CO 与 H₂ 的体积比为 2:1,那么该混合气的发热量为 12 142 kJ/m³,则不完全燃烧的热损失为

$$Q_{不} = 12\ 142BV_n b \tag{6-8}$$

式中　b——未燃烧可燃气的百分数。

(11)其他热损失 $Q_{他}$

根据热量的收支平衡将各项代入式(6-2),并可从中求出每小时的平均燃料消耗量 B。

$$Q_{烧} + Q_{空} + Q_{燃} = Q_{件} + Q_{辅} + Q_{控} + Q_{散} + Q_{辐} + Q_{溢} + Q_{蓄} + Q_{烟} + Q_{漏} + Q_{不} + Q_{他} \tag{6-9}$$

故

$$B = \frac{Q_{件} + Q_{辅} + Q_{控} + Q_{散} + Q_{辐} + Q_{溢} + Q_{蓄} + Q_{他}}{Q_{低} + nL_0t_{空}\ c_{空} + t_{燃}\ c_{燃} - KQ_{低} - V_n t_{烟}\ c_{烟} - 12\ 142bV_n} \tag{6-10}$$

在工程设计中,炉子的最大燃料消耗量应比理论消耗量大,即

$$B_{max} = (1.3 \sim 1.5)B \tag{6-11}$$

其中,1.3 ~1.5 为燃料储备系数。

根据最大燃料消耗量来确定燃烧器的数目,其总燃烧能力应大于 B_{max}。

6.3.2　经验统计数据法

1. 根据单位热耗指标计算燃料消耗量

热处理炉的单位热耗 q 指加热 1 kg 工件炉子所消耗的总热量,其值也等于 1 kg 工件加热到要求温度所需的有效热 $q_{效}$ 除以炉子的热效率 η,即

$$q = \frac{q_{效}}{\eta} \tag{6-12}$$

因此,炉子所需的热量 Q 和燃料消耗量 B 等于

$$Q = pq = p_0 Fq \tag{6-13}$$

$$B = \frac{Q}{Q_{低}} \tag{6-14}$$

式中　p——生产率,kg/h;

p_0——炉子单位面积的生产率,kg/(m²·h);

F——有效炉底面积,m²;

$Q_{低}$——所采用燃料的低发热量,kJ/kg 或 kJ/m³。

如上所述,炉子的热效率受多种因素影响,故生产中统计的单位热耗数据是有条件的,

表6-7为几种常用热处理炉单位热耗指标,仅适用于表中给出工艺、燃料种类和生产率等具体条件。

表6-7　常用热处理炉的单位炉底面积生产率 p_0 和单位热耗 q

炉子种类及其用途		炉温 /℃	p_0 /(kg·m^{-2}·h^{-1})	q /(kJ·kg^{-1})	燃料名称
台车式热处理炉	正火、淬火	900~950	100~150	3 140~3 560	发生炉煤气
	退火	900	30~60	5 020~5 860	
	回火	550~600	60~100	1 470~1 880	
	时效	580~600	80~120	1 260~1 680	
	固体渗碳	920	10~20	20 930~23 030	焦炉煤气
	气体渗碳	920	40~50	6 700	
底燃式、室式热处理炉	正火、淬火	900~950	100~120	3 770~4 187	油
	退火	900	40~50	5 860~6 700	
推杆式热处理炉	无底盘	900	150~200	2 090~2 930	油
	有底盘	900	150~200	2 720~2 560	
输送带式热处理炉	正火、淬火	900	150~200	2 510~2 930	油
	回火	550	150~200	1 260~1 470	
震底式热处理炉	淬火	840~900	160~180[①]	2 720~2 930	发生炉煤气
井式热处理炉	淬火、正火	900	80~120[①]	3 350~3 770	油

注:①井式炉的 p_0 值指其最大纵剖面上可能达到的单位生产率,最大纵剖面积 = 炉膛直径×炉膛有效高度(m^2)。

2. 根据炉底热强度计算燃料消耗量

炉子的炉底热强度 E 为单位有效炉底面积每小时的耗热量,即

$$E = \frac{Q}{F} = p_0 q = \frac{p_0 q_\text{效}}{\eta} \tag{6-15}$$

式(6-15)表明,炉底强度 E 也是一个与炉子单位热耗、单位炉底面积生产率和热效率等有关的指标,单位为 kJ/(m^2·h)。因此炉子的燃料消耗量为

$$B = \frac{FE}{Q_\text{低}} \tag{6-16}$$

这种方法常用于室式热处理燃料炉。图6-1为台车式炉的炉底热强度指标,与之相应的炉子生产率 $p = 150~200$ kg/h。按炉底热强度指标求得的数值为炉子最大燃料消耗量,平均消耗量为其70%。从图6-1中可以看出,炉底面积越大,炉底热强度越小,这显然与炉子的热效率有关。该图的数据适用于重质黏土砖砌造的炉子,当改用轻质砖时,炉子的燃料消耗量约可减少15%。

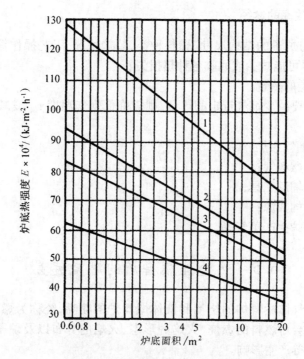

图 6 – 1 　热处理炉的炉底热强度 E

1—950 ℃,燃煤;2—550 ~ 650 ℃,燃煤;3—950 ℃,燃油或煤气;

4—550 ~ 650 ℃,燃油或煤气

6.4　燃料炉的经济技术指标及提高热效率途径

6.4.1　经济技术指标

炉子的经济技术指标有炉子的热效率(η)、单位标准燃料消耗量(B_0)以及上节已经讲过的单位热耗(q)和炉底热强度(E)等。

1. 炉子的热效率(η)

它表示炉子的热能利用情况,是评价炉子的主要指标。燃料的热效率即指加热工件的有效热 $Q_{件}$ 与炉子热量总收入之比,即

$$\eta = \frac{Q_{件}}{Q_{烧} + Q_{空} + Q_{燃}} \times 100\% \qquad (6 - 17)$$

通常不回收废烟气热量的周期作业炉实际热效率在 5% ~ 25% 范围内。

2. 单位标准燃料消耗量(B_0)

燃料消耗量是衡量炉子的重要指标,由于燃料质量不同,为便于评价和比较,把发热量 $Q_{低} = 29\,310$ kJ/kg 的燃料定义为标准燃料。则标准燃料消耗量为

$$B_0 = \frac{BQ_{低}}{29310p} \qquad [\,kg/(kg\ 钢件)\,] \qquad (6 - 18)$$

式中　p ——炉子生产率,kg/h。

一般热处理炉 B_0 在 0.1 ~ 0.5 kg/(kg 钢件)范围内。

6.4.2 提高热效率的途径

炉子的热损失与炉子的结构尺寸、燃料种类、装炉状况、工艺操作等因素有关,要提高炉子的热效率就要尽可能减少或回收各种热损失。

1. 减少烟气带走的热量

$Q_烟 = BV_n t_烟 c_烟$,要减少烟气带走的热量,则需降低烟气温度 $t_烟$ 或减少烟气体积 V_n,即控制好过剩空气量。

2. 有效地利用烟气余热

(1)预热空气或燃料气;

(2)预热工件或辅助工具;

(3)作为回火炉的热源;

(4)作为废热锅炉生产蒸气等。

6.5 热处理燃料炉的燃烧装置

煤炉的燃烧室、气体燃料炉的烧嘴和液体燃料炉的喷嘴,统称为燃料的燃烧装置。燃烧装置的合格与否,会对燃料的燃烧、火焰的形态、火焰的分布以及炉子的热效率、炉温均匀性、燃料的消耗量等产生影响。

6.5.1 燃料燃烧过程

燃料燃烧过程包括混合、活化和燃烧反应三个阶段。可燃气体与空气中的氧适当混合是燃烧的前提,燃料燃烧速度主要取决于混合速度。可燃混合物的活化是将其加热到着火温度,混合物活化后才能顺利燃烧。燃烧反应是混合物中的可燃成分急剧与氧反应形成火焰放出大量的热和强烈的光的过程。

1. 燃料的着火温度

燃料的着火温度是燃料和空气的可燃混合物可自行正常燃烧的最低温度。不论是自行着火燃烧还是点火燃烧,都必须把燃料加热到着火温度以上,燃烧才能进行。某些燃料的着火温度如表6-8和表6-9所示。

表6-8 某些燃料的着火温度

燃料	着火温度/℃	燃料	着火温度/℃
高炉煤气	530	石油	260 ~ 367
发生炉煤气	530	褐煤	250 ~ 450
焦炉煤气	500	烟煤	400 ~ 500
天然气	530	无烟煤	600 ~ 700
汽油	390 ~ 685	焦炭	700
煤油	250 ~ 609		

2. 着火浓度范围

着火浓度是指在可进行燃烧的混合气体中可燃成分的浓度范围。也就是说,在可燃气与空气的混合物中,可燃气的浓度若超出或不到这个范围(太浓或太稀)就不能着火燃烧。

但一旦着火后,燃烧就不再受着火浓度的限制,直至可燃物或氧气消耗完为止。某些燃料的着火浓度范围如表 6 – 9 所示。

表 6 – 9 可燃气成分的燃烧性质

可燃气成分	发热量/(kJ·m⁻³)		理论燃烧空气需要量/m³	混合气体中可燃气着火浓度范围(体积分数)/%		着火温度/℃	理论燃烧温度/℃
	高值	低值		下限	上限		
H₂(氢)	12 800	10 790	2.38	4.1	74.2	572	2 114
CO(一氧化碳)	12 620	12 620	2.38	12.5	74.2	609	2 102
CH₄(甲烷)	40 070	36 090	9.52	5.3	13.9	633	1 966
C₂H₆(乙烷)	69 500	63 510	16.7	3.1	15.0	473	1 971
C₂H₄(乙烯)	64 480	60 580	14.3	3.0	3 460	490	2 102
C₂H₂(乙炔)	67 200	56 350	11.9	2.5	80.0	305	2 327
C₃H₈(丙烷)	94 200	90 730	23.8	2.4	9.5	505	1 977
C₃H₆(丙烯)	93 240	87 290	21.4	2.2	11.3	559	2 067
C₄H₁₀(丁烷)	128 120	118 490	31.0	1.8	8.4	431	1 982

3. 火焰的传播速度

通常将火焰前沿向未燃烧的可燃物移动的速度,称为火焰的传播速度。火焰的传播速度与燃料的温度、压力、流动状态、空气过剩系数等因素有关。常用预热燃料和增加燃料气的紊乱程度的方法来提高火焰传播速度。

4. 回火和脱火

可燃气喷出速度低于火焰传播速度时火焰会回到燃烧装置或管道中进行燃烧,甚至引起爆炸,这种现象称回火;若可燃气的喷出速度大于火焰的传播速度,则火焰会脱离燃烧装置向前移动,变得不稳定,甚至熄灭,这种现象称脱火。

6.5.2 煤气燃烧装置(烧嘴)

根据煤气与空气的混合方式及燃烧方式的不同,通常将烧嘴分为无焰烧嘴和有焰烧嘴。

1. 无焰(内混式)烧嘴

这类烧嘴的燃烧方法是煤气与空气预先在烧嘴内进行均匀混合,而后喷出进行燃烧的。

(1)特点

由于煤气与空气混合充分,燃烧所需过剩空气量少($n = 1.02 \sim 1.05$),燃烧完全,燃烧速度快,火焰短,热量集中,热效率高。但易发生"回火",甚至有爆炸的危险。为避免回火和爆炸,混合气的预热温度不能过高,一般应控制在 400 ~ 500 ℃ 以下。

(2)结构

常用无焰烧嘴的结构如图 6 – 2 所示。

高压煤气以较大的速度从喷射管 2 的喷口喷出,燃烧所需的空气由空气调节圈与吸入管之间的空隙处吸入,在混合管中与煤气混合后进入扩张管,将动压转化为静压,由喷头逐渐收缩喷口,增加混合气喷出速度,最后进入燃烧坑道中,被高温火焰及坑道壁加热、着火、燃烧。

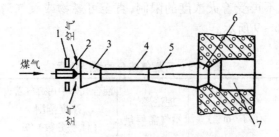

图6-2 喷射式无焰烧嘴结构示意图

1—调节圈;2—喷射管;3—吸入管;4—混合管;

5—扩张管;6—喷头;7—燃烧坑道

2. 有焰(外混式)烧嘴

这类烧嘴燃烧方法是煤气与空气全部或大部分在烧嘴外混合,边混合边燃烧,可见较长火焰。

(1)特点

由于煤气与空气边混合边燃烧,燃烧能力强,所需煤气压力低(一般300~500 Pa),结构紧凑,不易回火,煤气可以预热到较高温度。其主要特点是:空气过剩系数大($n=1.1$~1.25),管道系统以及仪表自调系统复杂。几种常用有焰烧嘴有套管式、涡流式等。

(2)套管式烧嘴结构

其结构如图6-3所示。煤气经煤气管到喷口处速度加快与由空气管来的空气混合从混合气喷口喷出,由于柱状气流的煤气与管状气流的空气混合不好,火焰较长。可以用于各种煤气,无回火危险。煤气和空气压力可低到800~1 500 Pa。

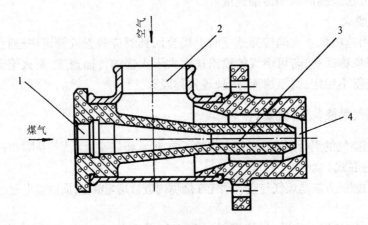

图6-3 套管式烧嘴结构示意图

1—煤气管;2—空气管;3—煤气喷口;4—混合气喷口

(3)涡流式烧嘴结构

其结构如图6-4所示。煤气沿锥形煤气分流管的外壁形成中空的筒状旋转气流,空气则沿蜗壳形空气室内壁上的扁缝,分成若干片状气流进入混合室。在混合室中与中空的筒状煤气流进行混合,混合条件较好,火焰很短。这种涡流式烧嘴煤气与空气压力均在1 500~2 000 Pa范围,混合气体喷出速度过低也会发生回火,高于15 m/s就可能脱火。

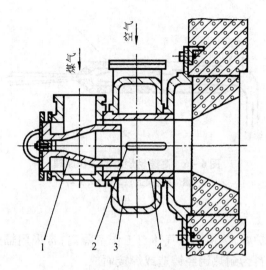

图 6 – 4　DW – Ⅱ型涡流烧嘴结构示意图
1—锥形煤气分流管;2—缝状空气入口;
3—蜗壳形空气室;4—混合室

（4）平焰烧嘴结构

图 6 – 5 是一种平焰烧嘴结构示意图。煤气径向喷射或与空气作同向旋转运动,不断混合燃烧,火焰具有很大离心力和较大张角,并依靠烧嘴砖的喇叭口产生靠壁流动,形成平展的圆盘形火焰。

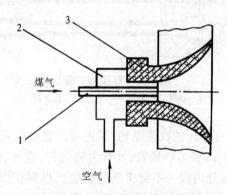

图 6 – 5　平焰烧嘴结构示意图
1—煤气管;2—空气管;3—烧嘴砖

3. 高速烧嘴

其工作原理如图 6 – 6 所示。高速烧嘴相当于在烧嘴前附加一个小的燃烧室,煤气在室内燃烧,产生高温气体以很高速度（100 ~ 300 m/s）从燃烧室喷出,并进入炉内燃烧。

其特点是燃烧产物温度高,对流换热系数增加,强化炉内的对流换热,促使炉温均匀,提高热效率,但动力能源消耗及噪音较大。

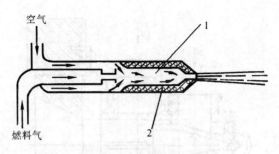

图 6 – 6 高速燃烧器的工作原理

1—燃烧室（火道）；2—耐火材料

4. 辐射管加热器

在化学热处理燃料炉中，为使燃烧气体与工作室隔离，常采用辐射管加热器，辐射管一般采用气体燃料。其材料为耐热钢经铸造或焊接而成。

辐射管的形状多种多样，有 U 型、W 型、三叉戟型等，最常用的辐射管是 U 型辐射管，管子一端装设燃料喷嘴，另一端装设引射器，以吸出燃烧产物。燃料在 U 型管内燃烧后直接排出管外，如图 6 – 7 所示。

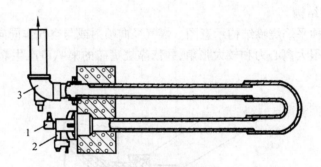

图 6 – 7 U 型辐射管

1—烧嘴；2—喷射式排烟器；3—点火器

对于新型辐射管，各国有不同的改进结构，其主要改进点如下。

（1）做成套管式辐射管，内管为燃烧管，外管为辐射管，进气、排气都在辐射管的同一端进行，另一端密封，即在辐射管内设一不封头的燃烧管。燃料在燃烧管内燃烧后，火焰从燃烧管末端反向流入燃烧管与辐射管的夹层中，返回流到燃料喷入端，而后排出。这样做是为了延长燃烧距离，使燃烧完全，使火焰与内外管进行充分的热交换。

（2）在辐射管前部的套管夹层间装设换热器，利用燃烧产物预热空气，可预热到600 ℃。

（3）将部分燃烧产物通过喷嘴吸入，参与再循环，更充分利用热量，且使沿辐射管长度的温度均匀。

（4）辐射管水平支撑在两炉墙之间，安装和更换更方便，且节省材料。

（5）采用陶瓷辐射管，最高工作温度达 1 250 ℃。

6.5.3　液体燃料的燃烧装置(喷嘴)

1. 液体燃料的燃烧特点

油是液态的高分子聚合物,需要加热蒸发形成可燃物,再与氧混合后才能燃烧。油的燃烧速度决定于油的蒸发速度及其与氧的混合速度。油滴的直径越小,表面积越大,油的蒸发速度及其与氧的混合速度越快,燃烧越完全。为使油完全燃烧,应将油雾化成油粒。

2. 喷嘴

液体燃料喷嘴的种类很多,按雾化方式可分为机械式喷嘴、高压喷嘴和低压喷嘴三种。热处理炉多采用低压喷嘴。它利用低压(1 000～9 000 Pa)空气作雾化剂,冲击油流股使其雾化。它的火焰较短。

根据喷嘴的结构不同,可以有直流雾化、流股相遇雾化、涡流雾化等几种方式,如图6-8所示。

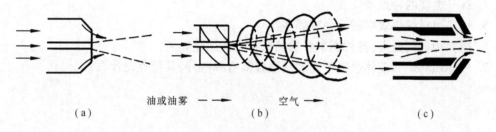

油或油雾 — — ▶　　　　空气 ▶

(a)　　　　　　　　　　(b)　　　　　　　　　　(c)

图 6-8　油流的雾化方式
(a)直流雾化;(b)涡流雾化;(c)多次雾化

油股在喷嘴内可以进行一次雾化,也可进行多次雾化。直流雾化就是空气流股与油流股平行相遇,借二者的相对速度使油流雾化。流股相遇雾化是空气流股以一定角度与油流股相遇,因而增加了冲击作用面积,改善了雾化与混合条件。涡流雾化是在接近流股出口附近喷射出具有较大速度的空气旋转涡流,与油流股相遇,使油流雾化,混合比较激烈,火焰很短而扩张角很大。多次雾化型的喷嘴可以得到更好的雾化质量,使燃料容易完全燃烧。

目前我国使用的低压喷嘴种类繁多,尚未形成统一的标准系列。常见的类型有:直流雾化式 C - I 型喷嘴、涡流雾化式 K 型喷嘴、二次雾化流股相交式 S 型喷嘴、三次雾化涡流式 RK 型喷嘴、三次雾化涡流式比例调节 R 型喷嘴等。

6.5.4　固体燃料的燃烧装置(燃烧室)

1. 特点

固体燃料分为块煤层状燃烧和粉煤喷射燃烧。煤在燃烧时,最底层为灰渣层,空气通过灰渣层后,氧与碳化合燃烧生成 CO_2,称为燃烧层或氧化层;随后 CO_2 又与碳反应生成 CO,称为还原层,最上层为干溜层,煤受热放出挥发性物质。粉煤燃烧是将煤粉与空气一起以 15～20 m/s 的速度喷入炉内进行燃烧。与空气混合较好,空气过剩系数小,燃烧速度快,燃烧完全。

2. 燃烧室结构

燃烧室的底部是炉栅,支撑煤及灰渣,并从缝隙漏出灰渣,也便于鼓风,炉栅是由耐热铸钢或耐热铸铁制成。

燃烧室的尺寸受燃料种类及燃烧室热强度的影响,对燃烟煤的热处理炉取$(100 \sim 180) \times 10^4$ kJ/($m^3 \cdot$ h)。燃烧室的结构最常见的是固定水平炉栅。为克服周期性加煤、料层不均匀和燃烧不稳定等缺点,对较大型炉子采用阶梯式炉栅或机械化炉栅。

习题与思考题

1. 燃料炉的结构与电阻炉的主要差别是什么?
2. 燃料炉炉内温度均匀性受哪些因素影响?
3. 空气过剩系数的意义是什么,其过大或过小对燃烧和节能有哪些影响?
4. 煤气燃烧的特点是什么?
5. 提高燃料炉热效率的途径有哪些?
6. 燃料炉如何分类,各种燃料炉的结构特点和用途如何?
7. 气体燃料炉和液体燃料炉的燃烧装置都有哪些种,其特点是什么?

第7章 热处理浴炉及流动粒子炉

浴炉是利用液体介质加热或冷却工件的一种热处理炉。介质为熔盐、熔融金属或合金、熔碱、油等。盐介质有 $BaCl_2$，KCl，$NaCl$，$NaNO_3$，KNO_3 等。常用盐（碱）配比及使用温度范围见附表16。

7.1 浴炉的特点及分类

7.1.1 浴炉的优缺点

浴炉有许多优点：①工作温度范围较宽（$60 \sim 1\,350$ ℃），可完成多种工艺，如淬火、正火、回火、局部加热、化学热处理、等温淬火、分级淬火等，只有退火不能进行；②加热速度快，温度均匀，不易氧化、脱碳；③炉体结构简单，高温下使用寿命较长；④能满足特殊工艺要求，对尺寸不大、形状复杂、表面质量要求高的工件，如刀具、模具、量具及一些精密零件特别适用；⑤炉口敞开，便于吊挂、工件变形小。

与电阻炉相比浴炉的主要缺点是：①装料少，只适用于中小零件加热；②需用较多辅助时间，如启动、脱氧等；③介质消耗多，热处理成本高；④炉口经常敞开，盐浴面散热多、降低热效率；⑤介质蒸发，恶化劳动条件，污染环境；⑥操作技术要求高，需防止带入水分，引起飞溅或爆炸等；⑦需配置变压器、抽风机等辅助设备。

7.1.2 浴炉的分类

1. 按介质分类

按介质的不同浴炉可分为盐浴炉、碱浴炉、铅浴炉和油浴炉等。

2. 按热源供给方式分类

按热源供给方式的不同浴炉可分为外热式和内热式两种。

（1）外热式浴炉

外热式浴炉主要由炉体和坩埚组成，将液体介质放入坩埚中，热源放在坩埚外部。热量通过坩埚壁传入介质中进行加热，其结构如图7-1所示。坩埚材料由耐热钢、低碳钢、不锈钢焊接或耐热钢、铸铁铸造而成。其热源为电热或油、煤、焦炭等。适用于淬火、正火、回火、特别是液体化学热处理。

其缺点是：①必须使用坩埚加热，热惰性大；②坩埚内外温差大（$100 \sim 150$ ℃）；③使用温度不能太高，一般在 900 ℃以下，限制了使用范围。

其优点是：①不需昂贵的变压器；②启动操作方便。

（2）内热式浴炉

内热式浴炉是将热源放在介质内部，直接将介质熔化，并加热到工作温度。按工作原理分为电极式和辐射管式，其中电极式又分为插入式和埋入式两种。

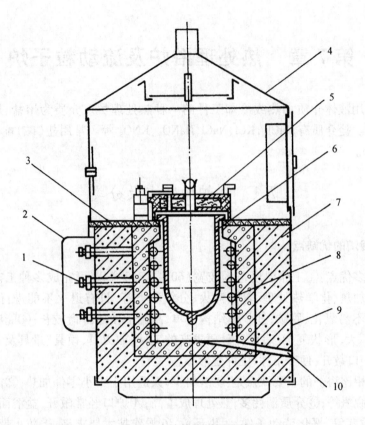

图7-1 外热式坩埚浴炉

1—接线柱;2—保护罩;3—炉面板;4—排气罩;5—炉盖;
6—坩埚;7—炉衬;8—电热元件;9—炉壳;10—流出孔

①插入式电极盐浴炉 插入式电极盐浴炉电极从坩埚上方垂直插入熔盐,熔盐中插入的一对电极通入低电压(6~17.5 V)大电流(几千安培)的交流电,由熔盐电阻热效应,将熔盐加热到工作温度。其结构如图7-2所示。

插入式电极盐浴炉存在许多缺点:a.炉口只有2/3的面积能使用,其他被电极占据,效率低,耗电量大;b.由于电极自上方插入,与盐面交界处易氧化,寿命短,电极损耗大;c.电极在一侧,远离电极侧温度低;d.工件易接触电极,而产生过热或过烧。因此,人们研究制造了埋入式电极盐浴炉。

②埋入式电极盐浴炉 埋入式电极盐浴炉将电极埋入浴槽砌体,只让电极工作面接触熔盐,在浴面之上无电极。其结构如图7-3所示。根据电极位置不同分为侧埋式和顶埋式两种。

埋入式盐浴炉与插入式盐浴炉相比具有的优点:a.有效面积大,生产率提高,热效率高,节能25%~30%;b.炉温相对均匀,介质流动性好;c.电极不接触空气,寿命长;d.工件接触电极可能性减小,废品率低。

但也存在着许多缺点:a.砌体与电极一体,不能单独更换电极,电极损坏时,浴槽也要相应更换,对于高温炉,则插入电极优势大;b.形状复杂,不易焊接,砌炉麻烦;c.电极间尺寸不能调节,电极形状、尺寸、布置要求高,功率不可调。

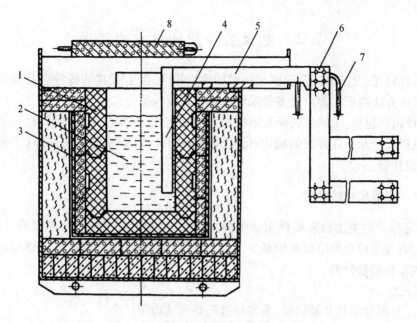

图 7 - 2　插入式电极盐浴炉结构示意图

1—坩埚;2—炉膛;3—炉胆;4—电极;5—电极柄;
6—汇流板;7—冷却水管;8—炉盖

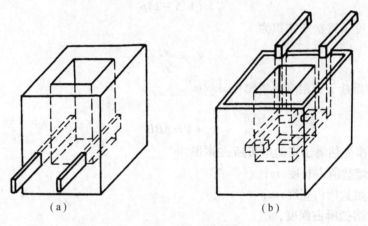

图 7 - 3　埋入式浴炉电极的埋入方式

(a)侧埋式;(b)顶埋式

③管状加热元件浴炉　管状加热元件浴炉将管状电热元件插入坩埚的介质中,通过电热元件放热加热介质。管状加热元件是在金属管内装入电阻丝,空隙部分用导热性和绝缘性好的耐火材料填充制成的。盐、碱、油、水等均可作为介质。可用于550 ℃以下回火、等温淬火、铝合金加热等。这种浴炉结构简单、紧凑、热损失小;温度均匀、易调节、维修方便。但在硝盐中,加热元件易蚀,要用不锈钢制作。

7.2　电极盐浴炉的设计概要

电极盐浴炉的设计原理及步骤与一般加热炉相同,但由于其结构特点及传热方式的特殊性,其设计方法尚不完善。大多数采用近似方法或经验公式。

其设计内容包括:①炉型选择及浴槽尺寸的确定;②炉体设计及结构设计;③炉子功率确定;④电极尺寸及布置方法的确定;⑤启动电阻的计算;⑥变压器的选择;⑦抽风机及自动化装置设计等。

7.2.1　浴槽尺寸的确定

选择完浴炉的类型后就要确定浴槽的尺寸,其确定方法有类比法和经验计算法两种。确定原则为:应尽可能使浴面面积减少,以减少辐射热损失;浴槽深度要比熔盐的深度大一些,以免放工件后盐外溢。

1. 类比法

根据工件尺寸形状及装料量、参考标准浴炉尺寸确定。

2. 经验计算法

根据生产率 p 确定熔盐质量 G。

对中温炉　　　　　　　　　$G = (2 \sim 3)p$ 　　　　　　　　　(7 - 1)

对高温炉　　　　　　　　　$G = (1.5 \sim 2)p$ 　　　　　　　　(7 - 2)

在工作温度下熔盐的体积为

$$V_t = \frac{G}{\gamma_t} \qquad\qquad (7 - 3)$$

式中　γ_t——熔盐工作温度下的密度,kg/m³。

则有

$$V_t + V = ABH \qquad\qquad (7 - 4)$$

式中　V——事先估算出来的电极所占体积,m³;

　　　A——熔盐所占长度,m;

　　　B——熔盐所占宽度,m;

　　　H——熔盐所占深度,m。

常用浴盐物理性能如表 7 - 1 所示。

表 7 - 1　常用浴盐物理性能

物理性质	碱金属亚硝酸盐和硝酸盐的混合盐	碱金属硝酸盐的混合盐	碱金属氧化物和碳酸盐的混合盐	碱金属氯化物的混合盐	碱金属与碱土金属氯化物的混合盐	碱土金属氯化物
熔点/℃	145	170	590	670	550	960
25 ℃时密度/(kg/m³)	2 120	2 150	2 260	2 050	2 075	3 870
工作温度/℃	300	430	670	850	750	1 290
在工作温度时密度/(kg/m³)	1 850	1 800	1 900	1 600	2 280	2 970

表 7 – 1(续表)

物理性质	碱金属亚硝酸盐和硝酸盐的混合盐	碱金属硝酸盐的混合盐	碱金属氧化物和碳酸盐的混合盐	碱金属氯化物的混合盐	碱金属与碱土金属氯化物的混合盐	碱土金属氯化物
固体比热容/[kJ/(kg·℃)]	1.340	1.340	0.963	0.837	0.586	0.377
液体比热容/[kJ/(kg·℃)]	1.549	1.507	1.424	1.089	0.754	0.502
熔化热/(kJ/kg)	127.7	230.2	368.4	669.9	345.4	182.1

7.2.2　炉体结构的设计

电极盐浴炉的炉体结构由耐火材料坩埚、炉胆、保温层、电极和炉壳等组成。

坩埚可以采用重质耐火砖、高铝砖(标准砖或异形砖)砌筑,也可用耐火混凝土捣制成形。坩埚厚度一般如表 7 – 2 所示,埋入电极的那一侧的壁厚应大一些,有利于增加强度和防止漏盐。

表 7 – 2　电极浴炉炉衬厚度

工作温度/℃	耐火层厚度/mm		保温层厚度/mm
	耐火混凝土	耐火砖	
150 ~ 650	150 ~ 180	180 ~ 200	100 ~ 150
650 ~ 1 000	160 ~ 230	180 ~ 230	120 ~ 160
1 000 ~ 1 350	180 ~ 250	220 ~ 270	140 ~ 200

由于坩埚热胀冷缩易开裂,常用炉胆加固,也可防止盐液外漏。炉胆一般用 6 ~ 12 mm 钢板焊接而成。对侧埋电极的浴炉,炉胆后壁每一电极引出处都应留有电极引出孔。在炉胆内壁可贴一层耐火纤维毡,使耐火混凝土坩埚与炉胆隔绝,不致相互黏结,既便于拆除废耐火混凝土坩埚,又增加炉子的保温能力。保温层有时用粉状保温材料填充,但在侧埋式电极引出部位必须应用成形砖砌筑,以减少漏盐的危险性。炉壳侧壁常用 2.5 ~ 3.5 mm 钢板,炉底用 4 ~ 5 mm 钢板,炉架用不大于 5 号的角钢制造。浴炉常设有炉盖和抽风罩等装置。

7.2.3　电极盐浴炉功率的确定

功率是关系到炉子能否正常工作的指标,目前尚无简易方法计算。可根据热平衡方法计算,但这种方法麻烦、不准确。

通常采用熔盐容积法,即在一定温度下,利用熔盐容积与功率的关系计算。

$$P = p_0 V_t \qquad (7 – 5)$$

式中　P ——盐浴炉功率,kW;

　　　V_t ——熔盐工作温度下体积,dm³;

　　　p_0 ——单位容积功率,由表 7 – 3 查得,kW/dm³(有时为增大炉子功率储备,缩短升温时间,而采用上限数据。对埋入式电极浴炉,常采用大一级别的功率)。

表 7-3　电极盐浴炉单位容积所需功率 p_0　　　　　　　　单位：kW·dm^{-3}

熔化浴盐体积 /dm^3	工作温度/℃		
	150~650	650~950	1 000~1 300
<10	0.6~0.8	1.0~1.2	1.6~2.0
10~20	0.5~0.6	0.8~1.0	1.2~1.6
20~50	0.35~0.5	0.5~0.8	1.0~1.2
50~100	0.20~0.35	0.35~0.5	0.7~1.0
100~300	0.14~0.20	0.20~0.35	0.5~0.7
300~500	0.10~0.14	0.14~0.20	0.4~0.5
500~1 000	0.08~0.10	0.10~0.12	0.3~0.4
1 000~2 000	0.4~0.08	0.08~0.10	—
2 000~3 000	0.02~0.04	—	—

7.2.4　电极材料和尺寸的确定

1. 材料

常见的材料有纯铁、低碳钢、不锈钢、耐热钢、石墨、碳化硅等。通常纯铁和低碳钢等耐腐蚀的材料用于插入式电极盐浴炉；由于镍易溶解，不含镍的高铬不锈钢常用于硝盐炉；耐热钢常用于高温盐浴炉，耐高温，寿命长。

2. 尺寸

电极尺寸可根据电极所能承受功率及截面允许电流密度来确定，形状可分为圆形或矩形。

设通过电极电流为 I，则

$$I = Fi \tag{7-6}$$

式中　F——电极截面面积，cm^2；

　　　i——允许截面电流密度，一般取 60~80 A/cm^2。

又有

$$I = \frac{1\,000P}{U} \tag{7-7}$$

式中　P——一对电极所产生的功率，一般为 50~60 kW；

　　　U——一对电极间的工作电压，V。

由式(7-6)和式(7-7)整理得

$$F = \frac{1\,000P}{Ui} \tag{7-8}$$

从而可根据电极截面积来确定电极尺寸(圆直径或矩形边长)。电极长度根据浴槽深度确定，一般距底 60~100 mm，以利于捞渣，并防止炉渣沉淀而短路。

7.2.5　启动电阻

由于固态盐不导电，电极盐浴炉不能利用工作电极直接启动，启动时必须用启动电阻。启动电阻一般有折带形和螺旋形，其中螺旋形常见，效果好，结构如图 7-4 所示。

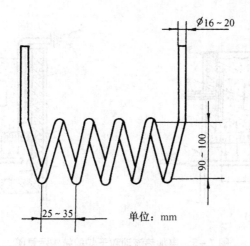

图 7 - 4 螺旋形启动电阻形状及尺寸

电阻的使用方法是:将电阻置于坩埚底部,加入一定数量的盐,将启动电阻覆盖,逐渐加盐,当熔盐升高接触电极后,再将启动电阻取出。当生产结束停炉前,再将启动电阻重新置于坩埚,备下次启动用。注意不能靠近电极,不能过高。

二次开炉时,变压器选低挡,防止电流过大。当启动电阻温度升高后,再选高挡,使盐尽快熔化,取出启动电阻进行生产。此外,对插入式盐浴炉还可采用碳棒接通两极直接启动。近年来还有许多新的启动方法问世,有高电压击穿法、副电极快速启动法、加入"654"碳粉直接启动法、小熔池法、导流器法等,但都不很成熟。

7.2.6 排气通风装置设计及变压器的选择

由于盐炉有盐蒸气挥发,污染环境,必须进行排气、通风。因此,要设计通风装置。排风装置可以采用上排风和侧排风。上排风排气罩连在炉体上,侧面留有操作口,排气罩与通风机相连。排气量与操作口截面积和操作口吸入气体速度有关。

变压器可根据炉子功率和生产条件选择,变压器额定功率应大于计算功率的 15% ~ 20% ,作为储备。

7.3 流动粒子炉

采用流态化固体粒子作为加热介质的炉子称为流动粒子炉。当炉膛内达到一定风压和气压时,固体粒子具有流体性质称粒子流态化。流化过程前称固定床,流化后称流化床。

在流化床中加入热源,使介质温度升高到较高温度作为加热介质,再附上温度控制系统、除尘系统等即可成为流动粒子炉。

电加热流动粒子炉的炉体结构如图 7 - 5 所示。

流动粒子炉可用于淬火、正火、退火、回火等加热,并已扩大应用于渗碳、渗氮、碳氮共渗、氮碳共渗以及渗硼、氧氮化、蒸气处理等。其主要优点是:启动升温速度快、耗能少;温度均匀,炉温在 800 ~ 1 300 ℃时,炉内温差不超过 3 ~ 7 ℃;热惰性小,热效率高;可以实现无氧化加热和化学热处理。

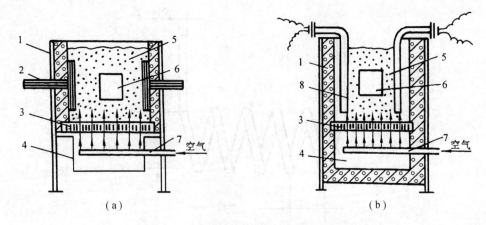

图7-5 电加热流动粒子炉的结构示意图

(a)电极式;(b)电热元件式

1—炉体;2—电极;3—布风板;4—风室;5—沸腾层;6—工件;7—风管;8—电热元件

习题与思考题

1. 试述浴炉的分类及其优缺点。

2. 比较插入式和埋入式浴炉的基本结构、炉内温度均匀性、节能效果以及使用、维修等方面的优缺点。

3. 在电极选材、连接等方面需注意哪些问题?

4. 设计计算一电极盐浴炉的主要项目。

已知条件:最高工作温度950 ℃,生产率为60 kg/h,加热小尺寸工件(长≤300 mm),采用埋入式电极。

设计内容:

(1)确定炉子坩埚尺寸;

(2)确定炉体结构;

(3)计算炉子功率;

(4)设计电极。

5. 试述流动粒子炉的基本结构和特点。

第8章 真空热处理炉

真空热处理是随着精密机械制造业、国防等尖端工业的发展而发展起来的新型热处理方法,特别是近些年来,对零件性能、精度要求的提高使真空炉越来越受到人们的重视。我国自1975年第一台真空炉问世以来,真空热处理技术也得到了蓬勃的发展。除用于难熔金属和活泼金属的热处理外,逐渐被应用到钢铁材料的淬火、回火、退火、渗碳、渗氮及渗金属等各领域。

真空热处理使工件具有不氧化、不脱碳,处理后可保持表面光亮和原有光泽,表面通常可不加工且工件不变形,提高了耐磨性和使用寿命,并对工件有脱脂、脱气作用等优点。但由于炉内传热主要靠辐射进行,工件加热速度慢,加热均匀性差,设备一次性投资大。

8.1 真空系统

低于一个大气压力的空间称为真空。真空状态下气体的稀薄程度为真空度,国际单位用压力表示,单位为 Pa。

我们把真空的区域划分为低真空、中真空、高真空以及超高真空。目前真空炉的真空度大多在 $10^3 \sim 10^{-4}$ Pa 的范围内。各真空区域压力值以及有关特点如表8-1所示。

表8-1 真空区域及有关特点

真空区域	低真空	中真空	高真空	超高真空
压力范围/Pa	$10^5 \sim 10^2$	$10^2 \sim 10^{-1}$	$10^{-1} \sim 10^{-5}$	$< 10^{-5}$
适用真空泵	机械泵	机械泵、油增压泵或机械增压泵	扩散泵或离子泵	离子泵、分子泵、扩散泵加冷凝吸附泵
适用真空计	U型管弹簧压力表	压缩式真空计 热传导真空计	电离真空计	改进型电离真空计 磁控真空计

真空系统由真空容器、真空泵、真空阀、连接件及真空测量仪表等部分组成。真空热处理炉典型的真空系统如图8-1所示。

采用油扩散泵(或增压泵)的真空系统,工作时先开动旋转泵预抽真空,当达到扩散泵或增压泵最大反压强时。油扩散泵才能投入工作。采用旋转泵、油扩散泵和增压泵组成的真空系统时,工作时先旋转泵预抽真空,再用增压泵抽中真空,当大部分气体去除后,扩散泵再投入工作。

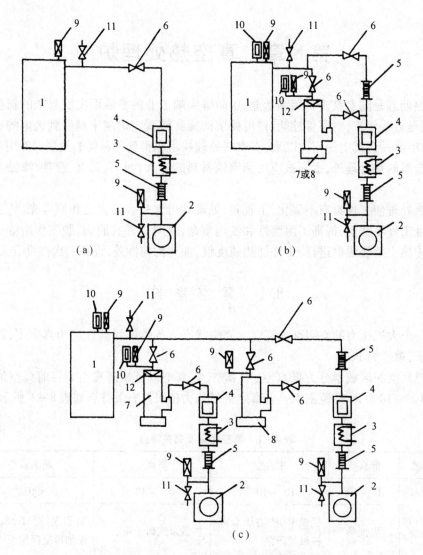

图 8 - 1　真空热处理炉典型真空系统原理图

(a)具有旋转泵;(b)具有油扩散泵或油增压泵;(c)具有油扩散泵和油增压泵
1—电炉;2—旋转泵;3—冷凝器;4—过滤器;5—伸缩器;6—阀门;7—扩散泵;8—增压泵;
9—热偶规管;10—电离规管;11—充空气、保护气体或接入氢检漏仪的阀门;12—冷阱

8.2　真空热处理炉的分类

　　由于产品不同,技术要求及热处理规范也各不相同,所用的真空热处理炉的结构也多种多样,可分为内热式和外热式两大类。

8.2.1　外热式真空热处理炉

　　外热式真空热处理炉是指有真空罐的炉子,加热元件,耐火材料等在罐外,被处理工件放在罐内,同时将罐抽成真空。大多采用电阻加热。几种外热式真空热处理炉的结构如图8-2所示。

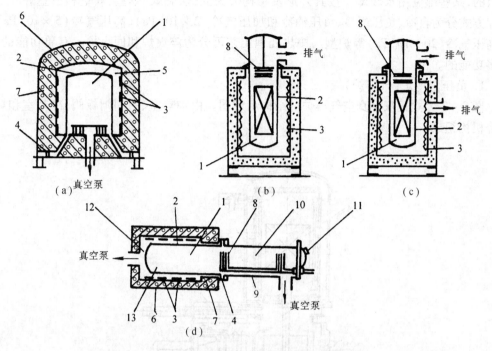

图 8 – 2 几种外热式真空热处理炉结构示意图
(a)钟罩式;(b)井式;(c)双层井式;(d)二室式

1—加热室;2—真空容器;3—电热元件;4—密封垫;5—大气;6—外罩;7—耐火材料;
8—挡板;9—水套;10—冷却室;11—窥视孔;12—粗真空室;13—微真空室

当工件放入炉罐内密封后,开始抽真空到规定的真空度,再加热到规定温度。抽真空可连续,亦可间歇或停止。工件冷却有炉内冷却和炉外冷却两种,炉内冷却速度慢,炉外冷却速度快。炉内冷却通入特殊气体冷却介质为氢、氮、氩等,其中氢的冷却速度最大,但价格高、容易发生爆炸,所以常用纯度为 99.999% 以上纯氮来冷却效果也较好。

外热式真空炉结构简单,制造容易,容易密封,抽气量小,容易达到所要求的真空度,不受耐火、绝缘材料及电阻放气的影响,不存在真空放电问题,工件加热质量高,生产安全可靠。

但由于热源在炉罐外,因此其热惰性大、热效率低、加热速度慢、生产周期长。由于炉罐材料高温强度所限,炉子尺寸小,使用温度低于 1 100 ℃,合金钢或耐热钢罐价格昂贵,不易加工,仅适用于合金的退火、真空除气、真空渗金属等。

8.2.2 内热式真空热处理炉

内热式真空热处理炉是将整个加热装置(加热元件、耐火材料)及欲处理的工件均放在真空容器内,而不用炉罐的炉子。这类炉子的优点是:①可以制造大型高温炉,而不受炉罐的限制;②加热和冷却速度快,生产效率高。其缺点是:①炉内结构复杂,电气绝缘性要求高;②与外热式真空炉相比,炉内容积大,各种构件表面均吸附大量气体,需配大功率抽气系统;③考虑真空放电和电气绝缘性,要低电压大电流供电,需配套系统。

现代真空电阻热处理炉都是内热式的,没有炉罐,整个炉壳就是一个真空容器,外壳是密封的,某些部位用水冷却。按其外形及结构分为立式、卧式、单室、双室和三室等。工件冷却方式分为自冷、负压气冷、负压油冷和加压气冷(2×10^5 Pa)、高压气冷(5×10^5 Pa)及超高压气冷(20×10^5 Pa)等炉型。按热处理工艺可分为淬火炉和回火炉。有单功能的,也有多功能的。

1. 负压气冷炉(气淬炉)

图 8 - 3 为立式双室真空气淬炉的结构示意图。由加热室、中间闸板阀、冷却室和炉料升降机构组成。

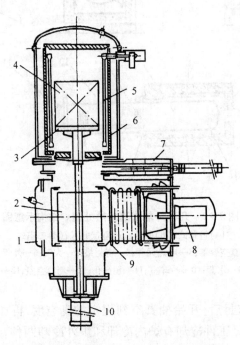

图 8 - 3　真空气体淬火炉结构示意图
1—工件取出门;2—冷却室;3—工件台;4—加热室;
5—石墨电热元件;6—保温材料;7—闸板阀;8—风扇;
9—散热器;10—工件升降用油缸

为防止处理工件和石墨加热元件挥发,加热室在抽成真空后,通入一定量的保护气体。因有保护气体,水冷壳的内壁可用碳素结构钢来制造,降低了成本。

这类真空炉在加热室和冷却室之间设有闸板。其工作程序是:工件加热完毕后,打开闸板,由升降机构将料迅速送入冷却室,闸板立即关闭,马上通入保护性气体,使室内压力升到 1 大气压时,冷却风机开始转动,气体循环使工件冷却。冷却气体通常采用氢、氦、氩、氮,高纯氮应用最为普遍。

2. 负压油冷炉(油淬炉)

负压油冷炉与负压气冷炉的结构基本相同,图 8 - 4 为卧式负压油冷炉结构示意图。

由炉体、加热室、冷却室、工件传送机构、真空系统等组成。炉体制成圆筒形水冷套结构,内外壁分别由耐热钢和碳素结构钢制造。加热室中设有石墨电热元件、石墨保温层、工件支架和隔热门等装置。石墨电热元件沿炉壁四周均匀分布,将电极引出端水冷后与外接电源相连。工件传送机构由水平移动机构、升降机构、导轨及工作车组成。

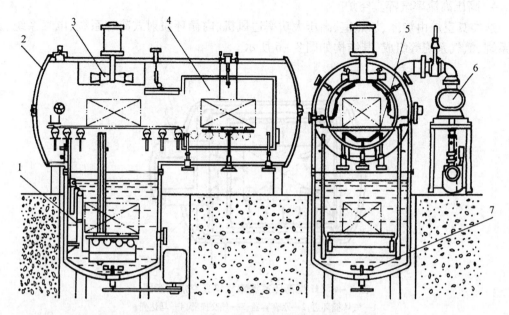

图 8 - 4　卧式负压油冷真空热处理炉结构示意图

1—工件传送机构；2—炉门；3—风扇；4—加热室；5—石墨带电热元件；6—真空系统；7—搅拌器

3. 三室真空淬火炉

图 8 - 5 为日本中外炉公司 CF - Q 型三室真空淬火炉的结构示意图。由加热室、气冷室、油冷室三大部分组成。

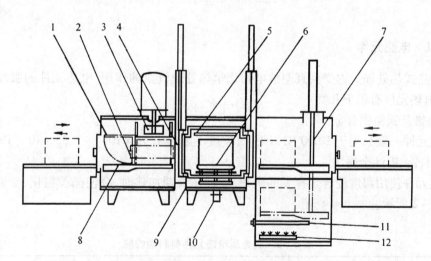

图 8 - 5　CF - Q 型三室真空炉结构示意图

1—冷却挡板；2—内冷却器；3—压力淬火风扇；4—隔门；5—电热元件；6—炉底板；
7—油淬升降机构；8—底盘；9—内室；10—炉底板升降机构；11—油加热器；12—油喷嘴

这种炉型具有许多优点：①温度、气氛、生产周期全部自动化；②油冷、气冷两种冷却方式扩大了适用范围；③气冷加压系统的设置使冷却速度加快，提高了产品质量；④油槽设有加热器和循环装置，减少了工件变形量。

4. 高压高流率气淬真空炉

这类真空炉由炉体、加热室、高压大功率通风机、内循环喷射式冷却系统、电气系统、真空系统、氮气系统等组成,其结构如图8－6所示。

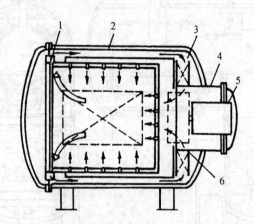

图8－6　H型高压高流率气淬真空炉示意图
1—气体循环道;2—水套容器;3—热交换器;4—马达壳;
5—冷却风扇马达;6—冷却立体风扇区

其特点是:采用高压大风量风机,确保大截面高速钢工件可以淬硬,除在加热室周围和长度方向上配有喷嘴外,在后壁上也装有许多喷嘴,更进一步提高了气淬的均匀性。

8.3　真空热处理炉所用材料

8.3.1　电热元件

在内热式热处理炉内受到真空放电和化学热处理气氛的作用,电热元件的服役条件恶劣,常用电热元件有以下几类。

1. 镍铬及铁铬铝合金

这类元件一般只用于1 000 ℃以下,真空度不超过$1.33 \times 10^{-2} \sim 1.33 \times 10^{-1}$ Pa 范围。

2. 钼、钨、钽纯金属

这类元件使用温度受合金挥发的限制,并且在长期加热时,会使晶粒粗化、变脆。其性能如表8－2所示。

表8－2　纯金属电热元件材料的性能

材料名称	熔点/℃	密度/(g/cm³)	电阻率(0 ℃)/(Ω·mm²/m)	电阻温度系数/(10⁻⁵/℃)	在真空中最高使用温度/℃	允许表面负荷/(W/cm²)
钼	2 600	10.2	0.052	471	1 800	20～40
钨	3 400	19.6	0.051	482	2 400	20～40
钽	3 000	16.6	0.131	385	2 200	20～40

3. 石墨电热元件

石墨具有膨胀系数小、耐冲击性能好、高温机械性能好、易于加工、价格便宜等优点,其性能如表8-3所示。常可以做成棒状、板状、管状、带状使用。棒状电热元件可以在不同大小的炉膛内使用。立式炉中当炉膛容积较小时,使用管状电热元件。单相电热元件从管子一端切开分为两部分且是相等的,另一端不切开,三相是从管子一端切成三个电阻相等部分,另一端不切开,即成三相星形连接,如图8-7所示。卧式炉中,也可将整个电热元件做成方盒子状,将其分成电阻相等的三部分,则成三相星形连接。

表8-3 石墨材料的性能

极限强度/MPa	允许表面负荷/(W/cm²)					密度/(g/cm³)	真空中最高使用温度/℃	熔点/℃
	棒状直径/mm			板状厚度/mm				
	20	40	60	10	20			
5	82	41	27	164	82	1.5~1.8	2 400	3 700
10	164	82	54	328	164			
15	246	123	82	492	246			
20	328	164	107	656	328			

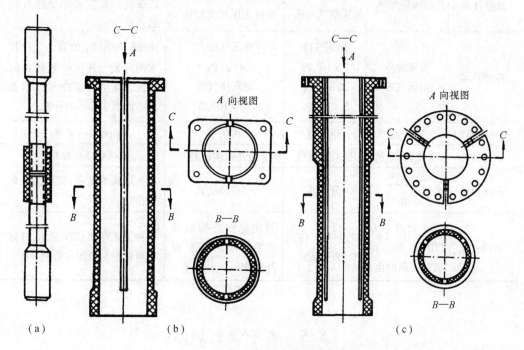

图8-7 石墨电热元件的形状

(a)棒状(由两部分接成);(b)单相管状;(c)三相管状

8.3.2 炉衬

外热式真空炉的炉衬与电阻炉一样,而内热式真空炉的炉衬采用隔热屏或保温炉衬。

隔热屏材料在 1 100 ℃ 以下常采用不锈钢板,在 1 100 ℃ 以上采用钼等高熔点金属、石墨或陶瓷等。隔热屏一般 5～6 层。金属屏厚 0.3～1 mm,石墨屏厚 5～10 mm。制成毡的石墨纤维和耐火材料纤维可以方便地固定在金属板上,能部分或全部地代替金属屏。石墨纤维毡不产生气体,价格便宜,但纤维较细易飞扬,可能在很大面积上引起短路,安装和使用过程中需注意。

8.4　真空热处理炉技术的发展

随着真空热处理设备一次性投资、运转成本的进一步降低,真空热处理将有更为广阔的前景,真空热处理关键技术之一的冷却技术从负压、加压、高压到超高压气冷技术的实际应用,使得接受真空热处理的材质范围在不断扩大,可淬硬尺寸也进一步增加,加速了这一技术的推广和普及。

真空热处理设备在技术上的发展及动向大致可归纳为表 8 - 4 所示。这一方向和趋势将为实现无污染、环境优美的热处理开辟美好的前景。

表 8 - 4　真空热处理技术的发展及动向

	第一代	第二代	第三代	今后动向
加热技术	真空辐射加热	真空辐射加热 负压载气加热	负压载气加热、低温阶段正压对流加热	低温阶段正压对流加热的推广普及。真空局部加热方法的开发
冷却技术	负压油冷 负压气冷	加压气冷 2×10^5 Pa 高压气冷 5×10^5 Pa	高压气冷 5×10^5 Pa 超高压气冷 20×10^5 Pa	H_2 或 He 和 N_2 的混合气冷技术的开发。气体回收技术的开发。真空等温冷却技术及真空流态床技术的开发
加热室结构	开放型	开放型	密闭型	密闭型结构推广
炉衬材料	陶瓷毡、碳毡	碳质预制件	高强碳质材料	高强碳质整体结构
搬送机构	台车式 吊架式	分叉式	出现辊底式	各种形式的复合,实现无人化操作
自动控制	分立元件手动 PID 温控。继电器控制动作	多组 PID 任选 PC 程序控制	智能化仪表控温自调节 + 自适应 PC 程序控制	多种工艺存储 CRT 显示,计算机单台控制或多台群控

8.5　离子渗氮炉

离子渗氮炉是将被处理的工件放置在真空容器中,在辉光放电条件下进行渗氮。离子渗氮可以使渗氮的周期缩短 60%～70%,简化工序,零件变形小,产品质量好,节约能源,无污染,是近年来发展较快的热处理工艺。这种新工艺正在不断扩大着适用材料品种和应用领域,成功地处理了球铁、合金铸铁、马氏体钢、奥氏体钢和弥散强化不锈钢。

离子渗氮炉包括炉体、真空系统、供气系统、测温系统及控制系统所组成。其原理如图

8－8 所示。工件放入炉内作为阴极,炉体作为阳极,抽真空到 13.3～1.33 Pa 后再通入少量氨、氮或氮氢混合气体,使炉内压强达 133～1 333 Pa,然后在两极间施加一定电压使氮电离,氮电离后即以高速冲击工件,离子的动能转化为热能将工件加热至渗氮温度。轰击表面的一部分氮夺取电子后直接渗入工件表面,在工件表面上形成含氮很高的呈蒸发状态的 FeN,并不断向工件内部扩散,从而达到渗氮的目的。

其基本炉型有罩式、井式、卧式,但是以罩式为最常见。

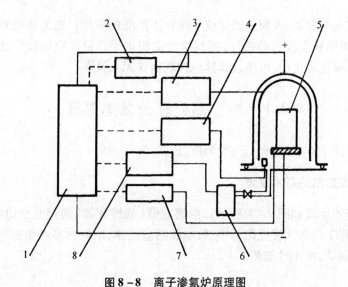

图 8－8　离子渗氮炉原理图

1—电源控制系统;2—灭弧控制;3—供气系统;4—炉压测量;5—工件;
6—真空泵;7—温度控制;8—抽气控制

习题与思考题

1. 试说明真空热处理炉的工作特点、炉内构件和炉型结构与空气介质炉有何差别?
2. 试述各类真空炉的优缺点及今后的发展方向。
3. 试述真空炉所用材料及其性能。
4. 试说明离子渗氮炉的加热原理和结构特点。

第9章　感应热处理设备及其他表面加热设备

随着科学技术的发展,表面热处理技术得到了广泛的应用。表面热处理可以提高产品质量,缩短生产周期和改善劳动条件,提高生产组织水平。目前应用最广泛的是感应热处理。它适用于机械化大生产,可通过计算机控制实现无人操作。

9.1　感应热处理的基本原理

感应加热可用于淬火、回火、正火、调质、透热等。

9.1.1　感应加热的基本原理

感应加热基本原理如图9-1所示。当感应器(施感导体)通过交变电流时,在其周围产生交变磁场,将工件放入交变磁场中,按电磁感应定律,工件内将产生感应电动势和感应电流,感应电流做功,将工件加热。

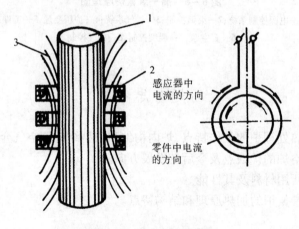

感应器中
电流的方向

零件中电流
的方向

图9-1　感应加热示意图
1—零件;2—感应器;3—磁力线

感应电动势的瞬时值为

$$e = -\frac{\mathrm{d}\Phi}{\mathrm{d}t} \tag{9-1}$$

式中　$\dfrac{\mathrm{d}\Phi}{\mathrm{d}t}$——磁通 Φ 对时间的变化率,负号表示感应电动势方向与 $\dfrac{\mathrm{d}\Phi}{\mathrm{d}t}$ 方向相反。

9.1.2　中、高频电流的特点

1. 集肤效应

由于工件内存在着电动势,从而产生闭合电流,称之为涡流。涡流的分布是不均匀的,由工件表面向心部呈指数规律衰减,距离表面为 x 处的强度为

$$I_x = I_0 \exp\left(-\frac{2\pi}{c}\sqrt{\frac{\mu f}{\rho}}x\right) \tag{9-2}$$

式中　I_0——表面的涡流强度,A;

　　　c——光速,m/s;

　　　ρ——工件材料的电阻率,$\Omega \cdot mm^2/m$;

　　　μ——工件材料的磁导率,H/m;

　　　x——距工件表面的距离,cm;

　　　f——电流的频率,Hz。

当交流电流通过导体时,在导体表面电流最大,越向内部电流密度越小的现象称为集肤效应。当电流频率越高,集肤效应越显著。

2. 邻近效应

两个通过交流电流的导体彼此相距很近时,则每个导体内的电流将重新分布,如图 9-2 所示。电流瞬时方向相反时,则最大电流密度就出现在两导体相邻的一面;当导体内电流的瞬时方向相同,则最大电流密度将出现在两导体相背的一面。这种电流向一侧集中的现象叫邻近效应。导体内电流的频率越高,导体间距越小,邻近效应越明显。

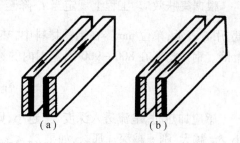

图 9-2　邻近效应
(a)导体中电流瞬时方向相反;
(b)导体中电流瞬时方向相同

3. 圆环效应

当交变电流通过环形导体时,电流在导体横截面上的分布将发生变化,此时电流仅仅集中在圆环的内侧,这种现象叫圆环效应。圆环的曲率半径越小,径向宽度越大,圆环效应也越显著。

4. 尖角效应

当感应器与工件间的距离相同,但在工件尖角处的加热强度远较其他光滑部位强烈,往往会造成过热,这种现象称为尖角效应。尖角效应是由于磁力线易于集中在尖角处,感应涡流较大的缘故。

9.2　感应热处理设备的选择

9.2.1　感应热处理设备的分类及特点

根据感应加热设备的工作频率的不同,感应热处理设备可分为高频、超音频、中频、工频感应加热设备,也可按变频方式分为电子管变频设备、机式变频设备、半导体(可控硅)变频设备和工频设备。有关感应加热设备的频率和主要特征如表 9-1 所示。

表9-1 感应加热设备的频率及主要特征

加热装置类别	频率范围/Hz	功率范围/kW	设备效率/%	应用范围	特点
电子管变频装置	高频:$10^5 \sim 10^6$ 超音频:$10^4 \sim 10^5$	$5 \sim 500$	$50 \sim 75$	齿轮、轴等中小零件表面淬火,深度$0.1 \sim 3$ mm	电流透入工件薄,发热量集中,加热速度快,淬硬层浅
中频发电机组 可控硅变频装置	中频:$5 \times 10^2 \sim 5 \times 10^4$	$15 \sim 1\ 000$ $100 \sim 1\ 000$	$70 \sim 85$ $90 \sim 95$	中型毛坯锻前加热,曲轴凸轮等零件表面淬火,深度在3 mm以上	淬硬层小于工频,大于高频
工频加热装置	工频:5×10	$50 \sim 4\ 000$	$70 \sim 90$	大型毛坯锻前加热,冷轧辊及车轮表面淬火,深度在10 mm以上	频率低,淬硬层深;加热速度低;温度均匀,变形小;电网供电,不需特殊设备,投资少

9.2.2 感应加热设备频率的选择

根据集肤效应,工程上规定当 I_x 降至 I_0 的 $\frac{1}{e}$($e = 2.718$)处的电流深度为电流透入深度,用 δ 表示,单位 mm。在钢铁材料中,热态电流的透入深度将比冷态电流透入深度大几十倍。钢铁材料在 $800 \sim 900$ ℃范围内的透入电流深度为

$$\delta_{热} = \frac{500}{\sqrt{f}} \qquad (9-3)$$

感应加热时,电流透入深度 $\delta_{热}$ 越小,则淬硬层深度 x 也越浅;反之,加热设备频率 f 越小,$\delta_{热}$ 越大,则 x 越深。那么,如果 $\delta_{热} \ll x$,加热时热量只集中于表层,要靠热传导传热,加热速度慢,生产率低,过渡层大,但设备功率可以小。如果 $\delta_{热} \geqslant x$,加热快,表面辐射损失小,过渡层浅,但设备功率要大。根据生产经验,设备效率应在一定的范围之内,即

$$\frac{1.5 \times 10^4}{x^2} \leqslant f \leqslant \frac{2.5 \times 10^5}{x^2} \qquad (9-4)$$

按式(9-4)可计算出不同的电流频率和淬硬层深度关系如表9-2所示。

表9-2 淬硬层深度与推荐设备频率

淬硬层深度/mm	1.0	1.5	2.0	3.0	4.0	6.0	10.0
最高频率/Hz	250 000	100 000	60 000	30 000	15 000	8 000	2 500
最低频率/Hz	1 500	7 000	4 000	1 500	1 000	500	150
最佳频率/Hz	6 000	25 000	15 000	7 000	4 000	1 500	500
推荐使用设备	真空管式	真空管式或机式(8 000 Hz)	同左	机式(8 000 Hz)	机式(2 500 Hz)	同左	机式(500 Hz,1 000 Hz)

9.2.3　感应加热设备功率的确定

在生产上,感应加热设备的功率计算有多种方法,如有额定功率、输出功率和总功率等。在这里给出工件单位面积功率 P_0 的概念,其表达式为

$$P_0 = \frac{P\eta}{F} \qquad\qquad (9-5)$$

式中　P ——设备的总功率,kW;

　　　η ——设备的效率;

　　　F ——工件的加热面积,cm^2。

工件单位面积功率是计算工件加热总功率和选择设备的依据。它与淬硬层深度、工件大小、加热时间、电流频率和加热方式等因素有关,其大小直接影响工件的加热速度和淬硬层深度。对尺寸较小的工件,宜采用单位面积功率大一些;反之宜小一些。此外,加热方式对单位面积功率的选择也有影响,如表9-3所示。我们可以根据表9-3所推荐的工件单位面积功率及工件的加热面积按式(9-5)求得设备的总功率。

表9-3　单位面积功率 P_0　　　　　　　　　　　单位:kW/cm^2

设备类型	局部一次加热		移动连续加热	
	范围	常用	范围	常用
中频	0.2~2.0	0.8~1.50	1.0~4.0	2.3~3.50
高频	0.5~4.0	0.8~2.0	1.0~4.0	2.0~3.50

在选择设备的总功率时,设备的效率应将变压器效率、感应器效率和回路线传输效率等考虑进去,且总功率满足工艺要求。

9.3　感应器设计概要

感应器设计的是否合理会影响到加热层的形状和深度以及设备功率能否正常发挥等。因此,感应器的设计对提高产品质量和经济效益至关重要。

9.3.1　感应器结构尺寸的设计

感应器的设计需根据工件的形状、尺寸以及热处理技术要求来设计,由施感导体(感应圈)和汇流板两部分组成。感应圈用壁厚1.0~1.5 mm紫铜管制成,多为矩形内通冷却水。汇流板用厚2~3 mm紫铜板制成,一端焊在感应圈上,另一端接到变压器次级线圈上,以向感应圈输入电流,如图9-3所示。感应器的设计主要包括感应圈的形状、尺寸、圈数,感应圈与工件的间隙,汇流板的尺寸与连接方法,冷却方式等。其结构尺寸主要根据中、高频电流的特点以及感应线圈的使用寿命等综合考虑。

1. 感应器与工件的间隙

感应器与工件的间隙大小,直接影响到感应器的功率因数。间隙大,功率因数低;间隙小,则功率因数高,电流透入深度浅,加热速度快。但间隙过小,操作不方便,易产生短路,

降低使用寿命。同时间隙的大小还受到设备的功率和淬硬层深度的影响，设备功率大则间隙应大，功率小则应小。中频加热应比高频大，连续加热因要考虑移动也应大一些。感应器与工件间隙尺寸推荐范围如表9-4所示。

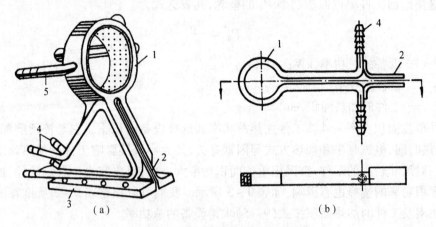

图9-3 中、高频感应器结构示意图

(a)中频感应器；(b)高频感应器

1—施感导体；2—汇流排；3—接线座；4—冷却水管；5—喷水管

表9-4 感应器和工件间隙尺寸

工件直径/mm	间隙尺寸/mm	备注
<30	1.5~2.5	内孔工件间隙1~2.5 mm
>30	2.5~5.0	平面工件间隙1~4 mm

2. 感应器的高度

对于长轴件进行局部一次性加热时，感应器的高度为

$$H = L + (8 \sim 10) \qquad (9-6)$$

式中 L——淬硬区的长度，mm。

对于短轴类零件进行局部一次加热时感应器高度为

$$H = L - 2a \qquad (9-7)$$

式中 a——感应器与工件间隙，mm。

若轴形零件淬硬区较长，可采用多圈感应器或移动连续加热。

3. 冷却水路的设计

为避免感应器在工作过程中发热需通冷却水，且工件的淬火也需喷水冷却，应合理设计冷却系统。冷却水管的尺寸与电流频率、电流透入深度、加热方式和散热条件有关，表9-5中的数据可供设计时参考。

表9-5 设备类型、铜管直径和喷水孔径

设备类型	铜管直径与壁厚/mm	喷水孔直径/mm	水压/kPa
高频设备	$\phi 5.0 \times 0.5$	0.3~0.85	100~200
中频设备	$\phi 8.0 \times 1.0$	1.0~1.20	100~200

4. 汇流板的尺寸

感应圈两端与电源的连接部分称汇流板。汇流板的间距在 1.5～3 mm 之间,为防止接触短路,中间塞入云母片或黄蜡布包扎好。其长度取决于工件形状、尺寸、夹具等具体条件,以小为宜。

9.3.2　导磁体的屏蔽作用

由于中、高频电流的圆环效应,电流集中在感应器内侧,当加热圆筒形零件的内表面时,磁力线集中在内侧,则降低了感应器的效率。为提高热效率,在感应器上设置导磁体,将中、高频电流由感应器内侧驱赶到外侧,以加强邻近效应,改变加热区温度的分布,提高热效率。

感应淬火多数都是需要工件局部淬火,当需要加热的部位和不需要加热的部位靠得很近或存在尖角时,就会将不需淬火的部位淬硬或使尖角处变形开裂。为避免这种现象,常采用"电磁屏蔽"的方法,即在凸台或尖角处加上铜环或铁磁材料环,在环中因漏磁而产生涡流,涡流所产生的磁场方向与感应加热的磁场方向相反,使磁力线不能穿过那些不需加热部位,而起到屏蔽作用。对键槽、油孔等可打入铜钉、铜楔等进行屏蔽,避免工件加热时产生过热或裂纹等。

9.4　淬火机床的选择

要使零件在感应加热设备上淬火,就必须有淬火装置,这种装置就是淬火机床,企业多根据需要自行设计制造。20 世纪 70 年代后期,我国利用射流技术、光控技术,微机程序控制等先进技术,开发了一些淬火机床,按生产方式可分为通用机床、专用机床和生产线三大类。

无论哪一种淬火机床,都基本由基架、升降部件、零件装夹及移动部件、传动机构、上下料机构、工艺参数程序控制机构等组成。

在选择机床时要考虑通用性,即能处理轴类、齿轮类等多种常用零件;还要考虑可靠性,即定位准确,移动、转动速度稳定可调,控制系统动作准确可靠等;还应操作方便、效率高、耗能少,淬火介质管路直径符合要求。

发达国家还开发了一些无人操作专用淬火机床,工件的移动、回转速度、淬火温度、介质的喷淋等,全部由程序控制,通过机械手装卸工件,动作可靠、效率高、质量稳定。从事感应热处理产品研发 70 余年的德国 EMA 公司在 2009 年北京热处理设备展会上,展示了所开发的系列化数字电源,开发了感应热处理复合工艺,在汽车和风电方面得到应用。

9.5　其他表面加热装置

9.5.1　火焰表面加热装置

火焰表面加热是一种使用较早的表面加热方法,设备简单、投资少、成本低,适用于各种形状、大小的工件表面加热,特别适用于比较大的零件热处理。近年来,由于采用新的温度测量方法及机械化等,工件淬火质量得到不断提高。

火焰表面加热所用气体有煤气、天然气、甲烷、乙炔等,以乙炔为最常用。

　　火焰表面加热装置主要由供气系统、火焰加热器、工件装夹及移动系统、冷却系统等组成。

　　火焰淬火时,为得到良好的工艺效果,要求火焰有规律地、稳定地沿着工件表面移动,因此需要在淬火机床上进行。火焰淬火机床的各种工艺动作及传动系统与感应淬火机床基本相似。具有移动、转动、调速等基本功能。

9.5.2　激光表面热处理装置

　　利用激光的高能量、变方向性等特点,将激光束打到需处理工件表面,使其局部迅速升温,然后冷却,可对工件进行表面热处理,实现这种热处理工艺的装置称激光热处理装置。通常由激光器、功率调节系统、聚焦系统、导光系统、光束摆动机构、聚焦镜头、工作台及控制系统等组成。

　　激光热处理与普通热处理相比,具有许多优点:①加热速度快、工件变形小;②可对复杂零件或零件局部小孔、盲孔、槽、薄壁等部位进行处理;③通用性强、操作简单,质量可靠,易实现自动化,有利于保护环境,是一种比较有发展前景的热处理方法。

习题与思考题

1. 感应加热的基本原理是什么?
2. 中、高频电流具有哪些特点?
3. 试说明各类感应加热设备的频率及用途。
4. 感应器的设计都包括哪些内容,其设计依据是什么?
5. 其他表面热处理方法有哪些,用途及特点是什么?
6. 淬硬层深度与哪些因素有关?

第10章 可控气氛热处理炉

为了使工件表面不发生氧化脱碳现象或对工件进行化学热处理,向炉内通以可进行控制成分的气氛(可控气氛)。在可控气氛炉中可以实现无氧化无脱碳热处理,可提高热处理质量,并能进行渗碳、脱碳等特殊热处理工艺操作。它虽提高了生产率、改善了劳动条件,但设备复杂、投资较大,操作技术要求较高。

10.1 可控气氛加热的基本原理

常用的可控气氛主要由 CO,H_2,N_2 和少量的 CO_2,H_2O 和 CH_4,C_nH_m 等气体组成。在热处理温度条件下,气体与钢进行化学反应。

10.1.1 钢在炉气中的氧化还原反应

1. 钢在 $CO_2 - CO$ 气氛中的反应

钢在空气中加热将与氧发生氧化反应,在 560 ℃ 以下生成 Fe_3O_4,在 560 ℃ 以上形成三种氧化物,内层为 FeO,中层为 Fe_3O_4,外层为 Fe_2O_3,通常认为氧气对钢的氧化过程是不可逆的,无法控制。

钢在 $CO_2 - CO$ 气氛中的氧化还原反应则有所不同,是可逆的,其反应速度和反应方向决定于 CO/CO_2 值和温度,其反应方程式如式(10 - 1),反应方向则由平衡常数来判断。

$$Fe + CO_2 \rightleftharpoons FeO + CO \qquad (10 - 1)$$

在一定温度下,反应达平衡时,气氛中各种气体浓度不再改变,其平衡常数为

$$K_{P_1} = \frac{P_{CO}}{P_{CO_2}} = \frac{\omega(CO)}{\omega(CO_2)} = \frac{\varphi(CO)}{\varphi(CO_2)} \qquad (10 - 2)$$

式中 P_{CO}, P_{CO_2} —— CO 和 CO_2 气体的分压;

$\omega(CO), \omega(CO_2)$ —— CO 和 CO_2 气体的质量分数;

$\varphi(CO), \varphi(CO_2)$ —— 混合气体中 CO 和 CO_2 的体积分数。

在一定温度状态下,平衡常数 K_{P_1} 总保持为定值。某一温度下的 K_{P_1} 值,可由实验测定,也可由热力学反应自由能计算求得,如表 10 - 1 所示。

表 10 - 1 CO 和 CO_2 对 Fe 的氧化还原反应的平衡常数

温度/℃	200	300	400	500	600	700	800	900	1 000
$K_{P_1} = \dfrac{P_{CO}}{P_{CO_2}}$	0.616	0.752	0.815	0.960	1.116	1.45	1.795	2.142	2.486

应用平衡常数 K_P 即可判断反应进行的方向。如在 1 000 ℃ 时,$K_P = 2.486$,即当 $\varphi(CO)/\varphi(CO_2) = 2.486$ 时,氧化还原处于平衡状态,当实际炉气 $\varphi(CO)/\varphi(CO_2) < 2.486$

时,为趋于平衡,式(10-1)反应向右进行,CO_2 使 Fe 氧化生成 FeO,CO_2 浓度降低,同时 CO 浓度增加,钢件氧化。反之,当 $\varphi(CO)/\varphi(CO_2) > 2.486$ 时,反应向左进行,发生还原作用,钢件不氧化。因此,钢在 CO_2-CO 气氛中是否发生氧化,取决于 $\varphi(CO)/\varphi(CO_2)$ 的比值,即 CO 和 CO_2 的相对量,并不是绝对含量。

2. 钢在 H_2-H_2O 气氛中的反应

在热处理温度条件下,钢在 H_2-H_2O 气氛中的反应式为

$$Fe + H_2O \rightleftharpoons FeO + H_2 \qquad (10-3)$$

其平衡常数为

$$K_{P_2} = \frac{P_{H_2}}{P_{H_2O}} = \frac{\omega(H_2)}{\omega(H_2O)} = \frac{\varphi(H_2)}{\varphi(H_2O)} \qquad (10-4)$$

式中　P_{H_2},P_{H_2O}——H_2 和 H_2O 的分压;

　　$\omega(H_2)$,$\omega(H_2O)$——H_2 和 H_2O 气体的质量分数;

　　$\varphi(H_2)$,$\varphi(H_2O)$——混合气体中 H_2 和 H_2O 的体积分数。

H_2 和 H_2O 对 Fe 的氧化还原反应平衡常数如表 10-2 所示。

表 10-2　H_2 和 H_2O 对 Fe 的氧化还原反应平衡常数

温度/℃	200	300	400	500	600	700	800	900	1 000
$K_{P_2} = \dfrac{P_{H_2}}{P_{H_2O}}$	65.63	19.06	7.99	4.20	2.74	2.25	1.92	1.68	1.5

由此可见,在 1 000 ℃,若使 Fe 不氧化,则 $\dfrac{P_{H_2}}{P_{H_2O}} = 1.5$ 即可。

3. 气氛中的氧势

金属在气氛中能否被氧化或其氧化物能否自发分解,一方面取决于金属氧化物的稳定性,可用金属的分解压力来表示;另一方面取决于气氛中氧的分压大小。

金属在含氧气氛中加热会产生如下反应

$$xMe + O_2 \rightleftharpoons Me_xO_2 \qquad (10-5)$$

当 Me 和 Me_xO_2 皆为化学纯的凝聚相时,则反应平衡常数为

$$K_P = 1/P_{O_2} \qquad (10-6)$$

其中,P_{O_2} 为化学平衡系中氧的分压,即金属氧化物的分解压。当气氛中的氧分压大于 P_{O_2} 时,反应向右进行,金属被氧化成氧化物;当气氛中的氧分压小于 P_{O_2} 时,反应向左进行,金属氧化物分解。各种氧化物的分解压是不相同的,并随温度的升高而急剧增大,氧化物处于不稳定状态。

氧势是指在一定温度下,金属的氧化和氧化物的分解处于平衡状态时气氛中氧的分压或氧化物的分解压。

4. 钢在 CO,CO_2,H_2,H_2O 混合气体中的氧化还原反应

当炉内气氛同时存在 CO,CO_2,H_2,H_2O 时,必须综合考虑式(10-1)和式(10-3),这时要达到无氧化加热需满足如下条件,即

$$\frac{P'_{H_2}}{P'_{H_2O}} \frac{P'_{CO}}{P'_{CO_2}} \geqslant K_{P_1}K_{P_2} \qquad (10-7)$$

式中 P'_{H_2},P'_{H_2O},P'_{CO},P'_{CO_2}——混合炉气中各组分的分压。

10.1.2 钢在炉气中的脱碳、增碳反应

1. 钢在 CO – CO$_2$ 气氛中的脱碳、增碳反应

钢在 CO – CO$_2$ 气氛中的反应式如下

$$[C]_\gamma + CO_2 \rightleftharpoons 2CO \tag{10-8}$$

其反应平衡常数为

$$K_1 = \frac{P_{CO}^2}{P_{CO_2} a_C} \tag{10-9}$$

$$a_C K_1 = \frac{P_{CO}^2}{P_{CO_2}} \tag{10-10}$$

式中 $[C]_\gamma$——钢中所含碳；

a_C——碳在奥氏体(γ – Fe)中的有效浓度,又称奥氏体中碳的活度。例如,含碳 0.8% 的钢在 1 000 ℃时,由于分子间作用力的影响,只起到 a_C 为 0.45% 的作用,故称此值为有效浓度。

2. 气氛中的碳势

碳势是指一定成分的气氛,在一定温度下,气氛与钢的脱碳增碳反应达到平衡时,钢的含碳量。图 10 – 1 是钢在 CO – CO$_2$ 气氛中化学反应的平衡曲线,条件是 $P_{CO} + P_{CO_2} = 98.066$ kPa(1 大气压)。曲线上每个点代表一个平衡状态。例如,在 0.1%C 的曲线上,当温度为 900 ℃时,相应的 $\varphi(CO)$ 为 80%,表示在体积分数为 80% 的 CO 的气氛中,含碳 0.1% 的钢达到平衡状态,既不脱碳也不增碳,那么 900 ℃下体积分数为 80% 的 CO 气氛的碳势即为 0.1%C。

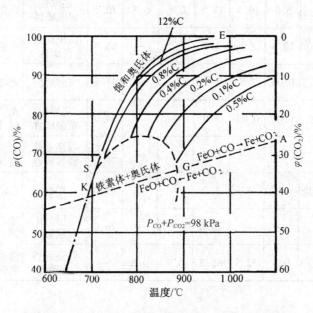

图 10 – 1 CO – CO$_2$ 气氛中碳势与炉温的平衡曲线

3. 钢在 $H_2 - CH_4$ 气氛中的脱碳、增碳反应

在 $CO - CO_2$ 气氛中，碳势较低，生产上往往借助 $CO - CO_2$ 为载体，添加适量的增碳剂 CH_4 来增加碳势，或者气氛中原来就有 $H_2 - CH_4$ 气氛存在。钢在 $H_2 - CH_4$ 气氛中将发生如下脱碳、增碳反应

$$[C]_\gamma + 2H_2 \rightleftharpoons CH_4 \qquad (10-11)$$

其平衡常数为

$$K = \frac{P_{CH_4}}{a_C P_{H_2}^2} \qquad (10-12)$$

10.2 可控气氛的制备

可控气氛有反应生成气氛、分解气氛和单元素气氛。在热处理生产中常用吸热式气氛、放热式气氛、氨分解气氛、滴注式气氛、氮基气氛和氢气等。各种可控气氛的组成、性质及应用如表 10-2 所示。

表 10-2 可控气氛的组成、性质及应用

可控气氛		气氛组成(体积分数)/%						高温反应性	应用范围
名称	类型	CO_2	CO	H_2	H_2O	CH_4	N_2		
吸热式气氛	一般	0.2	24.0	34.0	—	0.4	其余	强还原性 渗碳性	渗碳、光亮加热(中、高碳钢)
	再处理	0.05	0.05	50~99	—	0~0.4	其余	强还原性 弱脱碳性	光亮加热(不锈钢、硅钢)
放热式气氛	浓型	5.0	10.5	12.5	0.8	0.5	70.7	还原性 弱脱碳性	光亮加热(中、低碳钢)
	淡型	10.5	1.5	1.2	0.8	—	86.0	微氧化性 脱碳性	光洁加热(低碳钢、铜)
	净化	0.05	1.5	1.2	—	—	97.5	还原性	光亮加热(中、高碳钢)
	再处理	0.05	0.05	5.0	—	—	94.9	还原性 微脱碳性	光亮加热(不锈钢、硅钢、铜)
氨分解气氛	净化	—	—	75.0	—	—	25.0	强还原性 弱脱碳性	光亮加热(不锈钢、硅钢、铜)
氨燃烧气氛	完全燃烧	—	—	1.0	—	—	99.0	中性	光洁加热(碳钢、铜)
	不完全燃烧	—	—	24.0	—	—	76.0	还原性 弱脱碳性	光亮加热(不锈钢、硅钢)
滴注式气氛		0.3	32.5	65.7	0.9	0.6	—	强还原性 渗碳性	渗碳、光亮加热(中、高碳钢)

10.2.1 吸热式可控气氛

1. 制备原理

吸热式气氛是原料气与少于或等于理论空气需要量一半的空气($n \leqslant 0.5$)在高温及催

化剂的作用下,不完全燃烧生成的气氛。原料气有天然气(含甲烷90%以上)、丙烷、液化石油气(主要是丙烷、丁烷)、城市煤气。原料气与空气的混合气体在反应罐内进行化学反应,以丙烷为例,其反应式为

$$2C_3H_8 + 3O_2 + 11.28N_2 \longrightarrow 6CO + 8H_2 + 11.28N_2 - Q \qquad (10-13)$$

由式(10-13)可知,空气与丙烷的混合比为$(3+11.28):2$,当混合比较低时,只靠混合气自身燃烧反应的热量不能维持燃烧继续进行,需要由外部供热,因此称吸热式气氛。制取这类气氛是借降低空气与原料气的混合比来调整气氛中 CO 与 CO_2,H_2 与 H_2O,H_2 与 CH_4 的相对含量,即调整气氛的碳势。

2. 制备流程

图 10-2 为吸热式气氛的制备流程图。原料气经减压阀、流量计和压力调节阀进入混合器与空气混合;空气经过滤器、流量计进入混合器。原料气与空气的混合气由泵鼓入反应罐。在管路中设有安全装置,如火焰逆止阀等,混合气在 1 000 ~1 050 ℃ 的反应罐内借助镍基催化剂的作用,进行化学反应,生成吸热式气氛。为防止在 400 ~700 ℃ 之间生成炭黑,经水冷却器冷却到 300 ℃ 以下,通入炉内使用。

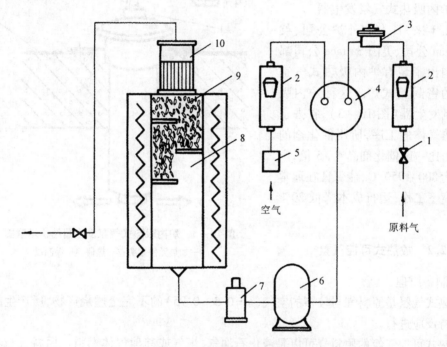

图 10-2　吸热式气氛的制备流程图

1—减压阀;2—流量计;3—压力调节阀;4—混合器;5—过滤器;6—泵;
7—火焰逆止阀;8—反应罐;9—催化剂;10—冷却器

实际吸热式气氛发生装置相当复杂,总括起来由如下几部分组成。

(1)气体管路和混合系统

在原料管路上设有稳定流量和测定流量的装置,主要有减压阀、压力继电器、电磁开关和零压阀(压力调节阀)。零压阀可使原料气和空气的压力在混合时保持平衡,以保证二者的比例恒定。压力继电器可限定原料气压力不低于一定值,当低于该界限值时继电器断开,关闭管路。在混合系统中还设有混合器,原料气和空气先在其中充分混合。

（2）动力系统

此系统主要由泵将混合气供入反应罐内。通常采用罗茨泵，它是一种定量泵，不能根据管路气体压力调整流量，因此常设一旁通回路，跨在泵的进出气端的管路上，由旁通阀控制。当输出端压力增大到一定值时，旁通阀即自行开启，使泵鼓出的气体经旁通阀返回供气端，以防泵因气压过大而发热着火。有时也采用叶片泵。

（3）反应系统

由反应罐、加热炉和冷却器组成。

（4）安全系统

除在管路上设火焰回火逆止阀外，还常设单向阀、放散阀和防爆阀等。单向阀限定混合气单向流动，防止火焰逆行。放散阀的作用是排除管道内过量的气体，当气体压力过大时，放散阀自行开启。火焰逆止阀的作用是当管道发生回火时自动截止气体管道。防爆阀是混合气燃烧爆炸时的应急阀门，爆炸的气体可将该阀鼓开，从而保护管路。

3. 炉内吸热式气氛发生器

近几年来，日本中外炉公司、英国 Wellman 公司、美国 Surface 公司都成功研制出了装有炉内吸热式气氛发生器的密封箱式炉。这种炉内吸热式气氛发生器（图 10-3），省去了重新加热气体的工序，所用催化剂的产气能力比一般催化剂高 4~5 倍，产气温度为 800~950 ℃，能保证在通常处理温度下工作，运行成本降低 20% 左右。

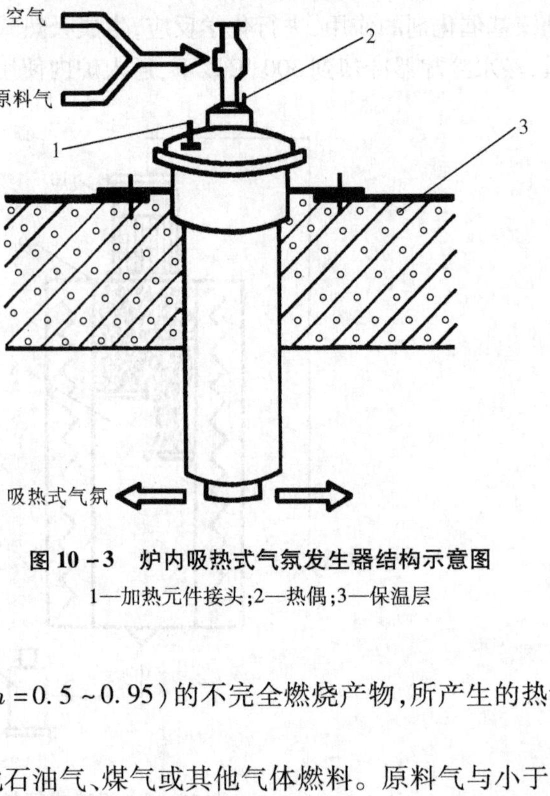

图 10-3　炉内吸热式气氛发生器结构示意图
1—加热元件接头；2—热偶；3—保温层

10.2.2　放热式可控气氛

1. 制备原理

放热式气氛是原料气与较多的空气（$n=0.5~0.95$）的不完全燃烧产物，所产生的热量足以维持反应进行。

放热式可控气氛的原料气可以是液化石油气、煤气或其他气体燃料。原料气与小于理论需要量的空气进行燃烧，部分原料气完全燃烧，部分原料气不完全燃烧，以丙烷原料气为例，完全燃烧的反应式为

$$C_3H_8 + 5O_2 + 18.8N_2 \longrightarrow 3CO_2 + 4H_2O + 18.8N_2 + Q \qquad (10-14)$$

不完全燃烧的反应式为

$$2C_3H_8 + 3O_2 + 11.28N_2 \longrightarrow 6CO + 8H_2 + 11.28N_2 + Q \qquad (10-15)$$

放热式可控气氛的成分随所用空气过剩系数 n 的大小而不同，可在很宽的范围内变动。当 n 值较小（0.5~0.6）时，$\varphi(CO)/\varphi(CO_2)$ 值较大，气氛氧化性和脱碳性较弱，但产气量也较少；当 n 值较大（0.8~0.9）时，$\varphi(CO)/\varphi(CO_2)$ 值较小，氧化性和脱碳性也较强，但产气量较大，成本较低。为提高气氛还原性，常再经净化处理，除去其中的 CO_2 和 H_2O。通

过改变空气与燃料的比值,并采用净化方法,可在较宽的范围内改变气氛的成分和性质,得到 CO_2 含量不同的气氛,一般又把这类气氛分为淡型、浓型和净化型。这类气氛可能是还原性和增碳性的,也可能是氧化性和脱碳性的,视气氛成分、工件含碳量和工作温度而定。

2. 制备流程

制备放热式气氛的工艺流程图如图 10-4 所示。原料气与空气按一定比例混合,用罗茨泵送到烧嘴,在燃烧室内进行燃烧及裂解,未燃烧的部分原料气通过催化剂完全反应。反应产物主要含有 CO,H_2,N_2,CO_2,H_2O 和少量 CH_4。反应产物应通入冷凝器中,使其中的水气冷凝成水而排除,必要时再净化处理,这样就获得可供应用的放热式气氛。

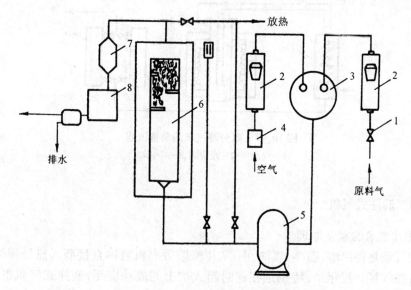

图 10-4　放热式气氛的制备流程
1—减压阀;2—流量计;3—混合器;4—过滤器;5—泵;6—燃烧室;7—净化器;8—冷凝器

气氛发生装置的管路系统主要由四部分组成。

(1)混合系统,原料气和空气混合后用罗茨泵送至烧嘴。

(2)燃烧系统,混合气由烧嘴喷入燃烧室,用点火器点燃并在其中燃烧。

(3)净化系统,燃烧气经冷凝器和各种净化器等除去其中的水分及 CO_2 等。

(4)安全系统,由单向阀、灭火器、防爆器和放散阀等部件组成。

此外,还有各种控制阀,压力、流量等测量仪表。

10.2.3　氨分解气氛

1. 制备原理

将无水氨(NH_3)加热到 800 ~ 900 ℃,在催化剂的作用下,很容易分解为 $H_2 + N_2$ 的气体。其性质为还原性和脱碳性的。

用氨制备的气氛可分为加热分解气氛(吸热式)和燃烧气氛(放热式)两类。燃烧气氛又可分为完全燃烧的和不完全燃烧的两种。

制备氨分解气氛的原料是液态氨。液态氨气化后,在一定温度下发生如下反应

$$2NH_3 \xrightarrow{4Fe,Ni} 3H_2 + N_2 - Q \qquad (10-16)$$

此反应是可逆的，升高温度或降低压力将有利于反应向氨分解方向进行。在600～700 ℃时氨的分解率达99.88%～99.95%，但分解较缓慢。为了提高反应速度，可采用镍材料（废镍铬电热材料等）做催化剂。

2. 氨分解气氛的制备流程

氨分解气氛的制备流程如图10-5所示。原料气自氨瓶流入气化器受热气化，在反应罐中借助高温和催化剂的作用进行分解，分解产物自反应罐出来后再返回气化器，利用其余热加热液态氨。冷却后的分解产物经净化，除去残氨和水气，就得到可供使用的分解氨。

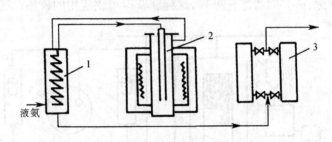

图 10 - 5　氨分解气氛的制备流程
1—气化器；2—反应罐；3—净化器

10.2.4　滴注式气氛

1. 滴注式气氛的制备原理

滴注式气氛是将甲醇、乙醇、煤油、丙酮、甲酰胺等有机液体直接滴入热处理炉内，经裂解后生成可控气氛。近年来，特别是在密封箱式炉上的成功应用，滴注式气氛得到了较大的发展。气氛的性质主要取决于有机液体分子式中的 $n(C)/n(O)$ 值，当 $n(C)/n(O)>1$ 时为还原性和渗碳性，当 $n(C)/n(O)<1$ 时为氧化性和脱碳性。

有机液体在高温下的裂解过程是个复杂反应，如果按其理论反应式反应只能生成 CO，H_2 和 [C]（表10-3），但气体产物中也存在着相互作用，因此，在裂化气氛中还会存在少量的 CO_2，H_2O 及 CH_4 等。

表 10 - 3　各种有机液体的理论反应式及其特性

滴注液		理论反应式	碳当量/g	高温反应性质	应用
类型	名称				
$n(C)/n(O)=1$	甲醇	$CH_3OH \longrightarrow 2H_2 + CO$	随温度变化	强还原性弱渗碳性	光亮淬火（中碳钢）渗碳气氛的稀释剂（载体）
$n(C)/n(O)>1$	丙酮	$CH_3COCH_3 \longrightarrow 2[C] + 3H_2 + CO$	29	强渗碳性强还原性	渗碳剂作为与甲醇按比例混合作为高碳势气氛（渗碳、高碳钢光亮淬火）
	异丙酮	$C_3H_7OH \longrightarrow 2[C] + 4H_2 + CO$	30		
	醋酸乙酯	$CH_3COOC_2H_5 \longrightarrow 2[C] + 4H_2 + 2CO$	44		乙醇（稀释剂）与煤油混合（渗碳等）
	乙醇	$C_2H_5OH \longrightarrow [C] + 3H_2 + CO$	46		
$n(C)/n(O)<1$	甲酸（蚁酸）	$HCOOH \rightarrow CO + H_2 + [O]$	—	脱碳性	脱碳剂（中碳钢特殊热处理）

2. 滴注式气氛的应用

滴注式气氛多用甲醇滴注液,为了调整高碳势气氛,通常以甲醇为载体,滴入 $n(C)/n(O) > 1$ 的有机液为增碳剂,以提高炉内气氛的碳势。图 10 – 6 为不同渗碳剂与甲醇混合物对炉内气氛中 CO 含量的影响,从图中可以看出醋酸乙酯或丙酮与醋酸甲酯混合作渗碳剂最好。这样的炉气稳定,不致因渗碳剂滴入量的改变而影响炉气的组分,使操作过程中的调节控制简单易行。

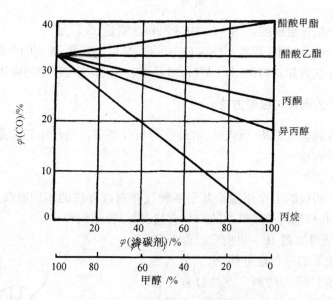

图 10 – 6　不同渗碳剂与甲醇混合物
对炉内气氛中 CO 含量的影响

10. 3　可控气氛的碳势与氧势控制

10. 3. 1　碳势的控制原理

气氛中的碳势控制,通常是控制气氛中 $CO – CO_2$,$H_2 – H_2O$ 组分之间的相对含量,使炉中气氛的碳势与钢表面要求的含碳量相平衡。

吸热式气氛在高温下与钢的基本反应为式(10 – 8)和

$$CO_2 + H_2 \rightleftharpoons CO + H_2O \qquad\qquad (10 – 17)$$

此化学反应平衡常数为

$$K_2 = \frac{P_{CO}P_{H_2O}}{P_{CO_2}P_{H_2}} \qquad\qquad (10 – 18)$$

或者

$$P_{CO_2} = \frac{P_{CO}P_{H_2O}}{K_2 P_{H_2}} \qquad\qquad (10 – 19)$$

将式(10 – 19)代入式(10 – 10)得

$$a_C = \frac{K_2 P_{H_2} P_{CO}}{K_1 P_{H_2O}}$$ (10 - 20)

在一定温度正常反应下,$P_{H_2} P_{CO}$ 为恒量,K_1,K_2 为定值,于是可通过测定 P_{H_2O},得知气氛中的 a_C,同理,也可通过测定 P_{CO_2},求得气氛中的 a_C。

因为

$$a_C = \frac{\omega(C)_P}{\omega(C)_s}$$ (10 - 21)

式中　$\omega(C)_s$——在一定温度下,$\gamma - Fe$ 中的饱和含碳量,为恒量;

　　　$\omega(C)_P$——与 C_s 同一温度下,$\gamma - Fe$ 中的不饱和含碳量,即钢的含碳量。

因 a_C 与 C_P 存在着如式(10 - 21)关系,即可通过 a_C 知道气氛中的碳势 C_P。

10.3.2　碳势的测量与控制方法

碳势的测量有热丝电阻法、露点法、红外线分析仪表等。热丝电阻法是直接测量方法,其他均为间接测量方法。

1. 红外线分析法

红外线气体分析仪的工作原理是基于各种气体对红外线的不同吸收效应而测定气体成分,常用来测定和控制可控气氛中的 CO_2 含量,借以控制碳势。

仪器的工作原理如图 10 - 7 所示。红外光源产生两束强度相等的平行红外线,分别射入参比气室和待测气室。进入待测气室的红外线被 CO_2 吸收而强度减弱。参比气室充有 N_2,不吸收红外线。切光片是一个半圆形的金属薄片,由马达带动,以 3.125 Hz 的频率轮流遮蔽参比光路和测量光路的红外线,使其成为两束脉冲红外线。这两束红外线轮流射入检测室,其中充有 CO_2,因此检测室轮流地吸收两束强度不同的脉冲红外线,检测器是一个密闭气室,装有一由固定金属极板和金属薄膜组成的电容器。当两束不同强度的脉冲红外线轮流射入时,造成室内气体热膨胀的不同,引起薄膜振动,从而导致电容量的变化。电容量的变化经过前置放大器和主放大器后,给出电讯号,指示仪表给出测量气体的浓度,并通过二次仪表来控制气氛的碳势。其特点是反应快、精度高,但仪器复杂,价格昂贵。

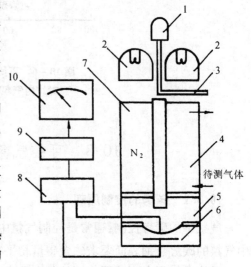

图 10 - 7　红外线气体分析仪的工作原理图
1—马达;2—红外光源;3—切光片;4—待测气室;
5—检测室;6—检测器;7—参比气室;
8—前置放大器;9—主放大器;10—指示仪表

2. 露点法

工业上常用露点来表示炉气中的含水量。所谓露点,是指气体中水蒸气凝结成水的温度,即在一定压力下(10^5 Pa)气体中水蒸气达到饱和状态时的温度。在反应平衡时,CO_2 和 H_2O 含量成正比,所以 CO_2 含量越高,气氛露点也越高。露点越低,碳势越高。

氯化锂露点仪就是根据氯化锂的吸湿性和导电性之间关系制成的,其结构如图 10 - 8 所示。

　　氯化锂是一种吸湿性盐类,能吸收气体中的水分而潮解,干燥氯化锂晶体不导电,吸水后导电性增强。在一端封闭玻璃管(或薄金属管)上,包一层玻璃丝,然后绕上两条螺旋状的平行铂丝(或银丝),组成一对电极,经浸涂氯化锂溶液,干燥后置于密闭的玻璃气室中。电极两端加上 24 V 的交流电压。为了防止电流过大烧坏元件,在外电路中串联一只限流灯泡。工作时,待测气体不断地流入玻璃气室,氯化锂吸湿电阻下降,使流经铂丝的电流增大。随即又引起元件温度升高,吸收的水分一部分被蒸发掉,又使氯化锂的电阻升高,电流减小,温度下降,于是元件吸湿性又增大,如此反复逐渐达到平衡。这时装在感湿元件内的电阻温度计上指示出的温度称为平衡温度,它反映了相应气氛中的水分含量。氯化锂感湿元件的平衡温度与气氛中的水气的露点存在着近似直线关系,如图 10 – 9 所示。因此,测出了平衡温度就可以得出气氛的露点,露点仪的环境温度不能高于感湿元件的平衡温度,否则会使元件吸收的水气蒸发,故夏季常需采取冷却措施;也不能低于气氛的露点,否则将引起水气在元件上结露。

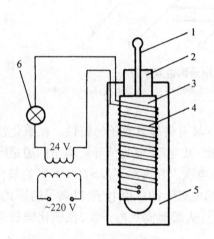

图 10 – 8　氯化锂感湿元件示意图

1—温度计;2—玻璃管;3—玻璃丝带;
4—铂丝或银丝;5—玻璃气室;6—灯泡

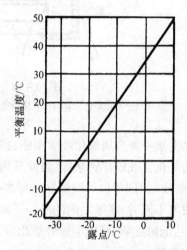

图 10 – 9　露点与平衡温度的关系

　　露点仪的缺点是反应慢,对管路要求严,不得有积碳。

10.3.3　氧势的控制

1. 氧势的控制原理

在渗碳气氛中,还有如下反应

$$CO + \frac{1}{2}O_2 \rightleftharpoons CO_2 \qquad (10 – 22)$$

在此情况下,其平衡常数

$$K_3 = \frac{P_{CO_2}}{P_{CO} P_{O_2}^{\frac{1}{2}}} \qquad (10 – 23)$$

或者
$$P_{CO_2} = K_3 P_{CO} P_{O_2}^{\frac{1}{2}} \qquad (10 – 24)$$

　　将式(10 – 24)代入式(10 – 9)中,则可得到下列关系

$$a_c = \frac{P_{CO}}{K_1 K_3 P_{O_2}^{\frac{1}{2}}} \qquad (10-25)$$

在一定温度下，反应正常时，此时气氛中 CO 含量为恒量，K_1 和 K_3 为定值，根据式（10-25）可知，a_c 与 P_{O_2} 存在一定的平衡关系，即 $\omega(C)_P$ 和 P_{O_2} 存在一定的关系。所以可以利用氧势直接控制炉内碳势，也就是通过控制炉气中氧浓度来控制炉内的碳势。

2. 氧势检测装置——氧探头

氧势检测装置是根据电解质氧浓差电池的原理制成的，如图 10-10 所示。

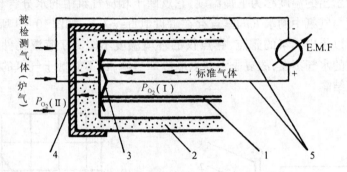

图 10-10 氧浓差电池构造原理图
1—氧化铝保护管；2—氧化锆电解质；3—标准电极；4—检测电极；5—铂导线

氧化锆是一种金属氧化物的陶瓷，在高温下具有传导氧离子的特性。在氧化锆内掺入一定量的氧化钇或氧化钙杂质，可使其内部形成"氧空穴"成为传导氧离子的通道。在氧化锆管（电解质）封闭端内外两侧涂一层多孔铂作电极。在高温下（$t > 600$ ℃），当氧化锆管两侧的氧浓度不同时，高浓度侧的氧分子即夺取铂电极上的自由电子，以离子的形式通过"氧空穴"到达低浓度侧，经铂电极释放出多余电子，从而形成氧离子流，在氧化锆管两侧产生氧浓度差电势。在两极上的反应为

阴极 $\qquad\qquad\qquad O_2 + 4e^- \longrightarrow 2O^{--} \qquad\qquad (10-26)$

阳极 $\qquad\qquad\qquad 2O^{--} - 4e^- \longrightarrow O_2 \qquad\qquad (10-27)$

在两极间产生的浓差电势 E，其大小可由能斯特（Nernst）公式确定

$$E = \frac{RT}{nF} \ln \frac{P_{O_2}(\mathrm{I})}{P_{O_2}(\mathrm{II})} \qquad (10-28)$$

式中　R——气体常数，其值为 8.314 J/(mol·K)；

$\quad T$——绝对温度（氧化锆氧浓差电池的实际工作温度），K；

$\quad F$——法拉第常数，其值为 96 500 J/(V·mol)；

$\quad n$——参加反应的电子数，$n = 4$；

$\quad P_{O_2}(\mathrm{I})$——参比气体氧的分压，采用空气时 $P_{O_2}(\mathrm{I}) = 0.21 \times 10^5$ Pa；

$\quad P_{O_2}(\mathrm{II})$——待测气体氧的分压；

$\quad E$——氧浓度差电势，V。

因 $\lg e = 2.3$，将式（10-28）换成常用对数的形式，即

$$E = 4.96 \times 10^{-5} T \lg \frac{0.21 \times 10^5}{P_{O_2}(\mathrm{II})} \qquad (10-29)$$

$$P_{O_2}(\text{II}) = \frac{0.21 \times 10^5}{10^{\left(\frac{E}{4.96 \times 10^{-5}T}\right)}}$$

因此，若温度 T（探头的温度）被控制在某一定值时，根据测得的电动势 E，即可求得被测气体中的氧分压 $P_{O_2}(\text{II})$。

氧传感器控制系统由探头、电源控制器、气泵、二次仪表及变压器等部分组成。探头是仪器的核心部分，它由碳化硅过滤器、氧化锆元件、恒温室、气体导管等部分组成。过滤器安设在探头的头部，起过滤灰尘和减缓冲击氧化锆元件的作用。氧化锆元件置于恒温室中，以保证在恒定温度 T 下工作。

电源控制器有两个功能：一是控制恒温室温度，由热电偶、电热元件、可控硅组件和恒温控制板组成控温系统；二是将氧化锆元件的电讯号转换成电动控制仪表所需的标准信号（$0 \sim 10$ mA 或 $4 \sim 20$ mA）。

氧探头结构简单，灵敏度高，反应迅速（一般小于 1 s），可以测量由于气体成分变化而引起的微小碳势变化。

10.4　可控气氛热处理炉的结构及发展

10.4.1　可控气氛热处理炉的分类及特点

1. 可控气氛热处理炉的分类

可控气氛热处理炉种类很多，有周期式和连续式之分。

周期式炉：包括井式炉和密封箱式炉（又称多用炉），适用于多品种小批量生产，可用于光亮淬火、光亮退火、渗碳、碳氮共渗等热处理。

连续式炉：有推杆式、转底式及各种形式的连续式可控气氛渗碳生产线等，适用于大批量生产，可以进行光亮淬火、回火、渗碳及碳氮共渗等热处理。

2. 可控气氛热处理炉的特点

（1）炉膛密封良好

炉膛密封形式主要有炉体密封和炉罐密封两类。炉体密封，包括炉壳、炉门、电热元件引出孔、热电偶孔、风扇轴孔和推料机械伸出炉外的孔洞等处的密封。电热元件等在可控气氛作用下，需采用抗渗碳性强的材料或加抗渗碳涂料，最好用低压供电，以免元件渗碳或炉壁积碳使元件发生短路而毁坏。

采用炉罐（金属或陶瓷罐）隔离密封，密封效果比较好，但会降低传热效果和增加炉罐材料消耗，炉子工作温度也受到限制。还有一种密封形式兼有上述两类密封的特点，即除炉膛密封外，采用辐射管加热器，可防止炉气侵蚀元件和火焰破坏炉内气氛。

（2）炉内保持正压

可控气氛炉内应保持正压，以防止炉外空气侵入引起爆炸，并且保证炉内气氛稳定。保持炉内正压的措施是，以一定压力供入足够的可控气体，保证可控气氛充满炉膛；对全密封的炉子，在废气排出口设置水封；控制炉内压力；炉门设置装料前室及火帘装置，以隔绝空气侵入和防止炉气外溢。

（3）炉内气氛均匀

可控气氛在炉内必须循环流动，使气氛和温度均匀，以保证产品质量一致。因此，可控气氛炉大都设有风扇。可控气氛可从加热室的侧面供入，也可从加热室上方滴入。

（4）装设安全装置

可控气氛多数有毒和有爆炸的危险。除要求正确操作外,炉上应有防爆孔,还应设安全装置。如在管路上设单向阀、截止阀、火焰逆止阀、压力测定器以及安全报警等装置。

（5）炉内构件抗气氛侵蚀

对于吸热式可控气氛,炉衬需要采用抗渗砖砌筑。多数可控气氛对电热元件都有侵蚀作用,破坏元件的氧化膜,发生渗碳或渗氮,缩短元件的使用寿命。为保护电热元件,可将其安装在辐射管内。对暴露在气氛中的元件,应在氧化性气氛中加热,使其退碳、退氧,重新形成保护性氧化膜。热电偶的热结点不得暴露在可控气氛中。

10.4.2　密封箱式炉的基本结构

目前我国生产的密封箱式炉有单推拉料式和双推拉料式,图10-11为单推拉料密封箱式炉结构简图,由前室、加热室、淬火装置、前推拉料机构和炉前辅助机构组成。

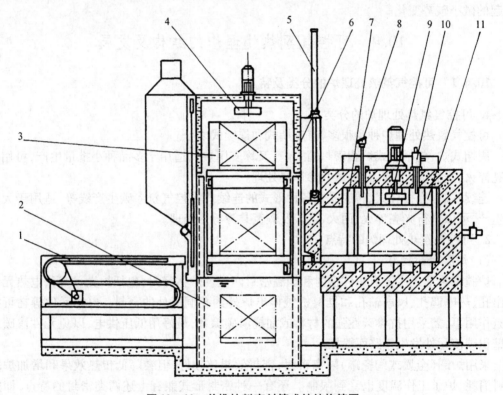

图10-11　单推拉料密封箱式炉结构简图
1—辅助推拉料机构;2—淬火装置;3—前室;4—风扇;5—中间门升降机构;6—缓冷水套;
7—辐射管;8—热电偶;9—加热室风扇;10—可控气氛装置;11—加热室

1. 前室

密封箱式炉的前室,不仅是进料的过渡区,而且是工件加热后进行淬火、缓冷等作业以后的出料区。要能淬火,前室的下面就应有油槽;要能缓冷,前室的上面或侧面就应该接缓冷室。进料、出料、淬火和缓冷时,料盘和工件必须作前后和上下的运动,前后运动用推拉料机来完成,上下运动依靠升降机构来完成。

前室可分为有缓冷室和无缓冷室两种。前室壳体为焊接而成的方形密封室,可以与炉壳或淬火油槽成一体,也可以用螺栓连接。前室门位于前室前面,由电机减速器驱动链条开启和关闭。门与框之间采用石棉绳靠门自重或压紧机构压紧,门下方设有火帘装置,前门开启后,能自动点燃,当工件进入或拉出时,防止空气进入炉内引起氧化脱碳或爆炸。当前室门关闭时,火帘同时熄灭。前室安装防爆装置,一旦空气进入引起爆炸,气体从防爆装置泄出,确保安全。

缓冷室位于前室的上部或侧面,位于上部叫上缓冷,位于侧面叫侧缓冷。可将缓冷室焊成钢板密封夹层,通入自来水冷却,也可将冷却水管装在缓冷室两侧的内壁上。缓冷室上部安装风扇,强制气流循环,加速冷却。

2. 加热室

加热室用钢板焊接成密封结构与前室连接在一起,顶部装有风机装置,使炉气上下循环,以保证炉温和气氛均匀。炉顶装有热电偶,用于控制炉膛温度。

炉膛两侧采用电加热辐射管或气体燃料加热辐射管,垂直或水平放置在炉膛两侧,安装、维修方便。炉衬采用抗渗砖、硅酸铝纤维复合炉衬。炉内进出料导轨采用碳化硅滑动式或耐热钢滚轮式安装于炉底。

3. 淬火装置

淬火装置是由淬火槽、淬火升降台、油加热器、油搅拌器等组成。淬火槽为一方形槽,由钢板焊接而成,并与前室和缓冷室连成一体。为使工件在淬火时达到工艺要求,槽内除设有油搅拌器外,还设有油加热器、油冷却器,将油温控制在 40 ~ 60 ℃ 之间,以提高油冷却能力。

4. 推拉料机构

推拉料机构由框架、料盘滚动导轨、电机减速器、套筒滚子链、推拉传动机构组成。

根据炉体结构可设计成双推拉料(前推后拉)型和单推拉料(前推拉)型。双推拉料型推拉动作比较稳定可靠,缺点是由于后推拉料机构的安装,给炉体密封带来困难,单推拉料机构只能通过前门,炉子密封性好,但机构动作复杂,易出现故障。

5. 可控气氛系统

如前所述,可控气氛的种类较多,可根据用户需要和运行成本来考虑选择哪种气氛。目前大型连续式生产企业采用吸热式气氛的比较多,而只有一台或几台密封箱式炉的企业使用滴注式气氛的居多。如图 10 - 11 所示密封箱式炉,可控气氛系统是由储液罐、流量计、电磁阀等部分组成,渗碳剂为丙酮,稀释剂为甲醇,两种液体通过电磁阀和流量计直接通入炉内。

碳势控制采用氧探头直接测定炉内氧分压,转换成碳势值,显示在微机屏幕中,当炉内碳势发生变化,偏离给定值时,微机发出信号,使阀门开启程度发生变化,调整炉内气氛。因此,炉内气氛比较稳定,碳波动范围 ±0.05%。

10.4.3　密封箱式炉的发展

这种炉型由于在可控气氛中加热、渗碳,并在同一装置中淬火,既保证了产品质量,又改善了劳动条件,减少了污染,可实现机械化和自动化,又便于组成生产流水线。因此成为现代热处理炉的基本炉型和未来的发展方向。

1. 密封箱式炉结构的发展

近年来,各国相继在原有结构的基础上,根据需要开发了许多新的结构形式,如图

10-12所示。

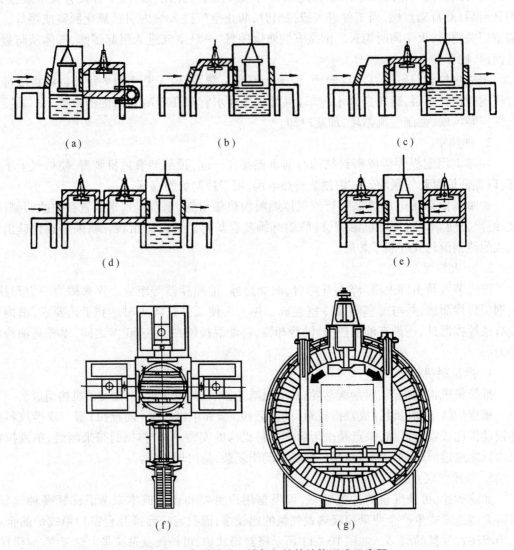

图 10-12　密封箱式可控气氛炉的结构形式示意图

(a)双推拉料式炉；(b)单向直通式炉；(c)带前室的单向直通式炉；

(d)双室直通式炉；(e)双室单向进出式炉；(f)三室回转式炉；(g)圆形炉膛单向推拉式炉

（1）单推拉料式炉（图 10-11）

这种炉子由冷却室或缓冷室和加热室组成。工件装、出料的顺序是：工件先装入冷却室再推入加热室中加热，加热后再拉到冷却室中冷却，最后由装料端出料。这种炉型装、出料在炉子同一端，适合于周期作业。

（2）双推拉料式炉〔图 10-12（a）〕

这种炉子工件的装、出料顺序及构造与单推拉料式相同。所不同的是在装、出料时，前推后拉或前拉后推机构同时工作，动作可靠，其缺点是密封性难以保证。

（3）单向直通式炉[图 10－12(b)]

这种炉子也由加热室和冷却室组成,但进、出料分别在两端进行。工件装入加热室后,向前推入冷却室冷却,而后再向前推出炉外。虽然这种炉子有利于组成流水式生产,但炉子密封较困难。

（4）带前室的单向直通式炉[图 10－12(c)]

这种炉子由装料前室、加热室和冷却室组成。有利于控制加热室的气氛和温度,便于连续生产。

（5）双室直通式炉[图 10－12(d)]

这种炉子由两个加热室和一个冷却室组成。可提高炉子生产量和冷却室的利用率,使生产连续化。

（6）双室单向进出式炉[图 10－12(e)]

这种炉子也是由两个加热室和一个冷却室组成,但冷却室(装、出料前室)在中间,两个加热室分别设在冷却室两侧。工件推入装料室(冷却室)后,回转 90°,然后分别推入左右加热室。这种炉子密封性较好,冷却利用率高,但推拉料机构复杂,适合于周期作业。

（7）三室回转式炉[图 10－12(f)]

这种炉子由三个加热室组成,中间为密封前室,下部为淬火槽,上部装有冷却风机,中部为转台式送料机构,可以向各个方向送料。三个加热室都有门与前室相隔。这种结构使得三个加热室可以按照所需工艺独立地运行,温度、碳势及处理时间都可独立确定,生产率提高。

（8）圆形炉膛单向推拉式炉[图 10－12(g)]

这种炉型由于加热室为圆形,可不要加强筋,减轻了炉子质量,炉外表面积减少了20%,炉膛散热损失减少,辐射传热和气氛循环的均匀性提高。

2. 控制系统的发展

由于近年来计算机的普及,使得炉子的控制产生了巨大的飞跃,屏幕显示温度、气氛更为直观,充分显示了我国计算机控制技术的实用和普及程度。

由于该炉结构和动作复杂,控制时可分为两大部分:一部分是对炉门升降、进出料、火帘装置等部件的控制,其特点是输入量由行程开关等输出的逻辑信号构成,输出去控制电磁阀、接触器等的逻辑信号,为典型的开关量控制;另一部分是对炉温、碳势等的控制,其特点是输入量由热电偶、氧探头等输出的模拟信号构成,输出去控制可控硅等模拟量,为数字控制系统。

3. 由密封箱式炉组成的生产线

密封箱式炉由于其工艺的灵活性,可将一台或几台密封箱式炉,辅以装卸料输送机构、清洗机、回火炉及压力淬火机等装置,按生产工艺过程组成中小型批量零件热处理生产线。图 10－13 为日本某专业热处理厂密封箱式炉生产线。

这种生产线特别适用于小批量多品种、多工艺联合生产,可以完成无氧化淬火、渗碳、碳氮共渗、退火、回火等工艺。工艺参数包括温度、时间、气氛、流量、压力等,完全实现了自动化,工件的输送只需人工操作输送料车将装好的料送至按程序排好的炉前,工件的进出炉及其在炉内的运动,均靠程序驱动执行元件完成。操作者需负责工件的装夹、卸夹并运送到指定位置,定时确认工艺参数是否正常和执行元件动作是否到位等,并及时记录,这样减轻了劳动强度,改善了劳动环境,效率得到了极大的提高,产品质量得到了保证。

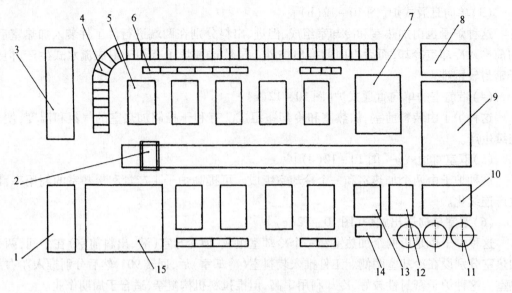

图 10-13　密封箱式炉生产线示例

1—待处理品区;2—轨道送料车;3—工夹具区;4—夹具运送滚道;5—密封箱式炉;
6—控制柜;7—卸料场;8—质量检查室;9—处理后成品架;10—校直及清理设备;
11—井式回火炉;12—箱式回火炉;13—清洗设备;14—发生炉;15—装夹及准备区

10.4.4　连续式无罐气体渗碳淬火自动线

自动线由连续无罐气体渗碳炉、淬火槽、清洗机、低温回火炉以及电控和显示等部分组成,如图 10-14 所示。它可完成零件的气体渗碳、直接淬火、清洗和低温回火等工序。

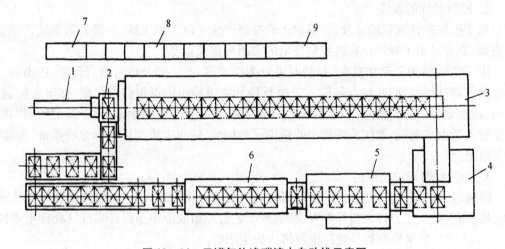

图 10-14　无罐气体渗碳淬火自动线示意图

1—前推杆;2—前室;3—渗碳炉;4—淬火槽;5—清洗机;
6—低温回火炉;7—电控箱及程序幕;8—温控盘;9—流量盘

1. 渗碳炉主体部分

连续无罐气体渗碳炉的加热元件和被处理的零件都处于砌砖的炉膛内,其间没有马弗罐隔开,故称"无罐"。零件加热升温是在电热元件直接辐射下进行。

渗碳炉主体部分由大推杆、前密封室、大炉炉体、侧出料机构、前炉门和后炉门、炉顶风扇等部分组成。

炉膛共分为五个区段,炉内功率分配为Ⅰ,Ⅱ,Ⅲ,Ⅳ和Ⅴ区分别是 120,60,80,50 和 75 kW,共计 385 kW。电热元件的材料是 0Cr23Al6Y 合金。最高使用温度 950 ℃。

渗碳炉体由炉壳、砌砖体、炉导轨、风扇、进料前室、后炉门等构成。

(1)炉壳,对炉子起密封作用,用钢板和型钢焊接制成。

(2)砌砖体是由石棉板、保温填料、硅藻土砖、轻质耐火砖、抗渗碳重质高铝砖砌成的无罐渗碳室。

(3)炉导轨,用 Cr18Ni25Si2 耐热合金浇铸而成,在炉内起导向作用,保证炉内零件按一定方向由Ⅰ区到Ⅴ区。

(4)风扇,设置在Ⅱ,Ⅲ,Ⅳ区,共有三个。风扇的作用是保证炉气的均匀性,对炉温的均匀性也起一定作用。风扇强制炉内气流由炉壁两侧向下运动,并通过炉底部中间向上流动,以保证零件渗碳的均匀性。

(5)进料前室的作用是防止炉门打开的瞬间,炉外空气与炉内气体对流,空气进入炉内氧化零件,影响渗碳速度和质量。前室有两道炉门。当零件进前室后,流入前室的空气靠炉内压力排出一部分(约 70%);排放空气后,再启动第二道炉门,由前推杆向炉内推零件,保证整个动作在密封状态下进行。

(6)软推料机构设在炉膛内第Ⅴ区,由电动机及软链条组成,作用是将第 23 盘零件以横导轨为导向,按推料周期推至淬火台进行淬火。

(7)后炉门是用于发生故障时处理炉内故障的,所以又称为"故障门"。正常生产过程中均处于封闭状态。

2. 淬火槽

淬火槽由钢板焊接而成。装入淬火油 5.5 t,使用温度 60~100 ℃。淬火油温度的升高是零件淬火时放出的热量加热的。使用时淬火油要处于循环运动状态。

3. 清洗机

清洗机的作用是将淬火后零件上附的淬火油及炭黑清洗干净。零件在清洗机内共经过四个工位,即清洗、热碱水喷淋、清水喷淋、热风烘干。碱水为 3%~5% 的 Na_2CO_3 水溶液,温度控制在 70~80 ℃,每 2 h 测温一次。

4. 低温回火炉

低温回火炉为箱式贯通式,用于渗碳淬火后零件的回火。分两个区控温,上安装风扇,通过导流板使气流循环均匀。

5. 机构的动作程序

自动线机构的动作程序由电控箱及程序幕控制和显示,动作包括:①清洗机门升起;②底板拉杆进;③底板拉杆退;④清洗机门落下;⑤淬火台降下;⑥淬火台平移;⑦淬火台升起;⑧前炉门升起;⑨前推杆进;⑩前推杆退;⑪前炉门落下;⑫后炉门升起;⑬出料软推杆进;⑭出料软推杆退;⑮后炉门落下;⑯淬火台降下;⑰淬火台平移出;⑱淬火台升起;⑲侧炉门升起;⑳侧炉门进;㉑侧炉门退;㉒侧炉门落下。

10.4.5　双排推杆式无罐气体渗碳淬火自动线

双排推杆式无罐气体渗碳淬火自动线由脱脂炉、双排渗碳炉主体、淬火槽、清洗机、回火炉、喷丸机等部分组成（图 10 –15），完成气体渗碳后直接淬火，各部分主要功能与连续式无罐气体渗碳自动线相同，只是为提高效率和有效利用能源，主体加热部分采用双排。整个炉子的动作和工艺参数均由计算机控制并显示。

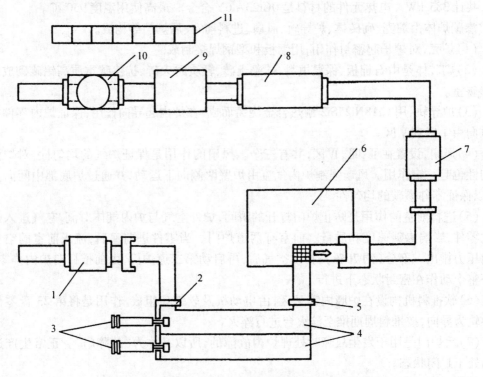

图 10 –15 双排推杆式无罐气体渗碳淬火自动线示意图
1—脱脂炉；2—进料门；3—推杆；4—主加热炉；5—出料门；6—淬火槽；
7—清洗机；8—回火炉；9—空冷室；10—喷丸机；11—控制柜

习题与思考题

1. 在热处理炉中常用的可控气氛有哪些类型，它们的性质和应用有何不同？

2. 何为露点，如何测量，如何将其用于分析气氛碳势？

3. 氧探头的测量原理是什么，用它测得的电动势与气体中的氧分压有什么关系，又怎样根据氧分压分析气氛中的碳势？

4. 可控气氛炉的基本要求是什么？

5. 试说明密封箱式炉生产线在提高效率、保证质量、降低消耗、改善环境、灵活生产方面的作用。

第 11 章　冷却装置及热处理辅助设备

在热处理过程中,工件加热后需要以不同的冷却速度进行冷却,从而获得所要求的组织及性能。影响工件冷却速度的因素很多,包括冷却方式、介质类型、介质温度,以及介质、工件的运动情况和操作方法等。这就要求具有结构合理和性能优良的冷却装置来保证热处理效果和产品质量。

冷却装置(冷却设备)是热处理炉不可分割的一部分,有的热处理炉(某些连续炉、密封箱式炉等)本身就包括了冷却装置。冷却装置包括:淬火装置、缓冷装置、淬火校正装置、淬火成形装置、淬火介质的加热及冷却装置等。

在进行热处理操作时,还不可避免地要进行一些辅助操作,如工件的表面清理、清洗、校正,有的甚至需要表面处理等,因此,也需要一些辅助设备。

11.1　淬　火　槽

淬火槽是装有淬火介质的容器,当工件浸入槽内冷却时,需能保证工件以合理的冷却速度均匀地完成淬火操作,使工件达到技术要求。

11.1.1　淬火槽的基本结构

淬火槽结构比较简单,主要由槽体、介质供入或排出管、溢流槽等组成,有的附加有加热器、冷却器、搅拌器和排烟防火装置等。

1. 淬火槽体

淬火槽体通常是上面开口的容器形槽体,其横截面形状一般为长方形、正方形和圆形,而以长方形应用较广。配合井式淬火炉的淬火槽一般为圆形。淬火槽通常是由低碳钢板焊接而成,内外涂有防锈漆。

2. 循环溢流装置

淬火槽的淬火介质入口一般在槽子的底部,通过上部溢流槽排出口排出,溢流槽设在淬火槽上口边缘的外侧与槽壁焊在一起,淬火槽壁上面开有溢流孔或溢流缝隙,并隔有过滤网,使淬火介质流入溢流槽。

3. 温度控制装置

淬火介质的温度是影响工件淬火效果的重要因素之一,因此严格地控制淬火槽中介质的温度,是保证热处理质量的一个措施。

(1)加热装置

淬火介质的加热方法较多,通常可向介质中注入热介质,投入炽热金属块,安装管状加热器等。其中管状加热器应用较广,有的配有温度自动控制系统。当淬火介质的温度低于给定的下限值时,电加热器通电加热;当介质的温度超过给定的上限值时,电加热器停止加热,循环泵启动,热的介质流经冷却系统冷却,然后返回淬火槽,这样可使淬火介质的温度能自动控制在给定温度范围内。

（2）冷却装置

通常为了保证淬火槽能够正常连续工作,使淬火介质得到比较稳定的冷却性能,需要将被淬火工件加热了的淬火介质冷却到规定的温度范围内。淬火介质的冷却方式很多,常见的有以下几种。

①自然冷却　淬火介质只靠本身自然冷却,冷却效果很差,安装在地面上的中型淬火槽,冷却速度不超过 3～5 ℃/h;安装在地坑中的淬火槽,冷却速度为 1～2 ℃/h;一般用于生产量很小的周期性淬火冷却。

②搅拌冷却　搅拌加速介质的流动,其降温要比自然冷却的快。另外,机械搅拌可显著加强淬火介质的冷却性能。

③蛇形管或冷却水套冷却　将铜管或钢管盘绕布置在淬火槽的内侧或在淬火槽的外部设置冷却水套,使冷却水通入蛇形管或冷却水套中,以冷却淬火介质。其冷却效果要比前两种方法好,但是一般只适用于小型淬火槽。

④循环置换冷却　常用于生产批量较大、连续生产或大型淬火槽,冷却效果最好。经过冷却系统冷却的淬火介质,送入淬火槽,被加热的淬火介质排到冷却系统中进行循环冷却。

4. 淬火槽的机械搅拌装置

搅拌装置由电动搅拌器和导向装置组成,能增加淬火介质的流动速度,控制淬火介质的流动方向,使淬火槽内的介质温度均匀,有效地提高淬火介质的冷却能力,改善淬火效果。搅拌器的位置一般有上置式、侧置式和底置式。有的搅拌器还可以改变转数,变化转动方向等。可以根据需要在淬火槽中安装一台或几台搅拌器。搅拌器所需的功率是根据淬火槽的体积和淬火介质的种类确定的。

5. 排烟装置

排烟装置主要用于淬火油槽、淬火盐浴和金属浴槽,以排除淬火槽蒸发的烟气和其他有害气体,使之达到国家对环境保护的规定,并保证操作人员的健康。

排烟方式一般在淬火槽上部设置顶部排烟罩,或在侧面设置侧抽风装置。前者由于影响吊车操作,一般多用于小型淬火槽。侧抽风装置的抽风口多设于淬火槽的两侧,开口长度接近淬火槽的边长。为了改善通风效果,有时采用一侧吹风,另一侧抽风的措施。

6. 灭火装置

在淬火油槽上,于淬火液面上部的侧面设置多孔灭火装置,当油面起火时,可喷出惰性气体灭火。

11.1.2　普通淬火槽

普通淬火槽是用途最广的淬火槽,其结构、形状、尺寸也多种多样。其选择和确定的原则,主要根据产量和淬火工件的尺寸、单件质量以及热处理炉的工作尺寸和操作条件来决定。对于产量不大的小型淬火槽,多采用冷却水套结构或在油槽内侧安装螺旋形水管、蛇形管进行冷却;对于产量较大的淬火槽,常附设淬火介质冷却用的循环装置,将热介质经冷却后再循环回淬火槽使用。

11.1.3　周期作业机械化淬火槽

周期作业机械化淬火槽与普通淬火槽相比,设有提升工件的机械化装置,采用机械、液压或气动方式传动。主要有以下几种形式。

1. 悬臂式提升机淬火槽

图 11-1 所示是一种悬臂式气动升降台提升机淬火槽,利用$(3\sim6)\times10^{5}$ Pa 的压缩空气作动力,工作时利用车间起重设备将工件吊到升降台上,内提升气缸通过活塞杆使其沉入淬火介质中淬火。支架起导向作用,冷却完毕后,再由气缸提起淬火台出料。

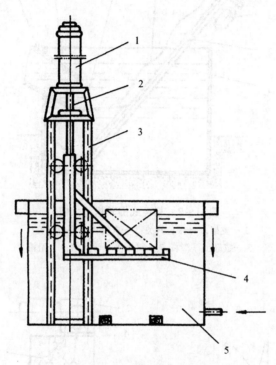

图 11-1　悬臂式气动升降台提升机淬火槽
1—气缸;2—活塞杆;3—导向架;4—升降台(托盘);5—淬火槽

2. 料斗式提升机淬火槽

图 11-2 所示是料斗式提升机淬火槽。提升机主要构件是接料料斗和丝杠提升机构,其动作原理是由电动机带动螺母转动,由丝杠将料斗沿支架提升到液面以上,由于支架的限位,迫使料斗翻转,将工件倒出。

此外还有连杆式或链条式升降机构淬火槽,采用连杆链条作传动机构,将物料托起或降下。

11.1.4　连续作业式机械化淬火槽

连续作业式机械化淬火槽中设有输送带等连续作业的机械化升降运送装置,常与连续式热处理炉配合使用。它主要用于处理形状规则的各种小型零件的大批量连续生产。

1. 输送带式淬火槽

图 11-3 所示为输送带式淬火槽。在长方形淬火槽内,安装一运送工件的输送带,输送带分为水平和提升两部分。工件由炉内经落料装置自动落到淬火槽输送带上。工件主要是在水平部分上冷却,然后由提升部分运送,最终送出淬火槽。输送带运动速度可以调节,

根据工作需要的冷却时间选定。常用输送带宽度为 300～800 mm,提升部分倾角为 30°～45°。一般在输送带上焊上一些筋或做成横向挡板,以防工件下滑。

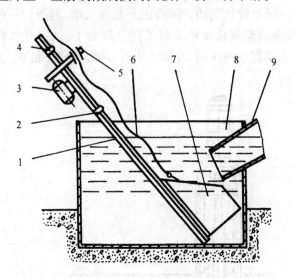

图 11 - 2　料斗式提升机淬火槽

1—支架;2—限位开关;3—电机;4—限位开关;
5—螺母;6—丝杠;7—料斗;8—淬火槽;9—滑槽

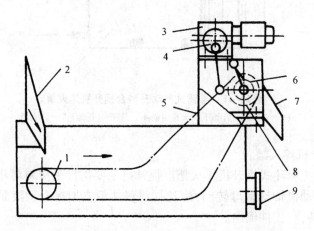

图 11 - 3　输送带式淬火槽

1—从动轮;2—淬火工件导槽;3—减速机构;4—偏心轮;
5—输送带;6—棘轮;7—料槽;8—主动轮;9—清理孔

2. 螺旋输送式淬火槽

图 11 - 4 所示为螺旋输送式淬火槽。这种淬火槽是使用滚筒式螺旋输送器连续推进工件。工件经落料筒和装料斗连续进入输送器。输送器外壳为一圆筒,可在支架上滚动,凭借筒内壁上的螺旋叶片向上运送工件,同时进行冷却,最后工件经料斗出料。输送器是由电动机经减速器和三角皮带驱动。淬火槽中还安有管状电热元件。

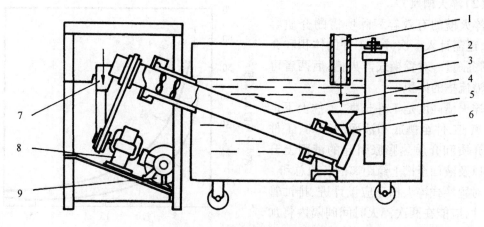

图 11 - 4　螺旋输送式淬火槽
1—落料筒;2—淬火槽;3—管状电热元件;4—螺旋输送器;
5—装料斗;6—支架;7—料斗;8—减速器;9—电动机

11.1.5　淬火槽设计

淬火槽设计的基本步骤是根据工件的材料、形状、尺寸、质量和技术要求,淬火槽的作业方式、生产率和投料批量等,先确定淬火介质种类和需要量,然后确定淬火槽的形状、尺寸、介质冷却装置和机械化装置,并选择各种附属设施。

1. 周期作业淬火槽设计

(1)淬火介质需要量(按体积计)

淬火槽内淬火介质的最小需要量可按下式计算,即

$$淬火介质质量 = \frac{Mc_1(T_Q - T_1)}{\rho c_2 \Delta t} \qquad (11 - 1)$$

式中　M——一次同时淬火工件质量,kg;

c_1——工件比热容,kJ/(kg·℃);

T_Q——工件的淬火温度,℃;

T_1——工件从淬火槽提出的温度,℃;

ρ——淬火介质密度,kg/m^3(油在 60 ~ 80 ℃时,ρ = 870 kg/m^3);

c_2——淬火介质比热容,kJ/(kg·℃);

Δt——淬火介质容许的温升,℃(油 Δt = 20 ℃,水 Δt = 10 ℃)。

图 11 - 5 为淬火介质温升与介质需要量的关系。从图中可以看出,每 1 kg 淬火工件使水温升 10 ℃时,所需水量约 0.009 m^3,使油温升 20 ℃时,所需油量约 0.011 m^3。因此实际上油的需要量一般比水多20% ~ 30%。

由于各类淬火槽的冷却方法不同,所需淬火介质量也有区别。通常,置换冷却的淬火槽,淬火介质的容量等于不同时淬火工件质量的 3 ~ 7 倍;蛇形管冷却的淬火槽,采用 7 ~ 12 倍;自然冷却的淬火槽,采用 12 ~ 15 倍(两次淬火之间的时间需 5 ~ 12 h)。经验证明淬火介质的实际需要量常取上限。

(2)淬火槽尺寸

淬火槽的有效容积除所需的介质容量外,还需计入一次淬火工件的体积和介质热膨胀量。对置换式淬火槽,后两者可作为溢流槽的体积。

淬火槽高度是工件长度、工件上下运动距离、工件至槽底和液面的距离、工件浸入介质和介质热膨胀引起的液面上升高度以及液面至槽上缘距离的各项总和。

对置换式淬火槽还应设计进、排油管的尺寸,应能在两次淬火时间间隔内将加热介质全部排出,并同时供入相同体积适宜温度的冷介质。从溢流槽排出的介质,常靠自然排出,其排出速度 $v_d = 0.2 \sim$ 0.3 m/s。通常采用离心泵供水和水溶液,

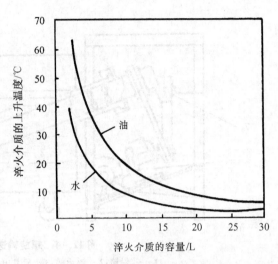

图 11-5　淬火介质温升与淬火介质容量的关系

其供水速度 $v_s' = 1 \sim 2$ m/s。根据置换介质量和供排速度,即可计算出进油管和排油管的尺寸。一般淬火槽的进油管尺寸为19 ~ 25 mm,排油管50 ~ 76 mm。事故排油管应能在较短的时间内(一般 5 ~ 8 min)将淬火槽内的油全部排出至安全油箱。

(3)搅拌器设计

淬火介质的搅拌速度,应是以使介质形成紊流、雷诺数应达 4 000 以上,但流速过大会增大动力消耗,且易混入空气,一般不宜大于 1 m/s。要使直径25 mm,温度900 ℃的工件在60 ℃的油中经 1 min 冷却到接近油温,对周期作业淬火槽,其油的搅拌量应为槽容积的 2 ~ 3 倍;对连续作业淬火槽,每小时处理 1 kg 工件的搅拌量约为 0.002 ~ 0.004 m³。槽内螺旋桨转速,一般在 100 ~ 450 r/min 范围内;超过 450 r/min,就可能混入空气。用泵喷射介质时,泵的压力以 200 ~ 300 Pa 为宜。螺旋桨的规格应根据淬火槽容量和搅拌速度选择,表 11-1列举了螺旋桨搅拌所需的功率数。螺旋桨的规格与功率的关系列于表 11-2 中。

表 11-1　螺旋桨搅拌功率[①]

淬火槽内介质容量/m³	单位体积介质所需功率/kW	
	水、盐水	油
0.2 ~ 0.3	0.6	0.75
0.3 ~ 0.8	0.6	0.9
0.8 ~ 1.2	0.75	0.9
>1.2	0.75	1.05

注:①流速为 0.25 m/s。

表 11 - 2　螺旋桨直径与功率的关系①

可移动式(从上方插入)		固定式(从侧面插入)	
功率/kW	螺旋桨直径/mm	功率/kW	螺旋桨直径/mm
0.19	200	0.74	300
0.25	250	1.41	350
0.56	300	2.20	400
1.10	350	3.68	450
2.20	400	5.51	500

注:①螺旋桨有三翼,转数 420 r/min。

　　螺旋桨的安装对淬火介质的冷却效果有很大影响。螺旋桨的安装位置应偏离圆心和宽度的中心线,才能产生良好的涡流效果。螺旋桨常安装在圆形淬火槽 1/2 半径处,对长方形淬火槽,当用螺旋桨时常偏离中心线 1/8 宽度处;当用两螺旋桨时,常安在偏离 4 等分线 1/16 宽度处。螺旋桨垂直安装时,还常与垂线成 16°的倾斜角。图 11 - 6 为螺旋桨安装位置示意图。

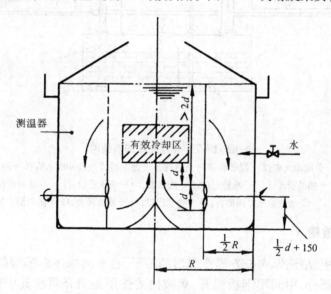

图 11 - 6　螺旋桨在淬火槽内安装位置示意图

2. 连续作业淬火槽设计

　　连续作业淬火槽因需要安装机械装置,尺寸较长,故一般无需进行热平衡计算,而是先确定机械装置的结构和尺寸,最后再确定淬火槽的尺寸。

　　输送带宽度应略大于炉底或炉子输送带宽度,输送带长分为水平长度和提升长度两部分。水平长度取决于工件在介质中的冷却时间。欲减少水平长度即需降低输送带运行速度。输送带提升部分的长度主要取决于工件提升的高度和输送带的倾斜角。当输送带无挡板时,倾斜角应小于工件自行滑下的角度,一般应小于 35°,有挡板时可适当加大。

　　输送带的运行速度一般为炉内输送带运行速度的 2~3 倍,以保证淬火工件均匀冷却,提高淬火介质的冷却速度。

　　输送带轮直径,一般等于 0.2~0.5 mm,通常以绘图方法确定输送带和淬火槽尺寸。

　　输送带式淬火槽的搅拌器常安在输送带倾斜上升部分的上侧,并与其平行,有时也安在落料口的侧面。

11.2 淬火介质的循环冷却系统

淬火介质的冷却,一般为集中循环冷却,淬火介质的冷却系统通常由淬火槽、泵、过滤器、冷却器和集液槽组成,如图 11 - 7 所示。

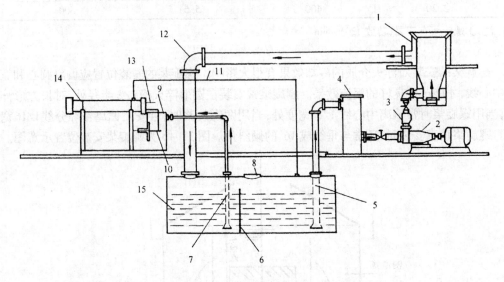

图 11 - 7   典型油冷却系统图
1—分配淬火槽;2—搅动泵;3—止回阀;4—滤油器;5—冷油吸入管;6—隔板;
7—热油吸入管;8—油补充口;9—滤油器;10—冷水进口;11—冷油回油管;
12—热油重力回油管;13—冷水出口;14—油冷却器;15—储油槽

11.2.1   集液槽

集液槽用钢板、型钢焊成长方形或圆形的槽子,也有的采用钢筋混凝土结构的。集液槽常分成两或三部分,中间用钢板隔开,集液槽的作用是热介质在其中储存,进行自然冷却,并沉淀除去部分夹带的杂质。

集液槽的体积应大于全部淬火槽及冷却系统中淬火介质容量的总和。使用冷却油时,应比全系统介质容量大30% ~40%;冷却水溶液应大20% ~30%。

11.2.2   过滤器

过滤器安装在集液槽与泵之间,其作用是除去介质中的氧化皮、盐渣、尘土及其他固体污物等。

淬火介质冷却系统中,一般采用网式双筒形过滤器。油过滤可用黄铜丝网,水溶液过滤可用磷铜丝网,网孔尺寸一般为 $0.5\ mm \times 0.5\ mm$。

11.2.3   泵

在淬火介质冷却系统中所用的泵主要是齿轮泵和离心泵。供油时大都采用齿轮泵,供水及水溶液时大都采用离心泵。

选择泵时应根据介质种类、要求的生产率、工作压力或吸程及扬程决定。常用工作压力$2.5 \times 10^{5} \sim 3.5 \times 10^{5}$ Pa,泵的流量应有储备能力,为介质容量的 $1.5 \sim 2.5$ 倍。

11.2.4　淬火介质冷却器

冷却器主要有列管式和板式两种,近年来使用板式冷却器较多,其制造和布置方便,冷却效果好,可用于油和水溶性淬火介质冷却。为节约用水将淬火用水进行循环冷却,重复使用。循环冷却用水通过循环水池玻璃钢冷却塔进行冷却。

1. 板式冷却器

板式冷却器是一种新型的冷却器,也叫换热器。它由传热板片、框架和夹紧螺栓等主要零部件组成,其结构紧凑、便于布置和维修。其结构如图 11 – 8 所示。传热片为波纹板片,又分为水平平直波纹板片(BP 型)和人字型波纹板片(BR 型)。冷却器是由许多片厚度为 $0.6 \sim 1.2$ mm 的波纹板重叠组成。板片四角有角孔,一般设计有导流槽,可使流体均匀分布,相邻板片之间用垫片隔成等距离通道。不同组合的板片两端有端板连接固定。热的淬火介质和冷却水交错通入相邻的通道中,通过薄波纹板进行热交换,达到冷却的目的。

2. 列管式冷却器

列管式冷却器也叫作塔式冷却器,已有定型产品,其结构如图 11 – 9 所示。在钢制圆筒中装有许多平行圆筒轴线安装的铜管或钢管,其端部插在管板的孔眼中,热油由进油口流入圆筒中细管之间的空隙内,受折流板导向曲折流动,最后由出油口流出。冷水由进水口流进冷却器上集流箱的左半部,向下经左侧的一半细管至下集流箱出水口排出。这一过程与油进行了热交换,使油得到冷却。

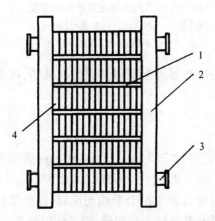

图 11 – 8　BR01 型板式冷却器结构示意图

1—紧固螺栓;2—框架;
3—进液或出液口;4—传热板

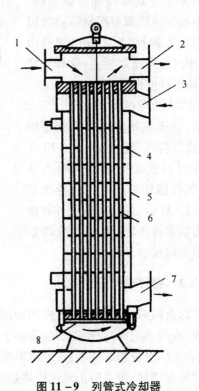

图 11 – 9　列管式冷却器

1—进水口;2—出水口;3—进油口;4—折流板;
5—筒体;6—冷却管;7—出油口;8—管板

有的工厂直接利用油槽自然冷却淬火介质。这种油槽常兼作集油槽、储油槽和事故油槽之用,容积一般都很大,有的达 30 t 甚至 50 t 以上。

11.3 淬火机和淬火压床

淬火机和淬火压床的作用是在淬火过程中用机械的方法减少工件变形与弯曲,或者同时将工件热压成要求的形状(如钢板弹簧弯曲淬火)。淬火机和淬火压床在大量生产的工厂中广泛应用,主要用于尺寸比较大、厚度比较薄的圆盘类(如伞形齿轮、圆盘等)和长轴类容易变形件,也用于形状比较复杂的零件(如曲轴、凸轮轴等)。

11.3.1 齿轮淬火压床

淬火压床是一种淬火冷却同时加压校正的设备,常用于各种薄形和环形零件(如齿轮、离合器片、齿轮圈、轴承套等),以齿轮淬火压床应用最广。

生产中广泛采用淬火压床是恒压式的,即压力在淬火过程中始终加在工件上。恒压式淬火压床对防止工件变形能起到一定的作用,但对许多高精度工件仍不能保证质量。

近年来,脉动淬火压床使用的范围越来越大,这种淬火压床主要是供锥形齿轮和其他圆环形工件淬火用的一种专用压床,可减少零件的变形。工件在压床上受到脉冲式间歇加压,压力大小和脉冲频率可根据需要加以调节。当压力卸掉时,工件可以自由变形,加压时变形得以矫正,这样交替作用,可使工件变形最小。

脉动淬火压床由主机、副机、淬火冷却系统、液压系统和电气系统等组成,其主机结构示意图如图 11 - 10 所示。工作时淬火油通过滤网吸入油泵,由下压模撑体的小孔进入淬火密封室,通过工作台、内压环与工件接触

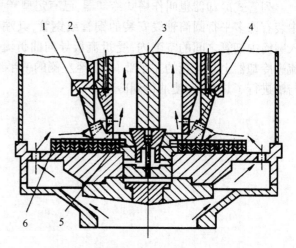

图 11 -10 脉动淬火压床主机结构示意图
1—外压环;2—内压环;3—扩张模压杆;
4—工件;5—扩张模;6—下压模工作台

处的沟槽以及锥齿轮间的空隙冷却工件。淬火后的热油通过上压模油罩流回油箱,按图中箭头所示方向流动。

11.3.2 锯片淬火压床

锯片淬火压床适用薄板型工件的加压淬火,如直径约 700 mm,厚 6 ~ 10 mm 的圆锯片加压淬火,冷却效果好,变形小。加压动力为 100 t 油压机。淬火压床结构如图 11 - 11 所示,压床有上压平板和下压平板,加压平面上沿同心圆布置 308 个喷油支承钉,以点接触压紧锯片并喷油冷却,为了防止氧化皮堵塞油孔,可用压缩空气和油相连,以清洁喷油孔。

11.3.3　成形淬火机

成形淬火机是热成形机械和淬火机合并的一种设备,工件在淬火过程中按顺序或同时完成热冲压、弯曲等成形加工,不仅可以减少工件加热次数,提高设备生产率,而且有利于提高产品质量。这种设备常用于汽车板簧、汽车前轴、拉杆、离合器片等长形和薄形零件的淬火,通常称为弯曲淬火机。

以板簧为例,使用最多的是摇摆式淬火机,将要淬火的板簧放在夹具中,将板簧压制成形,而后将其浸入油内,并在油中作摇摆运动。当达到给定的冷却时间时,继电器作用,使夹具上升复位,并触动行程开关,由脱料油缸将淬火完了的板簧推落在油槽的输送带上,完成一个淬火过程。

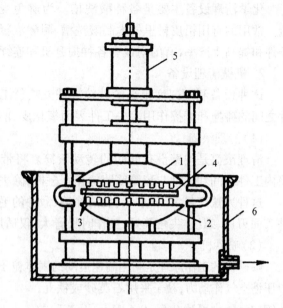

图 11-11　锯片淬火压床
1—上压平板;2—下压平板;3—喷油支承钉;
4—工件;5—油缸;6—油槽

11.4　热处理辅助设备

热处理辅助设备包括进行工件表面清理、清洗、校正以及起重运输等操作所用的各种设备。

11.4.1　清理设备

用来清除工件表面氧化皮等污物所用的设备称为清理设备。清理设备是热处理车间配套设备的重要组成部分,某些连续热处理生产自动线已包括清理设备。按其原理可分为化学清理设备和机械清理设备两大类。

1. 化学清理设备

化学清理设备以化学方法清除工件表面氧化皮和黏附的不溶于水的盐类($BaCl_2$)。常用方法包括硫酸酸洗法、盐酸酸洗法、电解清理法以及配合超声波的清理,其中用得最多的是前两种。

硫酸酸洗法采用质量浓度为 5% ~ 20% 的硫酸水溶液,酸洗温度在 60 ~ 80 ℃ 范围内。硫酸是氧化性酸,其酸洗速度低于盐酸。为加快酸洗过程,有时配合以超声波。

盐酸酸洗法采用质量浓度 5% ~ 20% 的盐酸水溶液,酸洗温度常在 40 ℃ 以下。盐酸是一种还原性酸,有很强的酸洗能力。它还可能造成氧化皮下金属本体的过腐蚀,因此酸洗时常加入抑制剂(如尿素),以保护金属本体。盐酸价格较高,且工件酸洗后易生锈,故生产上应用较少。

工件酸洗后,还须放入 40 ~ 50 ℃ 的热水中冲洗,然后放入 8% ~ 10% 苏打水溶液中和,最后以热水冲洗。

化学清理设备主要是各种酸洗槽。为避免受酸洗液的侵蚀,酸洗槽常用耐酸材料制造。常用的有用铅皮衬里的木制酸洗槽、耐酸混凝土酸洗槽和塑料酸洗槽。为了改善劳动条件和提高生产率,有的附设有各种提升机和连续输送机。

2. 机械清理设备

这种设备利用速度很高的砂粒或铁丸喷射工件表面,或者借工件之间、工件与设备构件之间的碰撞和摩擦作用除去工件表面氧化皮,前者如喷砂机、抛丸机,后者如清理滚筒。

(1)清理滚筒

清理滚筒是内壁设有筋肋的转动滚筒。将带有氧化皮的工件装入筒内,连续旋转,靠筒内工件之间和工件与滚筒筋肋的相互碰撞,除去工件表面的氧化皮。

这种方法产量大,成本低,能清除铸、锻件的毛刺,但清除氧化皮不够彻底,且会损伤工件表面刃口、螺纹、尖角等处,工作时噪音大,仅适用于各种半成品件。

(2)喷砂机

喷砂机的工作原理是利用高速运动的固体粒子(丸)撞击工件表面,使氧化皮脱落。通常以压缩空气作动力,粒子采用石英砂或铁丸,压缩空气压力可达 0.5 ~ 0.6 MPa,石英砂的直径为 1 ~ 2 mm,铁丸为白口铸铁,直径约 0.5 ~ 2 mm,硬度约为 HB500,石英砂消耗量约为工件质量的 5% ~ 10%;而铁丸仅为工件质量的 0.05% ~ 0.1%。

根据工作原理,喷砂机可分为吸力式、重力式和增压式三种。

吸力式喷砂机的工作原理,如图 11 - 12所示。压缩空气管的末端处在混合室内造成很大的吸力,促使砂由吸砂管吸入,一同由喷嘴喷射到工件上。吸砂管的另一端与储砂漏斗相连,并与大气相通。

在重力式喷砂机中,砂借自重流入混合室中,再由喷嘴喷出。

增压式喷砂机利用压缩空气给砂以压力,促使其流入混合室或吸砂管内。

一般喷砂设备产生大量粉尘,除污染环境,也危害人体健康。近年来发展真空喷砂机,把喷砂、回收、除尘集中在一个真空设备内进行,结构紧凑,操作简单,去锈迅速、干净。

(3)抛丸机

抛丸机的工作原理是将铁丸装于快速旋转的叶轮中,借其旋转所产生的离心力将铁丸抛射到工件表面,使氧化皮脱落。

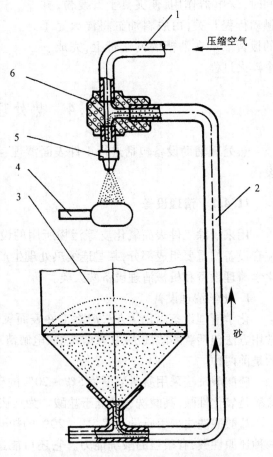

图 11 - 12 吸力式喷砂机工作原理图

1—压缩空气管;2—吸砂管;

3—储砂斗;4—工件;

5—喷嘴;6—混合室

（4）水射流喷砂机

水射流喷砂机，不用压缩空气，直接采用高压水为动力，利用水密度大、冲蚀力强、压缩比小、不易扩散、砂浆加速时间长、扑尘等特点，从原理上消除粉尘污染，表面清理质量和效率成倍提高。

11.4.2　清洗设备

清洗工件表面黏附的油、盐及其他污物所用的设备称为清洗设备。

清洗工件的方法有碱性水溶液清洗、磷酸盐水溶液清洗、有机溶剂清洗、水蒸气清洗和超声波清洗，用得最多的是碱性水溶液清洗。

碱性水溶液的成分一般为 3% ~ 10% 的 Na_2CO_3 或 3% 的 NaOH。清洗温度为 40 ~ 95 ℃。在 NaOH 水溶液中加入 1% ~ 5% 的 Na_2SiO_3 或 Na_2PO_4，可提高溶液的脱脂和脱盐能力。

磷酸盐水溶液的清洗能力较弱，有脱脂作用，还可去除工件表面薄层氧化膜。例如，可采用三聚磷酸钠水溶液，附加界面活化剂和丁基溶纤剂（乙二醇 – 丁醚）。

利用有机溶剂（氯乙烯、二氯乙烷等）清洗工件的方法有蒸气法和蒸气 – 浸洗法。蒸气法是将溶剂加热产生蒸气，用来吹洗工件。为提高脱脂能力，可采用蒸气 – 浸洗法，即先将较难脱脂的工件浸没在液体溶剂中脱脂，随后移入另一槽内进行溶剂蒸气吹洗。

超声波清洗法常与各种溶剂清洗法配合使用，可去除细孔内的污垢，对清洗有明显促进作用。

清洗设备有清洗槽和清洗机。

1. 清洗槽

清洗槽的结构与淬火槽大致相同，只是在槽内增加了清洗液加热装置。清洗液一般采用蒸汽加热。蒸汽可直接通入清洗槽中加热清洗液，也可通过槽内的蛇形管间接加热清洗液。还可用管状电热元件，直接安装在清洗槽中加热清洗液。

采用清洗槽时是将工件浸入溶液中清洗，有时还在清洗槽底部安有空气喷头，搅动溶液清洗。

2. 清洗机

清洗机装有机械化装料及运送工件的机构和清洗装置，常用的有升降台式、喷射式、滚筒式等几种。

图 11 – 13 为处理小型工件的周期作业喷射式清洗机。整个设备为一封闭的箱室。箱室上部为工作室，其中有上、下两个多孔喷头，工件放在料车上借手柄沿导轨操纵料车进行装卸料，装料口用橡皮帘封闭。用离心泵将清洗液经管道系统送到喷头，从上下两方面喷射工件。清洗液储存在下部的储液室中，由蒸汽管通入蒸汽加热，清洗液经过滤器重新送到喷头上。

图 11 – 14 为输送带式清洗机。在其中布置一条水平或稍倾斜的输送带，工件放置在输送带上，输送带通过电动机经变速装置和棘轮驱动。在上输送带上方和下方安装喷头向工件喷射清洗液。清洗液由水泵经管道供到喷头。用过的清洗液通过输送带漏入下面内水槽中，清洗液在槽中用蒸汽加热后经过过滤器流入外水槽，重新使用。水泵由电动机驱动。所用压力一般为 3×10^5 ~ 5×10^5 Pa，工件清洗时间为 4 ~ 8 min。

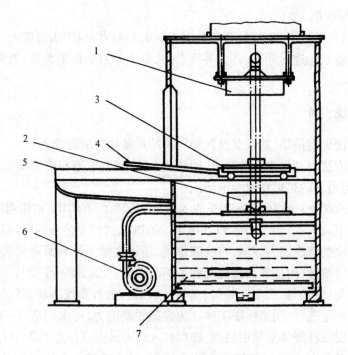

图 11－13　周期作业喷射式清洗机

1—上多孔喷头；2—下多孔喷头；3—料车；4—手柄；5—导轨；6—离心泵；7—储液室

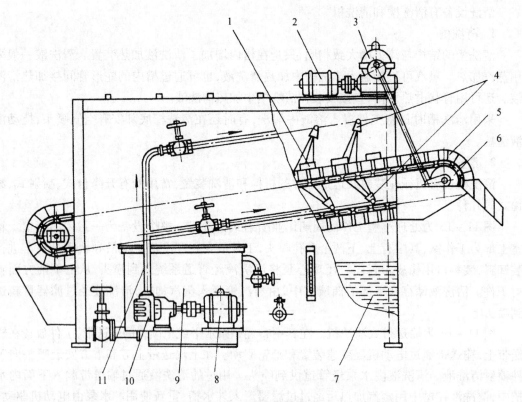

图 11－14　输送带式清洗机

1—工件；2—电动机；3—变速装置；4—喷头；5—输送带；6—棘轮；
7—内水槽；8—电动机；9—外水槽；10—水泵；11—管道

3. 燃烧式脱脂炉

燃烧式脱脂炉是采用加热方法使工件表面的油脂挥发和燃烧而除去,其典型结构如图 11 – 15 所示。

燃烧式脱脂炉可与渗碳炉(或氮化炉)等组成联合机,利用渗碳炉排出的可燃废气作为脱脂炉的热源。工件经脱脂炉后进入渗碳炉,起到清洁表面、增加渗碳能力的作用。这种脱脂法也可以与工件预热合并在一起进行。

由于油脂气体是可燃的,因此要防止脱脂炉爆燃。

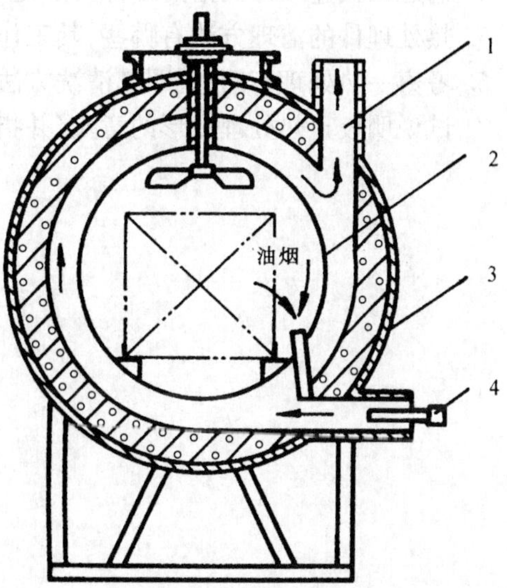

11.4.3　校正与校直设备

校正与校直设备用于校正或校直变形工件,使其变形量减小到要求限度以内。常用校正校直设备和工具有手动压力机、液压校正机、回火压床、平台和锤子等。

图 11 – 15　燃烧式脱脂炉
1 —烟道;2 —炉罐;3 —炉体;4 —烧嘴

1. 手动压力机

手动压力机的结构有齿杆式和螺杆式。齿杆式手动压力机的工作压力一般为 1 ~ 5 t,常用于校正直径为 5 ~ 10 mm 的工件。螺杆式手动压力机的工作压力一般为 2 ~ 25 t,常用于校正直径 10 ~ 30 mm 的工件。

2. 液压校正机

当工件直径在 50 mm 以上时应在液压校正机上进行校正。这种设备动作迅速平稳,工作压力为 5 ~ 200 t。当校正直径在 30 mm 以下的轴或棒状工件时,可采用 8 t 的油压机;校正直径 30 ~ 40 mm 的工件或凸轮轴时,选用 12 t 的;校正直径 50 ~ 70 mm 的工件或曲轴时,选用 40 t 的;直径再大时,则须选用吨位更大的油压机。

3. 回火压床

一些很薄的圆盘形工件(如离合器片、摩擦片、圆形锯片等),即使在淬火压床上进行,在淬火后或回火时仍会变形。回火压床就是将回火加热和校正合并在一起的设备,即将淬火变形的圆盘形工件放在压模中夹紧,同时加热回火。

习题与思考题

1. 某热处理车间每小时需淬火 360 kg 合金钢件,最长件为 0.5 m,平均分在三个淬火油槽内进行,试设计计算冷却系统和各组成部分的尺寸或规格。已知工件淬火温度为 850 ℃,工件出油温度 80 ℃,淬火油温在 40 ~ 80 ℃ 范围内,冷却水与油逆向流动,水的起始和终了温度为 15 ℃ 和 30 ℃。

2. 分析各种淬火介质冷却和搅拌方法的优缺点。

3. 淬火机械化方法有哪些?

4. 输送带式连续淬火槽的设计要点是什么？

5. 热处理件的清理方法有哪些,其工作原理有何不同,如何选择？

6. 考察一热处理车间,说明其清洗方法和清洗设备结构。

7. 试说明校正热处理变形的意义,并指出设备种类和选择设备的依据。

第12章　热处理炉的节能与改造

能源是发展国民经济的物质基础,也是我国发展的战略重点。20世纪70年代初爆发了世界性的能源危机。能源问题严重影响了各国经济的发展,成为举世瞩目的大问题。能源问题的日益突出,迫使许多国家在积极开发新能源的同时,不得不把能源的节约和合理利用提上日程。针对当前热处理设备效率普遍偏低的情况,研究新型的节能设备和改造旧设备的工作具有极其重要的现实意义。

12.1　热处理节能概述

12.1.1　国外热处理行业的能源利用情况

从世界范围来看,热处理设备中,电炉占有最大的比重,与我国不同的是,欧美国家中,燃烧天然气的设备相对多一些,但从20世纪70年代开始,这些国家用电设备的数量逐年增加。据资料统计,在众多工业国家中,由于热处理行业大量使用电能,热处理设备耗电量达到了其发电总量的1%以上。因此如何节约用电,在许多国家中受到了广泛的重视,在这些国家推出的热处理节能措施中,主要考虑的就是改进设备和革新工艺的技术性措施,其改进设备措施主要有以下几个方面。

(1)加强合理利用热能的理论研究和实际应用。采用准确热传导计算的加热装置,主要应用计算机实现使用燃料和电能的合理化,并建立了相应的数学模型。

(2)采用直接控制炉内气氛碳势、氮势、氧势的传感器和执行机构,可以获得一定的节能效果。

(3)采用新型保温材料(如硅酸铝纤维),可减少20%以上的热损失。若用在周期式加热炉上,则效果更加显著。

(4)采用直接加热工件的方法,以减少蓄热损失和辐射损失,也可有效地节约能源。例如,用高频感应加热工件或将工件作为负载,通以低电压大电流加热进行处理,另外电子束加热和激光加热技术也逐步地成熟完善。

(5)改进料盘、夹具的结构,减轻耐热钢构件的质量,增加强度,减少料盘夹具的无效加热损耗,例如网带式传送带炉型的应用,可节约10%~25%的热能。

12.1.2　我国热处理行业的能源利用情况

由于我国工业起步较晚,现行的热处理装备水平普遍落后,正如绪论中已介绍的那样,效率低、能耗大,能源浪费较严重。在美国的发展规划中提出"能耗减少80%",这确实是一个惊人的指标。目前美国的热处理能耗是400 kW·h/t,如减少80%,就要降至80 kW·h/t,这令人很难想象。要降低热处理的能耗,无非是降低热损耗和采取节能工艺。热处理时消耗的能量一部分是加热炉炉墙散热量以及工装卡具带走的热量,这部分可以设法尽量减少;一部分是加热工件所消耗的能量,是必不可少的,可通过表面淬火等节能工艺减少。整体热处理所需的热量约为 200 kW·h/t,目前我国热处理能耗较美国高出一倍,即 800 kW·h/t。调查的结果分析,造成热处理能耗过大的原因主要有以下几个方面。

1. 设备负荷率低,装炉量不足

根据统计资料,我国的热处理设备负荷率普遍偏低,有许多厂家的设备负荷还不到50%。造成负荷率低,设备利用率低的原因是热处理生产太分散,厂点多而又普遍存在着任务不足,而且设备容量又远大于实际需要,这种大马拉小车的后果造成能源的大量浪费。因此针对这种情况,根据各地工业发展情况建立相应规模的专业热处理厂,将对热处理行业耗费过多的现状有很大的改观。

2. 设备的利用率低

生产中造成的生产连续性差,造成了设备利用率低。一般热处理工艺中,若生产连续性差,用于升温、熔盐的时间就占了一半,辅助时间长了,设备有效利用率就不会高。

3. 加热设备落后

设备陈旧,技术性能落后,加热设备的热效率低,热损失大,炉衬材料保温性能差,吸热量也大。例如,在现在使用的热处理设备中,还大量的存在着早期产品,这些设备热效率低,因此必须认真进行技术改造,加强新型设备的开发研制和应用,以节约能源的消耗。

4. 无效热消耗多

在加热过程中的无效消耗多,如井式炉、渗碳炉、连续式推杆炉以及可控气氛多用炉上使用的马弗罐、装料筐、料盘以及悬挂工件的工夹具、吊具尺寸过大,耐热钢构件过厚,其质量有时甚至会远远超过加热工件的质量。例如,RJJ-105-9 渗碳炉耐热钢构件总质量达1 751 kg,而且其自身生产率为 500 kg/h,每一加热周期与工件一起升温降温,其所耗的热能为工件的 3 倍以上。因此,改进工夹具结构和研制新型耐热钢成为了热处理节能的一条重要途径。

5. 工艺落后

目前,我国的热处理工艺普遍过于保守。这不仅在制定工艺流程方面存在着可以取消的热处理工序,而且在确定加热保温时间计算上也过于保守。

12.1.3 热处理节能途径

通过以上对我国目前热处理行业中存在的弊端的分析,结合国内外热处理节能经验和先进技术,我们可以因地制宜,从以下几个方面着手实行有效的节能措施。

1. 研制新设备,改造旧设备

重点进行新型热处理设备的研制、推广、应用和旧设备的全面技术改造。根据目前我国热处理普遍落后的实际情况,加强对旧设备的技术改造。随着新型节能材料生产技术的逐步成熟,使得改造旧设备更具有现实意义。近些年来,虽然经过多方面的努力,发展了一些节能型的新品种,如无马弗罐气体渗碳炉、滴注式可控气氛炉等,但热效率还是普遍偏低,控制水平低、耗能高。因此必须继续迅速发展新型炉,发展先进控制技术,提高各种炉子的性能。

2. 推广节能热处理工艺及材料的研究与应用

由于现行的热处理工艺中,存在着不少的重复性工艺,而且有不少传统的常规工艺存在着周期长,过于保守等缺点。因此,科学制定新工艺具有显著的节约效果。从实际出发,优选热处理工艺方案的原则有:

（1）合理选择零件材料,简化热处理工艺;

（2）根据零件的实际服役条件,合理选择热处理工艺;

（3）根据不同材料合理确定保温时间,达到缩短加热时间的目的;

（4）提高加热温度,缩短加热时间;

（5）充分利用淬火余热或采用等温淬火工艺实现自回火,酌情省去回火工艺;

（6）根据零件与整机寿命配比,酌情减少硬化层深度;

（7）锻造余热热处理。

3. 热处理生产的节能管理

加强热处理车间的质量管理和生产管理,合理组织生产,也是节约能源的重要途径之一。

（1）组织专业化生产,实现设备的连续作业

热处理炉在升温加热时,消耗很大的热能,升温时间所耗的热能占冷炉开始第一周期总耗电量的1/2左右。若热处理设备采用连续使用的生产方式,只需损失保温时的热能,从而达到节能目的。而设备的连续使用是建立在热处理生产专业化的前提下,所以抓好热处理生产专业化的组织管理工作,是各国工业发展的必由之路。

（2）提高热处理产品合格率

一个机器零件从钢材选用、锻造成坯到机械加工成半成品,如果热处理不当,会使零件使用寿命变短,甚至会在热处理过程中发生变形、开裂以至成为废品,这就把钢材加工的能源,机械加工的费用以及时间浪费掉,增加了没有必要的重复性投资。

12.2　热处理能源和炉型的合理选择

12.2.1　热处理能源的合理选择

热处理能源的选择合理与否,不仅关系到能源的节约和利用,关系到热处理工艺要求是否容易得到满足,而且在一定程度上影响到了相关产业的发展速度。

热处理能源的选择,既要考虑工艺要求,又要因地因时制宜,同时还须顾及发展方向和社会总体经济效益。

1. 热处理能源选择的一般原则

热处理加热,不外乎以电或燃料作热源。热源是选择用电还是用燃料,一般应从生产成本、能源供应情况、操作与控温的难易程度、热处理工艺的特殊性以及环境保护等几个方面来综合考虑。

热处理能源选择的一般原则如图 12 - 1 所示。

2. 以电为主,因地制宜

从世界范围来看,用电热处理设备在原占热处理比重最大的基础上,目前还有增加的趋势,用电作热处理设备热源具有许多优点:

（1）随着水电和核电比例的增加,用电成本有逐渐下降的趋势;

（2）用电对环境不造成污染,有利于创造良好的热处理工作环境;

（3）用电热处理设备控温容易,性能可靠;

（4）新型的热处理设备如电子束加热设备、激光加热设备等都可以以电为能源,随着这些设备在生产中的应用比例增加,用电也随之增加。

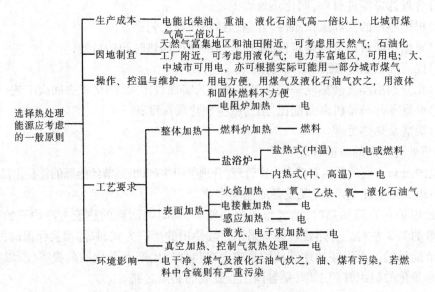

图 12 - 1　热处理能源选择的一般原则

　　如果从成本及能源的有效利用角度来考虑,用燃烧燃料作热源仍然是最经济的。这是因为,尽管电加热设备的热效率较高(电阻炉效率理论上可达 65%),若综合考虑发电与输配电的效率,实际效率只有 33% ~ 34%;而用燃料的燃烧产物加热的热效率,虽然通常只有 30% 左右,但如果采用空气预热、合理控制空气过剩系数和余热开发利用等措施,可使热能的综合利用效率提高到 60%。用燃料作热源需要精确控制空燃比、温度以及准确测定烟道、废气含氧量的探头和仪表,随着这些探头和仪表的发展以及燃料辐射管燃烧技术的进一步发展,燃料加热设备也有广泛的发展前景。

　　我国由于天然气资源普遍不足,而且石油作为重要战略物资,不可能大量用作工业炉燃料等原因,当前的热处理能源亦以用电为主,但是从长远能源利用角度,发展燃料加热设备也是一个发展方向。虽然我国的天然气及石油资源不可能大量用作工业燃料,但是我国却有丰富煤储量,直接用煤作燃料无论从综合利用、劳动条件、环境污染及热处理质量角度来看,都是不可取的。这样,如何合理利用煤资源则成为当前一大难题。随着我国城市煤气工业的发展和高效煤气发生炉的诞生,给合理利用煤资源,煤炉改造成燃气炉注入了新的活力。

12.2.2　热处理炉型的合理选择和炉子结构的合理设计

　　热处理炉型的选择,以往通常是以工艺要求、工件形状和尺寸以及生产批量为依据的,但是,自从热处理节能作为一个重要问题提出来之后,还应考虑炉子的形状、可能达到的热效率以及密封性能等诸多因素。就一般而言,当工件批量足够大时,使用连续式炉比使用周期式炉节能。而如果从炉子的形状考虑,则在相同炉膛容积下,圆柱形炉比方形炉节能,方形炉又比长方形炉节能。由此可见,炉型和炉子结构与节能也密切相关。

　　1. 不同炉型的能耗

　　表 12 - 1 列出了各种类型电阻炉在连续运转时的热效率。由表列数据可知,在箱式、井式、输送带式和震底式四种电炉中,井式炉和震底炉具有较高的热效率。其中井式炉的热效率高是因为密封性好,散热面积小,而震底炉则是由于没有夹具、料盘等的加热损失,所

以从节能角度考虑,应尽可能选用震底炉、推杆式炉和井式炉。

表 12 – 1　各种类型电阻炉连续运转时的热效率

规格和参数	炉型			
	箱式炉	井式炉	输送带式炉	震底式炉
正常处理量/(kg/h)	160 (装炉量 400 kg)	220 (装炉量 400 kg)	200	200
炉子功率/kW	63	90	110	80
实际用电/(kW·h)	56	62	78	50
热效率/%	39	43	35	54
炉墙散热/%	31	23	37	36
夹具等的吸热/%	19	29	18	0
被处理件吸热/%	39	43	35	54
可控气氛带走的热/%	6	4	4	10
其他热损失/%	5	1	4	—
加热温度/℃	850	850	850	850
全加热时间/min	90	90	40	40

2. 不同外形加热炉的能耗

加热炉是通过外壁向周围大气散失热量的,因而外壁的表面积越大,散热面积也就越大。然而散热面积仅仅是散热的一个条件,而它的另一个重要条件是外壁温度。只有外壁面积小,壁面温度又低,才能起到明显的节能效果。实验和研究均已表明,在相同的炉膛容积、相同炉衬材料条件下,圆形炉与箱形炉比较,圆形炉外表面积减小将近 14%,外壁温度降低约 10 ℃,因而使炉壁散热减少约 20%,炉衬蓄热减少 2%,热处理工件的单位能耗降低 7%,因此从形状考虑,圆形炉对节能是最有利的,所以在可能的条件下,应尽量利用圆形炉的这些特点,为节能创造更为有利的条件。日本中外炉工业和我国南京光英工业炉公司均生产圆形炉系列产品。

3. 加强炉子密封性

一般热处理炉的热损失中,因炉子密封不严而漏损的只占 5% 左右,因而不易引起人们的重视。但这却是一项不能忽视的浪费。现有各种热处理电阻炉的炉门、炉盖、热电偶的引出孔和电热元件的引出孔等处的密封性都不好,这些部位最易产生漏损。据有关资料介绍,空气通过密封不良处侵入炉内会使炉温降低,一个 $10\ cm^2$ 的小孔,3 h 侵入炉内的空气量可达 $10\ m^3$。由此可见,炉子密封不严或炉门、炉盖不严会造成大量的热损失。大孔的热损失则更为严重。热处理电阻炉经炉门及孔的热损失见表 12 – 2。因此加强炉门和其他引出孔的密封性,对节能有很大的效果。

表 12 － 2　热处理电阻炉炉门及开孔热损失

辐射热损失 /(kW/m²)	炉温/℃				
	600	700	800	900	1 000
炉门(遮蔽系数为0.5)	17	26	36	55	75
小孔(遮蔽系数为0.15)	5	7.8	10.5	16.5	22.5

4. 扩大电阻炉的均温区

由于炉口、炉门密封不严，散热量较大，其温度要比炉膛中心温度低 30 ~ 60 ℃，如果被加热工件的温差范围要求控制在 ±10 ℃ 左右时，则零件加热区域就势必要缩小，相应的炉膛有效面积也要缩小，炉子不能满负荷工作，造成能源和工时的浪费，产品的单耗也就随之增加，所以必须尽量扩大均温区。具体方法有：

(1)炉门加装电热元件，这样可以提高炉口处的温度，改善炉子的温度均匀性；

(2)沿炉子长度方向，合理布置功率，可在炉口处增加一些功率(可在电阻丝节距上进行适当的调整)，也可采用分组分区控制方法；

(3)设置风扇，强制炉气对流，这样可以极大地提高炉温均匀性。

5. 改善炉子外壳的油漆颜色

物体颜色不同，其辐射系数也不同。根据实验，炉子外壳喷涂银灰色油漆，炉子外层向空间的散热可下降4%，所以炉子外壳一定要尽量喷涂银灰色漆，以便减少炉子外壳的散热损失。

12.3　耐热钢构件的合理选用

各种热处理炉中，为了在高温下承载工件，随着炉温的高低和热处理工艺的不同均采用了不同的材质和不同结构形式的耐热钢构件，如炉底板、炉罐、坩埚、导轨和料盘等。这些构件大都是铸件，比较笨重，因而蓄热量大、耗能高，严重影响了炉子热效率的提高，甚至有些炉子耐热钢构件自重是该炉生产率的好几倍。

12.3.1　型材代铸件减轻耐热构件质量

在连续式工作的热处理炉上，大量使用着耐热钢构件，如传送带式电炉的履带、热滚轮、枕轨等。这些构件采用铸造成形，往往"肥头大耳"，大量地使用耐热钢即增加了炉子的自重。若将这些构件改用耐热钢线编织网带或用耐热钢板冲制连接成带，质量便可降低 1/3 ~ 1/2。这种型材代铸件的方法，一般可节电 15% ~ 30%，但型材的强度没有铸件高。

12.3.2　采用精铸减轻耐热构件

为了降低钢构件自身质量，除了采用型材代替铸件外，还可采用精铸的方法。由于精铸的工艺精细不仅零件表面光洁，不存在夹渣、气孔、砂眼等缺陷，而且精铸可以适应各种特别复杂的构件，因此耐热钢构件的壁厚就可以减薄。例如，原来炉罐的壁厚为20 ~ 25 mm，通过精铸的方法，其壁厚就可减至 15 ~ 20 mm。这种由于耐热钢铸件壁厚的减薄，使得构件自身质量减轻可达到 10% ~ 15%，节能效果很好。

实际应用还表明,由于精铸件具有较高的表面质量和较少的铸造缺陷,其寿命可比砂型铸件的寿命高出 50% ~ 100% 。

12.3.3 稀土耐热钢的应用

稀土耐热钢由于具有较好的焊接性能,在工艺上容易实现板材焊接,而且在相同条件下,其寿命和强度也大大高于其他种类的耐热钢型材,加之其抗氧化、抗渗碳性、耐急冷急热性等都比较好,是一种替代铸态耐热钢构件的理想材料,在热处理及节能领域内有广泛的发展前景。用稀土耐热钢型材所做的气体渗碳炉内的各种构件与用铸态铬锰氮钢做的构件的对比见表 12 – 3。

表 12 – 3 各种气体渗碳炉构件不同材料消耗情况比较

材料	型号					
	RQ2 – 25 – 9	RQ2 – 35 – 9	RQ2 – 60 – 9	RQ2 – 75 – 9	RQ2 – 90 – 9	RQ2 – 105 – 9
铸造 Cr – Mn – N/kg	403.1	481.1	857	904	1 389	1 751
板材 3Cr24Ni7SiNRE/kg	142.48	164.47	314.88	397.02	531.85	613.4
板材比铸造质量减少量/%	64.7	65.8	63.26	56	61.7	65

从表 12 – 3 中可以看出,稀土耐热钢板制构件比传统铸造 Cr – Mn – N 钢的质量减轻了 1/3 ~ 2/3,由于构件质量的减轻,在加热过程中耗热量也大大减少,从而缩短了炉子在加热过程中的升温时间,同时也就减少了能量消耗,其节能效果见表 12 –4。

表 12 –4 构件使用不同材料的节能情况比较

型号	材料				节电率 /%
	铸态 Cr – Mn – N		板材 3Cr24Ni7SiNRE		
	质量 /kg	耗电 /kW	质量 /kg	耗电 /kW	
RQ2 – 25 – 9	403.1	62.33	142.48	18.5	70.3
RQ2 – 35 – 9	481.1	74.4	164.47	21.34	71.3
RQ2 – 60 – 9	857	132.53	315	40.86	69.2
RQ2 – 75 – 9	904	139.8	398	57.64	63
RQ2 – 90 – 9	1 389	214.8	532	69.02	67.87
RQ2 – 105 – 9	1 751	270.77	613.4	79.6	70.6

12.4 高温节能涂料的应用

高温节能涂料是20世纪80年代出现的一种新型材料,它具有热辐射强度大,使用温度高(可达1 350 ℃),施工方便等优点。在加热炉内喷涂高温节能涂料后,能增加炉衬内壁的黑度,强化炉内热交换的过程,提高炉子的效率,从而达到节能的目的。

高温节能涂料中有用于喷涂在各种热处理炉内衬上的,也有用于喷涂在耐火纤维上的,同时起强化纤维作用。

12.4.1 高温节能涂料的节能机制

热处理炉内的热交换是以传导、对流和辐射三种方式进行的。随着炉内温度的升高,在传热过程中,辐射传热的作用越来越大,在高温炉中,热交换的90% ~95%是靠辐射传热进行的。日本学者根据实验指出,如果炉内燃烧气体的温度为1 400 ℃,被加热物是1 000 ℃,则由气体传递给工件的热量中,辐射传热是对流传热的10倍;气体传递给炉膛的热量中,辐射传热是对流传热的15倍;由炉壁辐射传给工件的热量为其总热量的60%左右。因此,强化炉膛热交换提高炉温的一个重要途径就是使炉壁的辐射增加。但是,一般热处理炉的炉衬都是用耐火砖砌筑的,其辐射率仅为0.65 ~0.75,而碳化硅的辐射率比较高,为0.92,如果在炉衬的内壁喷上以碳化硅为主的涂料,则炉墙的黑度增加,辐射率也得以提高。在炉温为1 400 ℃时,炉壁的辐射率可达0.92,比喷涂高温涂料前提高30%左右。在涂碳化硅炉壁的辐射率增加和炉壁温度增高的共同影响下,显著地提高了从炉壁向被加热物体的辐射量。表12 – 5给出了几种炉衬砖辐射热量的提高率。

表12 – 5 刷涂料后炉衬砖辐射量提高率

设 定 条 件	辐射率变化	提高率/%
耐火黏土砖(1 100 ℃)	0.75 ~0.9	22
硅砖(1 100 ℃)	0.85 ~0.9	24.6
镁砖(1 377 ℃)	0.39 ~0.9	12

由于炉壁辐射率的增加,从热源向炉壁的辐射传热量也增加,则炉壁吸收的热量就增加,从而使炉壁的温度增高。炉壁又将大部分能量向炉膛再辐射,而使工件迅速加热。如果炉膛是由煤气燃烧加热的,也不会影响到工件的受热。因为煤气的烟气黑度较小(大约为0.3左右),它不能吸收炉内壁再辐射的全部能量,因而大部分能量可通过烟气辐射给工件。经过这样辐射、吸收以后,炉内壁在总传热中占主导地位,最终结果是提高了工件吸收的热量,节省了能源。

12.4.2 对高温节能涂料材质的要求

高温节能涂料一般是以机械喷涂或手工涂刷的方法,将涂料直接涂覆在炉墙表面上,涂层厚度约为0.2 mm。在使用过程中,涂层除了像耐火材料那样承受高温外,还要受到炉内各种物理化学作用的影响,同时又要求具备良好的施工性能。根据这些生产使用的特点,对涂料的材质提出了如下要求:

（1）涂料要具有较高的附着力,在从室温到高温的反复使用条件下,能牢固地黏附在炉壁上,不龟裂、不脱落;

（2）涂料要具有较高的化学稳定性,能抵抗炉气的氧化作用和炉内渣皮的侵蚀,并与基底材料在高温下不发生共熔反应;

（3）涂料要具有较高的高温强度,在最高使用温度达 1 300 ℃条件下,长期使用不软化、不流淌,能抵抗炉内气流冲刷,工件碰撞,并具有良好的耐急冷急热性;

（4）涂料要具有良好的施工性能,在施工时,涂料要易于成膜,易于干燥,有足够的塑性和黏度。

12.4.3　节能涂料的配方和施工方法

节能涂料的配方很多,几种常用配方见表 12 - 6。

表 12 - 6　常用碳化硅高温节能涂料配方

成分	配方方案		
	1	2	3
碳化硅(α – SiC,200 ~ 400 目①)	47% ~50%	50%	1/3
高温黏结剂(硅溶液)	6% ~7%	25%	1/3
水	44% ~47%	25%	1/3

表中所列各种配方中,涂料密度为 1 700 kg/m³ 以上,涂料黏度是 0.08 ~ 0.5 Pa·s,pH 值的稳定范围是 5.0 ~ 8.5。

在施工以前,用压缩空气清扫炉膛,使炉膛不附有灰尘残渣后,将事先用 200 目以上筛子筛好的 SiC 粉末、黏结剂、水按比例一起调和,配成完全分散的悬浊液浆,使用喷浆器(可用喷漆工具)通过压缩空气(压力 0.4 ~ 0.5 MPa)把涂料喷涂到加热炉的内表面上,也可用毛刷直接刷涂。涂层厚度为 0.1 ~ 0.2 mm,最厚也不得超过 0.5 mm,涂层要均匀,涂料用量为 1 ~ 24 kg/m²。炉墙喷涂料后,不需要烘干,自然干燥 2 ~ 3 h 即可,也可以在炉温为 100 ~ 200 ℃ 左右干燥。涂刷时对炉温无要求。

由于这种节能涂料的黏结性能非常好,容易涂在一般的耐火砖、耐火浇注料以及耐火纤维毡上,所以应用的范围非常广。采用节能涂料的热处理炉,一般可节能 5% ~20%,提高生产率 15% ~30%。

12.4.4　耐火纤维增强涂料

由于纤维柔软、强度又低,不能抵抗气流的冲刷以及水蒸气和还原性气体的侵蚀,从而降低了制品的使用效果、使用寿命及应用范围,并且,在经过一段时间使用后,纤维毡表面粉化严重。因此,可使用耐火纤维增强涂料。使用时,只需要将涂料喷涂在耐火纤维的表层上,在常温或高温下,表面涂层产生胶结,形成紧固的硬化层,从而使抗气流冲刷速度提高,提高耐火纤维的使用温度 50 ℃ 左右,减少纤维毡的高温收缩率,减少粉尘污染等。

---

① 目数,就是孔数,即每平方英寸上的孔数目。目数越大,孔径越小。一般来说,目数×孔径(微米数) = 15 000。

纤维增强涂料一般是以硅酸盐的衍生物 Al_2O_3 胶体以及不定型高温氧化物等在一定条件下,按一定比例配制而成的快速胶结绿色稠状物。其具体成分及指标见表 12 - 7。

表 12 - 7 涂料的化学成分及部分技术指标

化学组成/%					抗气流冲刷速度 /(m·s⁻¹)	耐火温度 /℃	长期使用温度 /℃	密度 /(kg·m⁻³)	耗量 /(kg·m⁻²)
Al_2O_3	SiO_2	Cr_2O_3	其他	水分	15	1 670	1 350	1 620	0.9
31.4	14.1	1.2	8.3	43					

把高温纤维涂料喷涂在纤维制品表面后,在室温下,由于涂料中自由水的蒸发,胶体逐渐凝结成多分子的胶体颗粒,进而变成一些相互胶结的细线状结构,牢固地吸附在纤维和颗粒表面,使表面产生胶结。当开始升温时,涂料中残存的自由水分继续蒸发,并且开始析出结晶水,导致胶粒进一步缩合,使涂层进一步硬化。随着温度的不断升高,表面涂层的强度也进一步加强,并且在较低的温度范围内,涂料中的高温氧化物与非晶质玻璃相中的 $Al_2O_3 \cdot 2SiO_2$ 相结合,逐渐陶瓷化。

在使用涂料时,先将涂料搅拌均匀,选择纤维毡、纤维板比较平整的面为涂刷面,分两次涂刷,第一次半干后,可进行第二次,涂层要求均匀,其厚度为 0.3 mm 左右。阴干后即可开始以升温速度不大于 30 ℃/h 升温使涂料硬化。某轧钢厂隧道式热处理炉喷涂增强涂料后,节约煤气可达 12% ~ 15%。由此可见,涂刷增强涂料可取得较好的节能效果。

12.5 新型节能炉衬材料

在热处理炉中,炉衬材料选择的合理与否,直接影响到炉子的蓄热损失、散热损失及炉子的升温速度,同时,还影响到设备的造价和使用寿命。因此节约能源,保证寿命和满足技术经济指标要求是炉衬材料选择时应考虑的几项基本原则。在新型的节能炉衬材料中,有两种节能材料异军突起,一种是轻质耐火砖,另一种是硅酸铝纤维。它们不仅在新型热处理炉制造中广泛应用,而且在旧设备改造过程中也充当着重要的角色。

12.5.1 硅酸铝耐火纤维的节能效果

硅酸铝耐火纤维是一种新型的耐火保温材料。由于它具有耐高温、比热容小、热导率小、热化学稳定性好,并且具有良好的耐急冷急热性等特点。因此,用它作一般热处理炉的热面材料或保温材料,可节能约 10% ~ 30%,用在周期式生产,间断式操作的箱式电阻炉上则节电可达 25% ~ 35%。正是由于硅酸铝纤维有如此好的节能效果,随着节能工作的广泛展开,应用也越来越广。

电阻炉的功率消耗主要包括工件吸热、炉墙蓄热、炉壁散热、工夹具等装置的吸热以及开启炉门时所产生的辐射热损失等。对于燃料炉则在此基础上还有烟道及排烟等部分的损失。在上述的各个部分功耗中,与筑炉材料直接有关的是炉墙的蓄热和炉壁的散热这两个部分。筑炉材料的不同,墙体结构(指材料的组合方式)不同,将明显地影响着这两个部分功耗在总功耗中所占的比例。

图 12－2 为 RX－15－9 箱式炉改造前和改造后界面温度变化的情况。其中 A 线为升温至 800 ℃时的情况，B 线为保温 8 h 的情况。

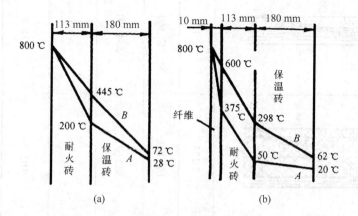

图 12－2　RX－15－9 箱式炉改造前后界面温度的变化(纤维粘贴厚度 10 mm)
(a)改造前；(b)改造后

表 12－8 给出了各种炉衬结构的性能比较，从表中的数据可看出各种炉衬结构中采用硅酸铝纤维作内衬的炉墙蓄、散热损失小。

由上述提供的数据可以看出，应用硅酸铝纤维改造热处理炉，能收到良好的节能效果。

12.5.2　硅酸铝纤维使用中的几个问题

如何将耐火纤维合理使用在各种炉子上，是推广使用硅酸铝纤维中应十分注意的问题。炉子种类繁多，有箱式炉、井式炉、罩式退火炉、真空加热炉等。炉子使用的能源有电、油、煤气等，炉子使用方式有周期式和连续式，有的炉子温度高，有的炉子温度低，有的炉子升温快，有的炉子升温慢等。因此在各种不同要求的炉子中，如何合理运用耐火纤维是广大科技工作者急需解决的难题。

1. 硅酸铝纤维作热面好还是作冷面好

对于采用耐火纤维贴面必须注意的一个问题就是使用部位，即耐火纤维贴在炉壁的热面还是冷面，其经济效果由于工作条件改变而大不相同。表 12－9 是相同炉衬材料不同组合形式的炉子温度曲线和对能耗的影响。

由表 12－9 所提供的温度及能耗数据，可以发现如下规律，即在炉衬材料及厚度相同的情况下，以硅酸铝耐火纤维作保温层的炉衬结构，其外壁温度较低散热损失较少，但炉墙蓄热损失较大；相反以耐火纤维作热面材料的炉衬结构其外壁温度较高，但其蓄热损失较少。上述规律，对炉衬材料的合理组合有实际意义。对于长期使用的连续作业炉，因炉壁散热损失是主要的热损失，所以降低外壁温度和减小外壁散热面积是这类作业炉节能的主要途径。因此应充分利用耐火纤维在低温阶段热导率极小的特性，选用耐火纤维作保温层的炉衬结构，即将耐火纤维贴在冷面。采用这种炉衬组合方式，不但施工容易，节能效果好，还可以降低对耐火纤维的要求。但是，对于频繁升降温的作业炉，则应充分利用硅酸铝耐火纤维比热容极小和保温性好的特点，将其作为热面材料，这样可以降低耐火砖的平均温度，减少炉墙的蓄热损失。当然对于一些硅酸铝耐火纤维不能作热面材料的炉子，则可以将纤维放在中间，同样起着节能作用。

表 12-8　各种炉衬结构和性能的比较①

图例及密度/(g/cm³)	(I)	(II)	(III)	(IV)	(V)
耐火黏土砖(2.1)　轻质黏土砖(1.0)　硅藻土砖(0.5)　耐火纤维毡(0.15)　矿渣棉(0.2)	900℃　230②113　57　(700)(184)　350℃　427℃　69℃(57)	900℃　230 113　677　(540)(265)	900℃　113 113　735℃　670℃(556)　(173)　363℃　235℃　61℃(48)　71℃(56)	900℃　50 113 113　757℃　617℃(507)(173)　235℃　24　67℃(52)	900℃　100　422℃(355)　50　73℃(61)
散热损失/(kJ/m²·h)	2 232	1 789	2 349	2 123	2 470
蓄热损失/(kJ/m²)	459 487	213 439	197 313	105 846	12 360
连续作业一周(144 h)　全热损失③ /[kJ/(m²·144 h)]	750 477	446 883	503 439	382 637	334 191
比例/%	100	59.5	67.1	51.0	44.5
电能节约 /[kW·h/(m²·144 h)]		84.5	68.7	102.3	115.8

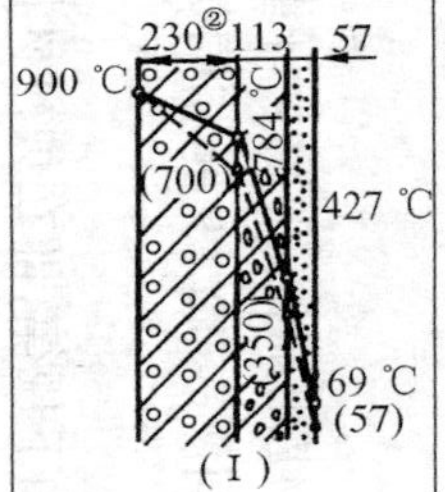

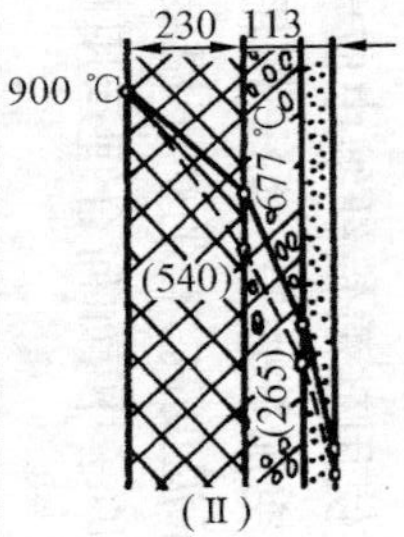

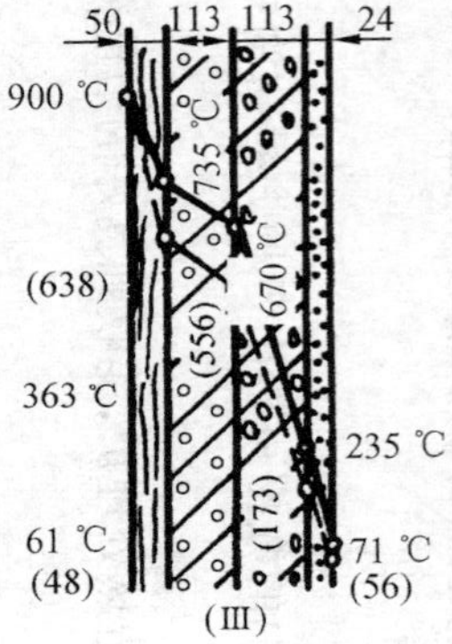

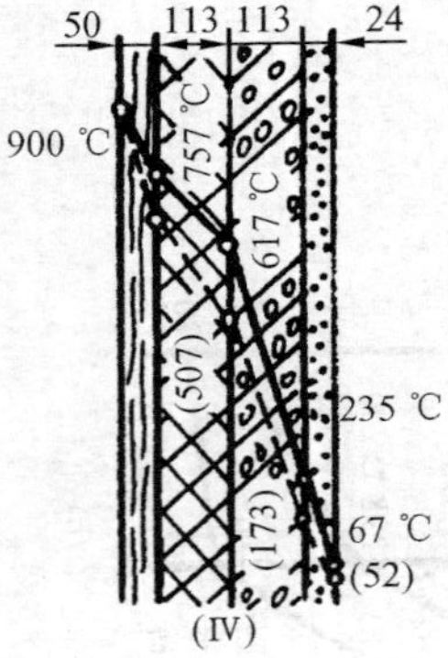

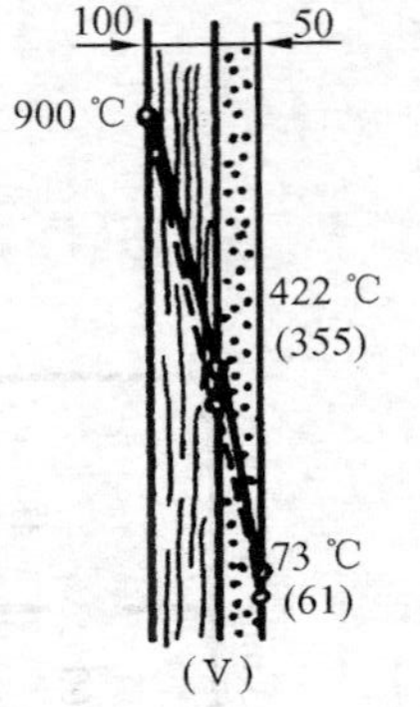

注：①表中数据按大平壁计算；表图中虚线部分及括号内数据按内壁全面积为 6 m² 的中小平壁计算得出；

②长度单位为 mm，以下表格均类同；

③全热损失中的外壁散热损失部分，按外壁 24 h 到达平衡温度加 120 h 平衡温度计算得出。

表 12-9　炉衬材料的不同组合对能耗的影响(按大平壁计算)

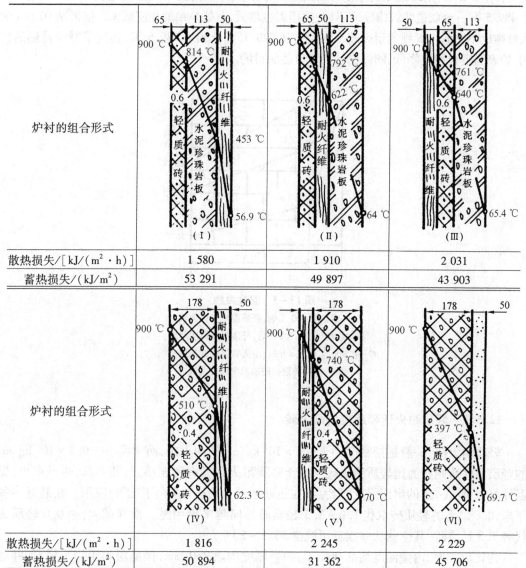

项目	(I)	(II)	(III)
炉衬的组合形式			
散热损失/[kJ/(m²·h)]	1 580	1 910	2 031
蓄热损失/(kJ/m²)	53 291	49 897	43 903
炉衬的组合形式	(IV)	(V)	(VI)
散热损失/[kJ/(m²·h)]	1 816	2 245	2 229
蓄热损失/(kJ/m²)	50 894	31 362	45 706

2. 耐火纤维作炉衬的厚度选择

如何合理使用硅酸铝纤维的另一个问题是,用多少厚度的耐火纤维能取得最佳效果。一般要根据炉子的具体情况而定,对于使用时间长,炉子温度高,则应选厚一些,太厚了成本高、不经济,太薄热损失大、节能效果差。目前在对炉子改造的工作中,大多数是用原有的耐火砖作内衬的炉子,为了节能在原有耐火砖内衬的基础上用 50 mm 左右的耐火纤维粘在内壁作炉衬。它不仅能取得节能的效果,而且改造过程中不用对炉子的结构大动。在一些厂家的实际使用中,厚度为 50 mm 左右是可行的。但在箱式、井式电阻炉上,因电炉两侧(圆周)上有电阻丝和搁砖,在原炉不大动的情况下,由于电阻丝和搁砖与炉墙间距有限,覆贴厚度受到限制,一般用 10～20 mm 的软性耐火纤维覆贴。这种做法施工简便,有一定的节电效果,而且成本低。图 12-3 是用 10 mm 纤维作炉衬与改造前的炉衬温度梯度曲线。当温度升到 900 ℃时,贴在耐火砖上的耐火纤维冷面温度是 265 ℃,如曲线 A 所示。若保温时间延长至 8 h 后,则纤维冷面温度升高到 660 ℃,此时耐火砖的平均温度也从 167.5 ℃ 上升到了 489.5 ℃。这就说明纤维厚度不够,热损失也增大,节能效果就相应减少。但覆贴 10 mm 耐火纤维比不贴耐火纤维的耐火砖平均温度从 720 ℃ 降低到了 489.5 ℃,达到了减少蓄热的目的,炉表温度也相应降低,同样也达到了节能的目的。

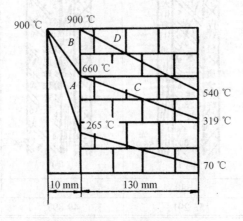

图 12 - 3 温度曲线
A—升温到 900 ℃ 时,纤维温度梯度曲线;
B—在 900 ℃ 保温 8 h 后,纤维温度梯度曲线;
C—在 900 ℃ 保温 8 h 后,耐火砖层温度梯度曲线;
D—改造前耐火砖层温度梯度曲线

12.5.3 轻质耐火砖和超轻质耐火砖

轻质耐火砖,一般是指密度小于 $1.3 \times 10^3 \ kg/m^3$ 的耐火砖,而密度小于 $0.8 \times 10^3 \ kg/m^3$ 的轻质耐火砖则称为超轻质耐火砖。由于轻质耐火砖具有密度小、气孔率高、热导率小、保温性好以及有一定的耐压强度等特点,在热处理设备上已获得了广泛的应用。在最近一些年来,0.8 以下的轻质砖取代 1.0 ~ 1.3 轻质砖趋向越来越明显。根据试验,用 0.6 轻质砖代替 1.3 轻质砖,其空载功率损耗可减少 25% ~ 30%。

为比较方便,内壁温度均取 900 ℃,内衬厚度均取 230 mm,保温层均用膨胀蛭石,并通过调整保温层厚度的方法使外壁处于相同的温度(60 ℃),按大平壁稳定传热计算得出的热损失数据见表 12 - 10。

由于超轻质砖成本比耐火纤维低,有一定的耐压程度,并且热高温性能比普通硅酸铝纤维好,特别是在用超轻质砖改造旧电炉时,炉子结构可以完全不加改动,不像硅酸铝纤维那样必须考虑电阻丝悬挂问题,在生产现场施工也比较方便,因此更有实际意义。更重要的是,采用超轻质砖后的耐火度比普通硅酸铝纤维高,而且不存在"粉化"问题,寿命也要长得多,如果能避免由于工件碰撞而产生的机械损伤,其寿命和一般重质耐火砖是不相上下的。

表 12－10　轻质砖炉衬热损失数据（环境温度 $t_0=20\ ℃$）

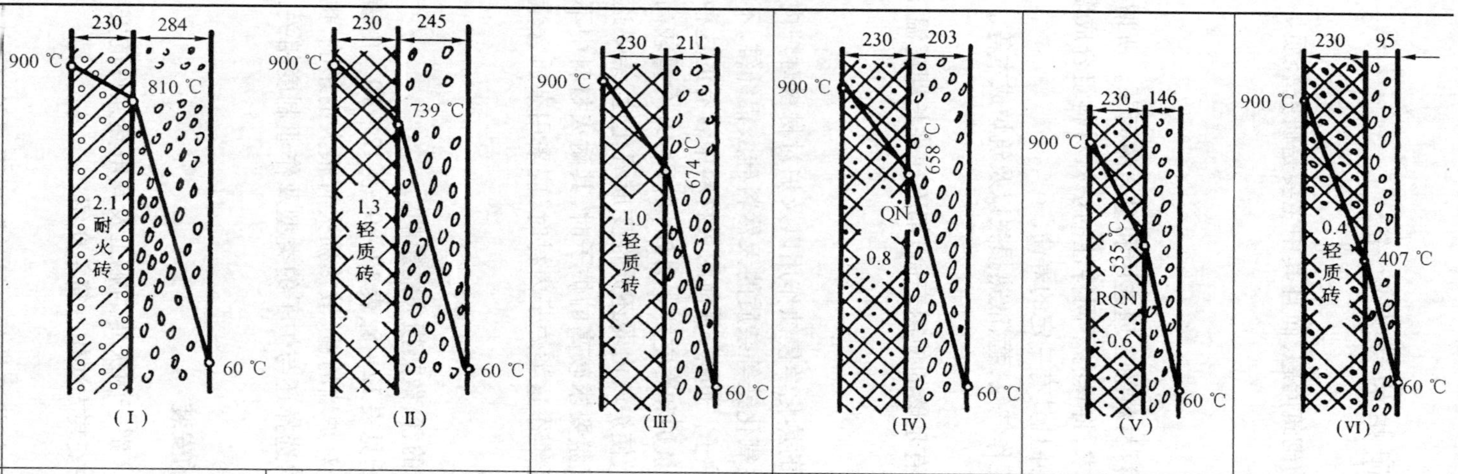

炉墙结构及界面温度	(I)	(II)	(III)	(IV)	(V)	(VI)
（炉墙结构图示及界面温度）	900℃ / 810℃ / 60℃；230，284；2.1 耐火砖	900℃ / 739℃ / 60℃；230，245；1.3 轻质砖	900℃ / 674℃ / 60℃；230，211；1.0 轻质砖	900℃ / 658℃ / 60℃；230，203；0.8 QN	900℃ / 535℃ / 60℃；230，146；0.6 RQN	900℃ / 407℃ / 60℃；230，95；0.4 轻质砖
散热损失 /(kJ/m²·h)	1 739	1 739	1 739	1 739	1 739	1 739
蓄热损失 /(kJ/m²)	448 723	266 475	196 000	155 789	104 625	61 613
连续作业一周 (144 h)　全热损失 /[kJ/(m²·144 h)]	675 655	493 407	422 932	382 721	331 558	288 545
比例/%	100	73.0	62.6	56.6	49.1	42.7
电能节约 /[kWh/(m²·144 h)]		50.7	70.3	81.5	95.7	107.7

12.6 热处理电阻炉的技术改造

本节重点介绍电阻炉旧炉的改造和新炉的砌筑问题,而且其中主要是研究轻质炉衬材料的合理组合及其施工方法。

12.6.1 炉衬材料的合理组合

对于各种炉子的设计和制造,都有一个炉衬材料的合理选用和组合的问题。所谓合理组合,就是根据炉衬的结构性能和使用性能要求,将具有不同特性的炉衬材料组合成墙体,使之满足使用要求,又能降低能耗、降低成本,并且具有一定的寿命。

炉衬材料的组合,主要应考虑使用温度,工作气氛,蓄、散热损失以及筑炉成本等。

1. 使用温度

无论是热面材料还是保温材料,为能保证有足够的使用寿命,都不允许长期超温工作,即首先必须考虑温度要求。

2. 炉内气氛

对热面材料,还需考虑炉内的气氛对炉衬的热化学侵蚀作用以及炉衬材料对炉内气氛的影响问题。前面已经指出,含有多量还原性氧化铁等杂质的天然料硅酸铝纤维,不能用于控制气氛炉和真空炉等对炉壁要求较高的炉子。同样,其他耐火材料中含有的这种不稳定氧化物超过一定量时,也不宜于用于控制气氛炉和真空炉。另外,当 Fe_2O_3 含量较高的砖用于氮基气氛炉时,砖内的氧会大量进入炉气,使炉气由弱还原性变成氧化性,结果达不到钢材光亮淬火的目的。由此可见,用于控制气氛要求较高的炉子时,其耐火材料中不稳定氧化物的含量应给予限制。因此,用硅酸铝纤维作这类炉子内衬时,应采用杂质含量少的合成高纯硅酸铝纤维。

3. 节能指标

这里所说的节能指标,指炉衬组合对炉墙的蓄、散热损失的影响。

各种不同的炉衬材料的组合对能耗的影响见表 12-8、表 12-9、表 12-10。由表中的数据可以看出,各种不同炉衬材料的不同组合对炉墙的蓄、散热损失有很大的影响,也就是对应的节能效果不同。另外,不同炉衬组合的选择还与炉子的类型及作业制度相关,并且应尽量使炉衬结构轻型化。

12.6.2 硅酸铝纤维的施工及电热元件的安装

硅酸铝纤维的施工及电热元件的安装有区别于耐火砖的施工及其电热元件的安装,因此,有必要对硅酸铝纤维的施工及其电热元件安装方法作一简单介绍。

1. 硅酸铝纤维的施工

硅酸铝纤维在我国的应用是在 20 世纪 80 年代开始的。虽然历史不算长,但由于改炉节能工作的开展,已经创造了不少行之有效的施工方法,积累了很多有益的施工经验。这里将层铺法、预制件法、叠砌法、喷涂法及贴面法等几种施工方法作一简单的介绍。

(1)层铺法

层铺法是采用硅酸铝纤维作工业炉炉壁内衬的最早施工方法,现在仍普遍采用。其代表性的施工方法如图 12-4 所示。

具体方法是:在炉子外壳上、下、左、右 250 mm 间隔打孔或焊接 6~8 mm 的螺杆,铺上一层或多层纤维毡,在炉壁内侧用毡垫圈和螺母固定,若纤维毡为几层时,每层的接缝处要错开。热面的最内层,纤维毡之间要采用叠接方式,以免由于收缩的出现产生裂缝,造成热损失增大。为取得最佳的经济效果,炉壁内衬并不需全部用耐火纤维构成,在接近炉壁外壳

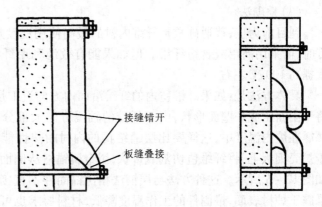

图 12 - 4　层铺式耐火纤维炉壁施工图例

温度较低部分,可使用耐热度较低的廉价材料矿渣棉、膨胀珍珠岩等。固定纤维毡用的螺栓、螺母、垫片等,可根据炉内温度的差异,采用不锈钢、陶瓷等制成。

这种方法主要优点是:施工铺砌方便,炉壁保温性好。其主要缺点是:①整个炉壁上接缝较多,虽然施工中采用了交叉、叠接等措施,但仍不可避免地会出现收缩缝,导致热损失增加;②固定纤维毡用的螺杆、垫片、螺母等直接暴露在高温及炉气中,条件较为恶劣,材料要求特殊,而这些特殊的耐热材料来源紧张,价格昂贵,增加了炉子的成本;③锚固件(金属、陶瓷等)一般导热系数大,如果使用一定数量的锚固件,必将增加散热损失,而不能取得最佳的经济效果;④目前生产的纤维毡强度较差,而当穿过锚杆后,又会造成一定的损坏,影响了纤维炉壁的使用寿命,又由于纤维是层状分布,不耐气流冲刷。

(2)预制件法

为了提高纤维制品的耐热性,同时又要实现筑炉施工预制件装配简化,以提高安装效率,人们将纤维加工成一定标准形状的制品以适应炉子形状的要求,代表性的制品有折叠块、毡单元等。

折叠块如图 12 - 5 所示,一般用干法制成的针刺毡做成,用 300 mm 宽,25 mm 厚的长条形毡按手风琴式折叠成 300 mm × 300 mm 的方式,厚 125~300 mm,背面配以合金滑块,便于固定在炉壁上。这种施工方法有两个特点:①有预挤压,常常将 14~16 层 25 mm 厚的纤维毡挤压成 300 mm 厚,并在两侧放上夹板后用绷带捆紧,安装后拆去绷带和夹板,纤维毡发生回弹使块与块之间相互压紧,在高温下作用时,可以补偿加热时产生的收缩,而缝隙的出现将增加热阻;②与叠砌法一样,纤维毡每层的方向

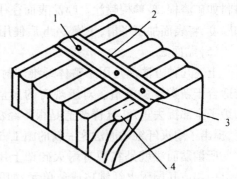

图 12 - 5　预制折叠块
1—拉爪;2—滑块;3—滑轨;4—梁

与炉壁垂直,工作时一侧受热另一侧不受热,热的一侧要收缩,冷的一侧则要阻碍收缩。这样可以提高使用温度,耐气流冲刷。

毡单元是将硅酸铝纤维毡用黏结剂粘成方块,常用的尺寸为 300 mm × 300 mm,厚度有 50 mm,70 mm,100 mm 几种,毡单元无金属底板,故可以弯曲,而后用特殊的耐火泥浆将它贴在现有的砖砌炉子的表面上,就可以显著节能。

（3）叠砌法

到目前为止，普通硅酸铝纤维内衬的最高使用温度规定为 1 050 ℃。若炉温高于此温度时，需采用高铝或含铬纤维。但如果能有效地利用纤维毡的特性，则可使其临界使用温度提高 100 ℃ 左右。

具体方法是：如果纤维毡内的纤维沿面内方向近似层状排列，则将毡子切割成带状，再将切割面压成炉壁面形状，由于纤维的轴线方向大部分垂直于炉壁面，仅仅是纤维的前端暴露在炉内温度中，这样要比层铺结构的内衬耐热性能好。施工前，先将多孔耐热角钢焊于炉壳钢板上，将纤维毡切割成带状，用金属锚杆从侧面将纤维毡条穿于多孔角钢上固定，如图 12－6 所示。这种方法与层铺法相比锚固件不直接暴露于炉衬表面，锚固件的工作温度降低，材料要求也可降低，而且比同条件下层铺式炉壁收缩小、变形小、强度大，抗炉气冲刷能力强。其缺点是：由于纤维分布方向垂直于炉壁，故热阻小，热导率增加，其保温性能不如层铺法，故需增加纤维毡层的厚度，其施工方法较为麻烦。

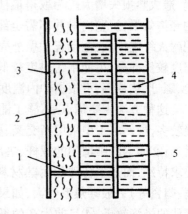

图 12－6　叠砌法耐火
纤维炉衬施工图

1—耐热多孔角钢；2—矿棉；

3—炉壁外壳；4—耐火纤维；

5—金属锚杆

（4）喷涂法

所谓喷涂法是以特殊的喷涂机，将散纤维和无机结合剂制成的原料与水一起直接喷涂在施工面上。这样既具有纤维毡内衬的特征，还具有喷涂所特有的优点：①由于喷涂是无接缝的整体施工法，其热损失小；②对于形状复杂部位容易施工；③螺杆不露出表面，不易损坏，而且热短路亦少；④喷涂的厚度可以自由选定。

通常的施工方法是：在炉壳上焊接 V、T、Y 型补强锚件，间距为 250～300 mm，只进行锚件端头距表面 10～30 mm 的埋没喷涂，也有内衬全部作耐火纤维的喷涂，但是低温部分的衬垫，一般采用低级材料如矿渣棉、玻璃棉喷涂。喷涂表面往往凹凸不平，可设法调整密度（0.20～0.30 g/cm³）和厚度，将表面加工平滑，干燥 24 h 后使用。

（5）贴面法

上述几种方法都是用于整体纤维炉衬，采用整体炉衬比较适合于新炉子的制造。对于现有的大量旧炉改造则要求旧炉子全部拆去重建，这样改造是很不经济的。在这种情况下，提出了耐火纤维贴面法这一新的施工方法。

所谓贴面法就是在现有耐火砖壁上用特殊高温粘贴剂贴上一层或几层耐火纤维毡或毡单元，如图 12－7 所示。其施工法既可以是层铺黏结法，也可以是叠层黏结法，或者是层铺与叠层并用的施工方法。考虑到因粘贴强度不足而引起纤维毡层剥离的可能性，当贴面厚度比较大时，应用辅助的机械固定措施，而其中炉顶部分则无论粘贴厚度多大，均应辅之以机械固定措施。

采用耐火纤维贴面法有下列一些优点：①每平方米的纤

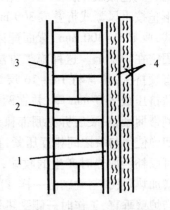

图 12－7　贴面法施工图例

1—高温贴剂；2—耐火砖；

3—炉壳；4—纤维毡

维贴面费用比新砌砖炉低20%,且寿命长;②施工周期短,30~40 m²的贴面两人一天就能完工,工效也高;③由于采用纤维作热面降低了贴面背层耐火砖的平均温度,减少了蓄热量,节能10%~30%左右;④降低了炉衬维修费用,耐火纤维使原有耐火砖的热面温度降低,几乎不受炉内操作温度急变的影响,而且耐火纤维的抗震性和耐急冷急热性好,因而可延长砖砌体的寿命。

2. 黏结剂的配制

黏结剂的种类很多,常见的有磷酸黏结剂、水玻璃黏结剂、硅溶胶黏结剂和双氢磷酸铝黏结剂等。同一类黏结剂,其配方成分和比例也不一致,表12-11为以磷酸为基的黏结剂的配方。由表中可以看出,磷酸黏结剂的配方是不很严格的,因此,表中所示配比仅供参考,在实际使用时,可以允许作适当的变动。磷酸黏结剂适用于纤维毡与耐火砖炉衬粘贴,也可以用于纤维毡与耐火混凝土炉衬粘贴。不管哪一类黏结剂,在粘贴前均需将炉壁或耐火砖炉衬预先扫刷干净,粘贴后均需要有一段缓慢升温和保温过程。

表12-11　磷酸黏结剂的配方(按质量百分比)

序号	铝钒土/%	85%浓度磷酸/%	8%聚乙烯溶液/%	糊精/%	水/%	瓷土粉/%	氢氧化铝/%	铝粉/%	草酸/%
1	70	30	5(外加)	8(外加)	适量(外加)	—	—	—	—
2	67.6	25	7.4	—	1.4(外加)	—	—	—	—
3	64.7	26.5	8.8	—	适量(外加)	—	—	—	—
4	—	50~60	—	—	9~18	20~27	1~3	0.5~1	1~3

3. 电热元件的安装

电热元件的安装有多种形式,这里侧重介绍新砌炉子电热元件安装的几种常见形式,同时也介绍旧炉改造时安装电热元件应当注意的问题。

(1)旧炉改造时电热元件的安装

旧炉改造原有炉膛一般都不可拆,但必须拆除电热元件搁砖,因为电热元件安装与旧炉完全不同。电热元件不应被耐火纤维所包含,否则电热元件会因热量散发不出来而被烧熔,甚至还会发生短路事故。此外耐火纤维也会因为使用温度过高而加速粉化过程,使使用寿命降低。因此,通常只在电热元件的内侧粘贴耐火纤维毡,其厚度以20~40 mm为宜。原有搁砖抽出后,可改用不锈耐热钢制造的长搁板,电阻丝则穿过瓷管,搁在上面。用φ0.20 mm~φ0.30 mm的电阻丝扎牢,则耐火纤维毡的粘贴厚度可以相应增加。

(2)新炉电热元件的安装

这里所指的新炉包括设计的炉子和进行彻底翻新的炉子。

新砌炉子有许多种电热元件安装形式,图12-8是常见的几种结构形式。其中专用成型硬制品(即预制纤维搁砖和整体纤维搁砖)只能在700 ℃以下使用。这是因为纤维搁砖支承强度较低,而且在高温下纤维容易析晶粉化和收缩变形,从而导致纤维搁砖过早损坏。

对于经常处于较高温度下使用的炉子,推荐用瓷管和瓷支架法,或者用瓷管和耐热钢芯棒支承法,或者直接用耐热钢钩支承。当用耐热钢钩支承时,必须使钢钩之间保持良好的绝缘,以免发生短路。

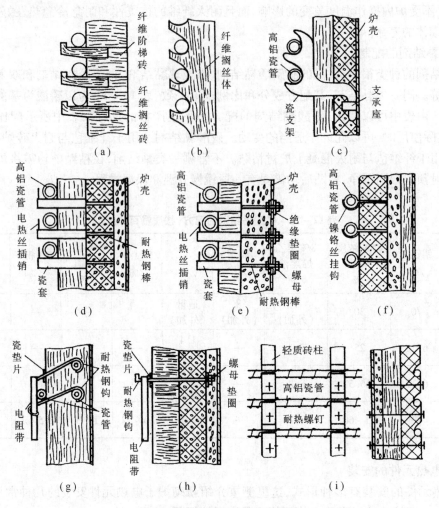

图 12 - 8　电热元件的安装形式

(a)预制纤维搁丝砖(硬制品)支承法;(b)预制纤维搁丝体(硬制品)支承法;
(c)瓷管瓷支架支承法;(d)(e)瓷管耐热钢棒支承法;(f)瓷管耐热钢钩支
承法;(g)(h)耐热钢钩(电阻带)支承法;(i)瓷管砖柱支承法

12.6.3　节能电炉改造实例

随着热处理节能工作的广泛开展,各地已在热处理炉的技术改造方面积累了不少有益的经验。在改造后的炉子中,有一部分炉子结构是比较成熟的,但也有一部分结构尚不够完善。这里选取两个改造后炉子结构的实例供参考。

1. 箱式炉技术改造实例

炉型:RX - 30 - 9。

炉衬:80 mm 纤维毡 + 轻质砖 + 纤维棉。

电热元件支承方式:高铝质搁砖。

改造后的炉衬结构如图 12 – 9 所示。

节电效果:该炉在改造时,特意将功率降为 20 kW。根据测定,改造前后相比,空载升温(至 900 ℃)节电 71%,装炉保温 3 h 节电 30%(装炉量相同),平均每炉次节电 56%。

分析:以硅酸铝纤维散棉作保温填料的炉衬结构,对于连续作业是比较理想的,但内衬可改用超轻质或轻质砖(砖砌体厚度以 113 mm 为宜),以方便施工和安装电热元件。如用于一般周期作业,则整个炉衬厚度还可以适当薄一些,纤维散棉填料层可用廉价的膨胀珍珠岩或矿棉来代替。

2. 井式炉技术改造实例

炉型:RJ – 25 – 9TG。

炉衬:40 mm 纤维毡 + 轻质砖 + 保温填料。硅酸铝纤维毡采用单元组合块黏结施工方法,如图 12 – 10 所示。

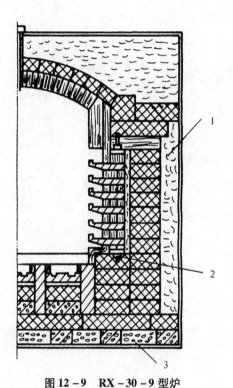

图 12 – 9　RX – 30 – 9 型炉
改造后的炉衬结构
1—耐火纤维;2—耐热钢压
板螺栓;3—蛭石

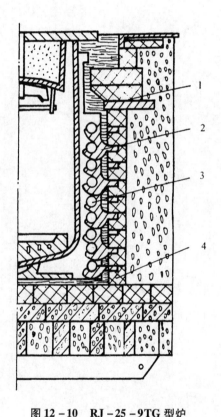

图 12 – 10　RJ – 25 – 9TG 型炉
改造后炉衬结构
1—耐火纤维;2—高铝双层搁砖;
3—高铝搁丝弯管;4—轻质砖

电热元件支承方式:高铝双层搁砖 + 高铝搁丝弯管。

改造后节电效果:据渗碳试验测定,与改造前相比,升温阶段节电 61% ~ 66%,保温阶段节电 19%,三炉平均节电 45.8%(注:除第一炉是冷炉升温外,第二炉 250 ℃ 开始升温,第三炉 300 ℃ 左右开始升温)。

分析：从以上数据可知，该炉炉衬结构合理，节电效果良好，但如果连续使用时，保温层用硅酸铝纤维散棉来代替，效果会更加明显。

习题与思考题

1. 在选择热处理能源时，应考虑哪些因素？
2. 根据本课程所学内容，试述热处理的节能措施。
3. 节能涂料都有哪些，如何应用？
4. 新型筑炉材料耐火纤维的砌筑方法有哪些，砌筑时需注意哪些问题？
5. 用耐火纤维作炉衬时，电热元件的安装方式有哪几种？

第13章 热处理炉温度的测量与控制

热处理工艺是将工件整体或局部加热至工艺设定的温度,并保持一定时间的过程。对于不同的热处理工艺,热处理炉的温度须根据工艺规程发生变化,这就需要对炉温进行实时测量与控制。可见,温度是热处理生产过程中最重要的物理量,也是过程控制的核心参数。因此,在热处理过程中温度的准确测量与精确控制是保证热处理工艺规程的关键因素,二者相辅相成。只有温度参数得到准确测量,才能实现工件温度的精确控制,确保工件质量。

随着对质量要求的提高和工艺复杂性的增加,对炉温测量与控制的要求也越来越高,炉温测控技术正在向高精度、智能化、多功能和计算机自动控制方向发展。本章将介绍热处理炉温度测量、控制的方法及手段。

13.1 热处理炉温度

温度是热处理的一个最重要的工艺参数。热处理中要测量的应该是工件的温度,但是在大多数情况下很难直接测量工件温度,因此通常用炉温来表示。

13.1.1 炉温

相对炉膛空间来讲,我们所测量的炉温及其变化,实质上是测量点(感温元件热端)的温度及其变化。为了用炉温来表征工件加热温度的相对值,就要求测温元件在炉膛中的位置固定,不得随意变动。如果测温元件位置变动,则即使炉温相同,所表示的工件温度也会有变化,此时必须重新校验炉膛温度。

13.1.2 炉温均匀度

除了要求炉温的测量具有足够的准确度外,还要求温度的分布具有适当的均匀度,这样才能用一点或多点温度代表热处理炉和工件的整体温度。

炉温均匀度包括温度的空间分布特性和时间分布特性。空间分布特性描述的是炉温的均匀性,指温度在整个炉膛内各处的分布情况;时间分布特性描述的是炉温的稳定性,指温度在工艺过程中的变化情况。它与热处理炉特性、炉壁温度、工件温度、炉壁与工件的黑度、工件相对炉壁的角度系数以及传热条件等因素有关。

炉温均匀度可以用炉膛内几点的温度精度来表示。温度精度是指在同一瞬间炉膛内各点的温度与设定温度的差异程度。在热处理生产中,希望加热工件各点温度都相同,但实际上很难实现。因此只能提高热处理炉的温度精度。

常用的炉温均匀度的测量方法有两种。

(1)位移法是指利用一支装配式热电偶在炉内移动,测出移动过程中各部位的温度。该方法只能测量一个平面内同一条线上的几个点,只适用于炉膛尺寸较小的热处理炉。

(2)多支热电偶测量法是指将多支热电偶同时放入热处理炉内对同一空间进行测量,

这种方法可以测量各种不同形状的炉子，生产上也较适用。

测量的具体程序是先将炉温升到设定的温度并保温 1 h，然后将测量热电偶按规定位置放入炉内，关闭炉门后即开始读数，在开始测量后 5 min 内至少记录一整套数据，以后 5 ~ 10 min 记录一次，直到各测试点连续出现 3 个以上在控温精度范围内的读数后，测量终止。读数应持续足够的时间，以便确定温度的时间分布特性。温度稳定后，读数应再持续至少 30 min。为了使热电偶位置固定，通常将其捆扎在一框架上，测量仪表可采用多点长图记录仪。目前已广泛采用数显、多点打印测温仪。

若到达检验温度保温时间超过 2 h，个别测试点的温度仍不合格，就原定工作区而言，则该炉不合格。

13.1.3　工件温度均匀性

工件在热处理时应该达到给定的工艺温度，并且各处温度均匀。工件温度均匀性既包括同一炉工件的温度要一样，也包括每一个工件各处的温度要一样。只有在炉内复杂的热交换过程中达到完全平衡时，工件的温度才与炉温相同。实际上，炉温和工件温度之间总是存在差别的，为了减少工件和炉温之间的差别，要求炉内各处温度分布均匀，有一定的均热时间。

13.2　炉温的测量

13.2.1　炉温的测量方法

根据测温元件是否与被测工件接触或是否处在同一个温度场中，炉温的测量方法可分为接触测量法和非接触测量法。

1. 接触测量法

（1）接触测量法的原理

接触测量法依据的是热平衡原理，当测温元件与被测物体相互接触或是处在同一个温度场中，热量就会从温度高的被测工件向温度低的测温元件传递，最终使两者的温度相等，达到热平衡状态，从而实现温度测量。

（2）接触测量法的优点

接触测量法的优点是：

①测量精度高。温度传感器与被测物体接触，或处在同一个温度环境下，两者达到热平衡，能真实反映被测物体的温度，测量精度通常能达到 0.5% ~ 1.0%，在某些特殊条件下，最高可达 0.01%。

②测量灵活方便，原则上可以测量物体任何部位的温度。

③便于多点集中测量和实现温度自动控制。

（3）接触测法的缺点

接触测量法也具有一定的局限性，如：

①温度传感器的热容量一定要远远小于被测物体的热容量，接触测量时不会因热传递而改变被测量物体的温度，否则将会造成较大的测量误差，因此不宜测量热容量较小的物体。

②使用接触测量法时,由于测温元件与被测物体处在相同环境条件下,因而对传感器的结构、性能都有较为苛刻的要求,如环境中存在腐蚀、氧化、污染、还原,甚至振动等不利因素。

③温度测量的范围有限,一般不超过 2 300 ℃。

④一般不能测量移动物体的温度。

⑤响应时间较长,有的温度传感器需 1 ~ 3 min。

2. 非接触测量法

(1)非接触测量法的原理

非接触测量法是基于热辐射原理,即利用物体的热辐射能随温度变化来测量物体温度。该方法很好地解决了接触测量法的弊端,已得到了广泛应用,而且发展很快,测量精度也在不断提高。

(2)非接触测量法的特点

①不与被测物体接触,不会影响被测物体及其环境的温度,而且热惯性小。

②相比于接触测量法,测量温度范围比较宽,测量温度高。从原理上看,这种温度测量方法无上限。

③一般用于电阻炉的高温测量,1 000 ℃以上测量较准确,但低于 1 000 ℃时测量误差较大。

④对移动物体的温度可以进行连续测量。

⑤测量出的是工件或电热元件的表面温度。

⑥非接触测量法检测到的是被测物体发出的热辐射能,由于不同的物体在相同温度下的热辐射能力不同,因而必须准确知道与被测物体热辐射有关的参数,才能进行准确测量。

⑦测量精度没有接触测量法高,一般测量精度在 5 ~ 20 ℃之间。

⑧与接触测量法相比,反应快,一般为 2 ~ 3 s,最慢也在 10 s 内。

13. 2. 2　炉温测量系统的构成

炉温测量系统主要由测温元件和与之相匹配的测温线路和仪表构成。

测温元件又称为感温元件或温度传感器。通常,将测温元件称为一次仪表,测温仪表称为二次仪表。

按照温度测量原理可以把测温元件分为热膨胀型、热电势型、热电阻型和热辐射型四类,其中前三类一般用作接触式测量,后一类用作非接触式测量。常用测温仪表种类及使用温度范围详见附表34。

热膨胀型是利用物体的热胀冷缩原理测量温度的,也括液体膨胀式温度计、固体膨胀式温度计和压力式温度计等。热电阻型是利用物体的电阻随温度变化的原理来测量温度的,常见的有铂电阻温度计、铜热电阻温度计和热敏电阻半导体温度计。热电偶属于热电势型温度传感器,它是把温度的变化转换为热电势的变化。热辐射型是利用物体的辐射能随温度变化的原理测量温度,光学高温计、光电高温计、辐射高温计、比色高温计、红外高温计就属于热辐射型温度测量仪器。

热处理炉中应用最多的是热电势型温度计,它通常是以热电偶作为感温元件,与相应的补偿导线和仪表组合在一起的。

13.2.3　热电偶

热电偶是工业测温中使用最广泛的温度传感器之一,它与铂热电阻一起约占整个温度传感器总量的 60%。热电偶可以直接测量各种生产过程中 $-40 \sim 1\,800\ ℃$ 范围内的液体、蒸气和气体介质以及固体的表面温度。热电偶常因需要不同而形状各异,但是它们的基本结构却大致相同。在温度测量中,热电偶的应用极为广泛,它具有结构简单、性能稳定、制造和使用方便、测量范围广、精度高、惯性小和输出信号便于远传等许多优点。

1. 热电偶测温的基本原理

将两种不同材料的导体或半导体 A 和 B 两端相互连接,构成闭合回路,如图 13-1 所示。当两接点存在温度差时($T > T_0$),该闭合回路中将产生一个电动势,该电动势的方向和大小与导体的材料及两接点的温度有关,这种现象称为热电效应或塞贝

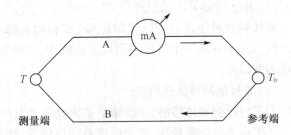

图 13-1　热电偶测温原理示意图

克效应。其中 A 和 B 这两种材料称为热电极,其组成的回路称为热电偶,产生的电动势则称为热电动势。热电偶与被测物体接触的一端,称为热电偶的测量端或热端;另一端在温度恒定的外部环境中,称为热电偶的参考端或冷端。

热电动势由两部分组成,一部分是两种导体的接触电动势,另一部分是单一导体的温差电动势。热电偶回路中热电动势的大小,只与组成热电极的材料和两接点的温度有关,而与热电偶的形状尺寸无关。当热电偶两电极材料固定后,热电动势便是两接点温度 T 和 T_0 的函数。如果使冷端温度 T_0 保持不变,则热电动势便成为热端温度 T 的单值函数,测量出热电势的大小就知道测量端的温度了,这就是热电偶测量温度的原理。

热电偶实际上是一种能量转换器,它将热能转换为电能,用所产生的热电势测量温度,对于热电偶的热电势,应注意如下几个问题:

(1)热电偶的热电势是热电偶两端温度函数的差,而不是热电偶两端温度差的函数;

(2)当热电偶的材料均匀时,热电偶所产生的热电势的大小与热电偶的长度和直径无关,只与热电偶材料的成分和两端的温差有关;

(3)当热电偶的热电极材料成分确定后,热电偶的热电势大小只与热电偶的温度差有关;若热电偶冷端的温度保持一定,此时热电偶的热电势仅是工作端温度的单值函数。

2. 热电偶的种类

热电偶可分为标准热电偶和非标准热电偶两大类。所谓标准热电偶是指国家标准规定了其热电势与温度的关系、允许误差、并有统一的标准分度表的热电偶,它有与其配套的显示仪表可供选用。非标准热电偶在使用范围或数量级上均不及标准热电偶,一般也没有统一的分度表,主要用于某些特殊场合的测量。

另外,根据热电偶电极材料的不同,热电偶种类繁多,而且各种热电偶的温度测量范围和使用环境也各不相同。常用热电偶的种类、使用温度及使用环境见附表 35,供选择热电偶时参考。

热电偶类型的选择除考虑测量温度范围外,还应注意其对热处理气氛的适应性。例如,在还原气氛中 J 型热电偶要优于 K 型热电偶;而在氧化气氛中,K 型热电偶则优于 J 型

热电偶。K 型热电偶对硫(S)非常敏感,易被其污染;在含氧量较低的气氛中,含 Cr 的热电极会优先氧化,产生绿蚀,降低输出信号。

标准铂铑 - 铂热电偶分两个等级,即一等,二等。标准铂铑 - 铂热电偶用于检定低一等的铂铑热电偶或作为实验室高精度测温的一次仪表,其特性见表 13 - 1。

表 13 - 1　标准铂铑 - 铂热电偶特性

规格型号	一等标准(S - 10 - 1)	二等标准(S - 10 - 2)	二等标准(B - 30/6 - 2)
铂铑纯度 R_{100}/R_0	≥1.392 5	≥1.392 0	
基本误差[①]	1 084.88 ℃ ±30 μV	1 084.88 ℃ ±30 μV	1 300 ℃ ±10 μV
稳定度不超过/μV	3	5	8
连续和最高使用温度/℃	1 300	1 300	1 600
直径/mm	0.5	0.5	0.5
长度/m	1	1	1

注:①当参考端温度为 0 ℃时,测量端在铜点温度为 1 084.88 ℃或 1 300 ℃时,测量误差为两次测量的热电势差值。

铂铑 - 铂热电偶使用温度范围宽、性能稳定、精度高、热电势较大,适宜在氧化、中性气氛中使用,但价格贵,不宜在还原气氛中使用。

镍铬 - 镍硅、镍铬 - 铜镍热电偶的热电势大、精度高、价格便宜,适宜在中性及氧化气氛中使用,但均匀性较差,线质较硬。其中镍铬 - 铜镍电势虽大,但易氧化。

热电偶的测量精度与所选的级别有关,一级精度最高,二级次之,三级最低。在高温测量中,S 型或 R 型精度优于 B 型热电偶,价格也较昂贵。测量精度要求高时,应选用较贵重的 S 型热电偶,一般情况下选用 B 型热电偶。中低温测量时,推荐采用经济实用的 K 型或 E 型热电偶。常用热电偶的测量范围及精度见附表 36。

3. 热电偶的结构

热电偶根据结构不同,分为铠装热电偶、快速热电偶和表面热电偶等。快速热电偶使用两根热电极焊接而成,用于测量熔融金属的温度时,每次使用后都要更换,如测量钢水的温度,因此又称为消耗热电偶。表面热电偶测量固体表面的温度,可根据固体表面不同形状加工成不同的结构形式,采用不同的安装方式。在热处理炉温度控制中,快速热电偶和表面热电偶几乎不采用,最常用的是铠装热电偶。

(1)铠装热电偶的结构与组成

铠装热电偶是将热电极包裹在金属保护管中,并隔以绝缘材料,具有可自由弯曲、反应速度快、耐压、耐冲击等特点。普通铠装热电偶是由热电极、绝缘套管、保护管、接线端子及接线盒五部分组成的,其基本结构如图 13 - 2 所示,通常和显示仪表、记录仪表及电子调节器配套使用。

①热电极　热电极材质由所测温度的高低决定,可分为普通金属热电极和贵金属热电极两类。贵金属热电极的直径一般为 0.3 ~ 0.6 mm;工业生产用的普通金属热电极直径为 1.5 ~ 3.5 mm。热电极的长度主要取决于热端插入测温部位的深度,并和其热交换特点有关,一般长度在 250 ~ 3 000 mm 范围之内。

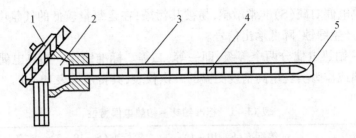

图 13 - 2 铠装热电偶的基本结构

1—接线盒;2—接线端子;3—保护管;4—绝缘材料;5—热电极

②绝缘材料 绝缘材料是由耐高温氧化物绝缘材料(如氧化镁、氧化铝)制成的,它可以防止两根热电极短路,保护热电偶免遭腐蚀并提高热电偶强度。热电偶的绝缘材料很多,大体上可分为有机和无机两类。处于高温端的绝缘物必须采用无机物,通常在 1 000 ℃以下选用黏土质绝缘管,在 1 000 ~ 1 300 ℃选用高铝管,在 1 300 ~ 1 600 ℃则选用刚玉管。绝缘材料一般加工成套管形状,其芯孔直径与热电极的直径匹配使用。按照截面形状绝缘套管分为圆形和椭圆形;按照芯孔个数,绝缘套管又有单孔、双孔、四孔和六孔之分,可分别制成 1 ~ 3 支铠装热电偶。

③保护管 保护管起保护热电偶的作用,使热电偶电极不直接与被测介质接触,它不仅可延长热电偶的寿命,还可起到支撑和固定热电极、提高其强度的作用。因此,热电偶保护管的选择是否合适,将直接影响到热电偶的使用寿命和测量的准确度。保护管材料主要分为金属和非金属两大类。金属材料套管常用碳钢、不锈钢、高温合金钢等制作,可弯曲,便于安装和使用。非金属材料保护管一般由各种陶瓷材料加工而成,能承受较高温度,在高温电阻炉中使用较多。常用热电偶保护管材料及使用温度见附表37。

④接线盒 接线盒用来连接热电极和传输导线,连接处均有正、负极性标志。按照结构形式,接线盒又分为普通型、防溅型、防水型和防爆型等。为防止脏物进入而影响接线的可靠性,出线孔和盖子都有垫片密封。

(2)铠装热电偶的主要特点

①测量准确 铠装热电偶可以做得很小、很细,因此具有较小的热惯性和热容量,即使被测物体的热容量非常小,也能测量得很准确。

②安装、使用方便 金属保护套管经过完全退火处理后,具有很好的挠性,可以任意弯曲,便于安装。

③使用范围广 由于热电极、绝缘材料和金属保护管的组合体结构坚实,耐振动和冲击,也耐高压,因而有较强的环境适应性。

④寿命长 热电极有绝缘套管的气密性保护,并用化学稳定性好的材料进行绝缘覆盖,具有较长的使用寿命。

4.热电偶冷端温度的补正

热电偶的分度表是在其冷端温度为 0 ℃时测定的,因此只有在冷端温度为 0 ℃时,才能根据测得的热电势大小,用分度表查出正确的被测温度值。然而,实际使用时,热电偶冷端温度会受环境温度的影响而产生波动,不可能恒为 0 ℃,必然会引起测量误差。

为了消除冷端温度变化所引起的测量误差,通常用补偿导线将热电偶和测温仪表连接起来,如图 13 - 3 所示。

补偿导线是一对化学成分不同的金属线。在 0 ~ 100 ℃ 范围内,补偿导线与其配接的热电偶具有相同的温度 – 热电势关系。用价格便宜的补偿导线和价格昂贵的热电极连接,相当于把热电极的冷端移到温度恒定的较远处,然后测出这个恒定的温度值,再对热电偶冷端进行补正。常用热电偶补偿导线特性及允许偏差见附表 38。

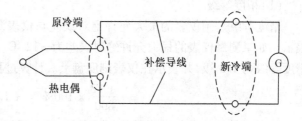

图 13 – 3　补偿导线与热电极的连接

（1）补偿导线选用注意事项

①要选用相对应的补偿导线与热电偶进行配接;

②补偿导线与热电偶连接端的温度应低于 100 ℃,并保持恒定;

③补偿导线也有正、负极之分,其正极必须连接热电偶的正极,负极连接负极。

（2）补正方法

为保证测量温度的准确性,采用补偿导线与热电偶连接后,仍需对不为 0 ℃ 恒定冷端温度进行补正,常用的补正方法有如下几种。

①计算电势补正法　若冷端温度恒定为 T_0',则由温度 – 热电势对照表上查出温度差为 $(T_0' \sim 0\ ℃)$ 时所产生的电动势 $E(T_0' - 0)$,将它与冷端温度为 T_0' 时仪表指示的相应的热电势 $E(T, T_0')$ 相加,再以此补正后的热电势查得相应的温度,即为所测得的真实温度。

②调节仪表机械零点补正法　当热电偶与二次仪表成套使用时,对于温度刻度具有机械零点调节器的二次仪表（如动圈式显示仪表）,在测量精度要求不太高时,可将仪表指示针从刻度起点预先调节到已知的冷端温度（通常为环境温度）上,从而认为,仪表的指示值就是热电偶的热端温度值。

③冷端温度补偿器　该方法又称为补偿电桥法,是在热电偶与二次仪表间连接冷端温度补偿器,自动补偿冷端温度变化而产生的测量误差,如图 13 – 4 所示。补偿电桥法主要用于以毫伏计作为二次仪表的热电偶回路中,电子电位差计和简易电子调节器都附有冷端温度自动补偿装置,不需要再进行冷端补偿。

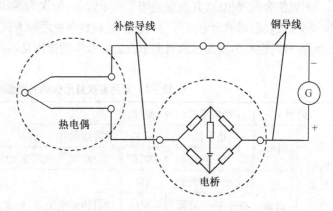

图 13 – 4　冷端温度补偿器的测温线路示意图

13.2.4　测温仪表

测温仪表是将测温元件输出的热电势信号加以放大、指示或记录的仪表,又称为温度显示仪表。

1. 测温仪表的技术指标

通常评定测温仪表的技术指标有精度等级、灵敏度和稳定性。

(1)精度等级

精度等级是用仪表的最大允许绝对误差与仪表测量范围比值的百分数的数字部分来表示。如果测量仪表的最大允许绝对误差为 ±12 ℃,其测温范围为 0~800 ℃,则该仪表的精度等级为 1.5 级,并表示在仪表刻度盘上。计算过程为

$$\frac{\pm 12}{800} \times 100\% = \pm 1.5\% \qquad (13-1)$$

绝对误差指使用仪表测量某一温度时,仪表的指示值与该温度的实际值之差。知道了仪表的精度等级,便可算出该表可能产生的最大绝对误差。在选用仪表测温范围时,尽量使仪表在温度的上限区工作,这样才有最合理的相对误差。

精度等级是重要指标,精度等级高的仪表测温准确,但成本高。在选用时,应按工艺需要合理选用。

(2)灵敏度

灵敏度是反映测量仪表对被测参数变化的灵敏程度。通常用被测温度变化 1 ℃时,仪表指针位移的大小来衡量,位移愈大说明仪表灵敏度愈高。

但需指出,精度等级仍是主要的,不能认为灵敏度大读数就准确,故通常规定仪表标尺上的最小分格值不能小于仪表允许误差的绝对值。

(3)稳定性

稳定性指仪表在相同条件下,对一个被测数值进行多次测量时,所得数值的稳定程度,通常用"变差"来表示。所谓"变差"就是用同一仪表,在相同条件下,对一个被测数值从不同的方向进行多次测量,在所得到的不同测量结果中取其最大的差值。"变差"通常也用它占仪表测量范围的百分数来表示,并要求这个百分数不得超过仪表精度等级的 1/2。"变差"亦称不灵敏区,当仪表的"不灵敏区"超过规定值时,仪表不能再使用。

2.测温仪表种类和特点

测温仪表发展很快,其发展经历了三个阶段,依次为模拟式仪表、数字式仪表和智能化仪表。测温仪表根据输出形式可分为模拟量和数字量两种方式。大部分测温仪表已经与控温仪表合为一体,也称为温度显示与调节仪表。常用的温度显示仪表的类型和特性见表 13-2。

表 13-2　常用温度显示仪表的类型和特性

类别		结构形式		型号	主要功能
模拟量显示仪表	动圈式	指示仪		XCZ	单针指示
		调节仪		XCT	二位调节,三位调节,时间比例调节,PID 调节,时间程序调节
	自动平衡式	电子电位差计		XW	单针指示或记录,双笔记录或指示,多点打印记录或指示,带电动调节,带气动调节,旋转刻度指示,色带指示
		电子平衡电桥	直流	XQ	
			交流	XD	
		电子差动仪		—	
数字量显示仪表	数字式	显示仪		XMZ	用数字显示被测温度的物理量
		显示调节仪		XMT	显示,位式调节和报警
	图像字符显示	数字式		CRT	人-机联系装置
		视频式			

（1）动圈式温度指示调节仪

动圈式温度指示调节仪表直接对模拟信号进行测量或控制,用指针的运动来显示测量结果。根据所配的感温元件的不同,可分为毫伏计式(配热电偶)和不平衡电桥式(配热电阻)两大类,统称 XC 系列仪表。毫伏计式采用偏位法测温,外接电阻一般规定小于 15 Ω,其原理如图 13 –5 所示。

这类仪表结构简单,量程较宽,价格较低廉。当动圈式温度指示调节仪表与热电偶配用时,因无热电偶冷端温度自动补偿装置,必须对仪表的显示温度进行修正,常用调整仪表机械零位法。

（2）电子自动平衡指示调节仪

它是一种连续显示与记录被测参数变化情况的自动化仪表。它可以直接输入电压、电流、热电偶、热电阻信号,也可以通过变送器来测量记录温度、压力以及流量等参数。

常用的电子自动平衡温度指示调节仪表主要有电子电位差计(配热电偶)和自动平衡电桥式(配热电阻) 两种类型,主要区别仅在于测量电路不同,其主要型号分别为 XWB、XWC、XWD 和 XQB、XQC、XQD。电子电位差计采用零位法测温,外电阻要求小于 10 Ω,该仪表价格较高,但是扭矩大、耐振,精度高且不受外电阻影响,其原理如图 13 –6 所示。

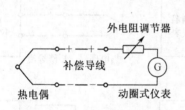

图 13 –5　偏位法测温原理图

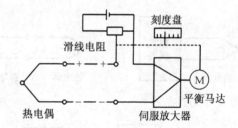

图 13 –6　零位法测温原理图

（3）数字式温度显示仪

数字式温度显示仪表将模拟信号转化为直观显示的数字信号进行测量和控制,使响应速度和测控精度有了很大的提高。其以集成电路为核心,具有测量、显示、调节功能。

（4）数字智能调节仪表

该仪表实质就是以微处理器为主体代替常规电子电路的新一代数字式仪表,因此能实现逻辑判断、运算、存储、识别等功能,甚至能实现自校正、自适应等控制功能。该仪表功能多,智能化程度高,可多量程输入,控制精确,能实现工艺程序控制和监控,是热处理生产的现代化控制仪表。

3. 测温仪表的选择

在选择测温仪表时,应以测温及控温系统的性能要求为出发点,同时考虑生产条件和价格。性能要求主要指该测温仪表所配接的测温元件的类型、输出的信号可控制何种执行器、调节器可否满足控制回路的要求及生产环境适应性。

（1）选用常规模拟量显示式仪表只能进行显示、调节和记录,其性能稳定,价格便宜,但温度显示不够直观,控温精度较差,没有智能功能,不能进行程序控制。当控温精度要求不高,又不需要记录时,可选用动圈式仪表;当要求控温精度较高,又需要记录时,常选用带 PID 调节的自动平衡式显示调节仪。

（2）选用数字仪表时,温度值直接由数字显示,直观明确,当温度控制要求不高时,可选用集成电路为硬件主体的仪表,当有智能化要求时,应选用微处理器为核心的智能仪表。

（3）当温度检测点较多时,可选用多回路温度显示仪或多回路智能调节仪,实现一表多控,减少硬件要求;在此情况下,一般同时配备两块相同型号的仪表,其中一块仪表备用。

（4）高温检测或工作环境恶劣时,一般采用双支热电偶,配备双仪表进行温度调节和控制,一块仪表主控,一块仪表监控,提高系统运行的安全性和可靠性。

（5）当温度调节和过程动作联动时,可采用温度仪表与可编程控制器 PLC 组合使用的结构形式。温度仪表独立控制温度,PLC 独立控制系统的动作过程,并可通过对 PLC 进行编程实现各种动作互锁。

13.2.5 热电偶的接线与使用

1.测温线路的连接方式

采用热电偶作为感温元件来测温时,其测温线路由热电偶、补偿导线、热电转换器(将热电势转换为统一信号的装置)、测量仪表和铜导线组成,根据不同情况和要求其连接方式有六种,如图 13－7 所示。为了避免误差,连接线路中所有接点的两个端子应分别保持在同一温度下。

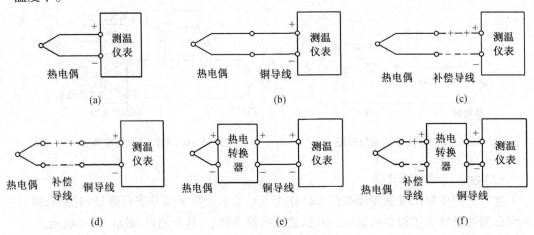

图 13－7　测温线路连接图

2.测温线路

实际测温时,应根据不同的要求选择准确方便的测温线路,热电偶测温线路主要分为串联线路、并联线路和反向串联线路三种。

（1）热电偶串联线路

热电偶串联线路是由几支特性相同的热电偶依次按正负极关系相连接,每支热电偶安装在不同的部位,如图 13－8 所示。该线路产生的热电动势为各支热电偶的热电动势的总和,热电势大,灵敏度高,精度比单支的高,适用于检测微小的温度变化或在相同条件下,可配用灵敏度较低的显示仪表。应用热电偶串联线路时应注意两点:一是只要一支热电偶断路,系统即不能工作;二是某只热电偶短路,不易被发现,如果未能及时察觉,会造成极大的误差。

（2）热电偶并联线路

热电偶并联线路是由几支同型号、规格的热电偶的正极和负极分别连在一起组成的测温回路,如图 13 - 9 所示。并联线路的总电动势为所有热电偶电动势的平均值,比串联线路的热电势小,其相对误差仅为单支热电偶的 $1/n$,某支热电偶断路时不会中断系统工作,常用于检测平均温度或需要准确测量温度的场合。

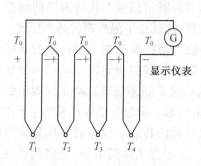 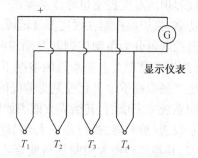

图 13 - 8　热电偶串联线路　　　　　　图 13 - 9　热电偶并联线路

（3）热电偶反向串联线路

热电偶反向串联线路又称为反接回路,是由两支型号相同的热电偶反向连接组成的,并保持两热电偶的冷端温度相同,此时在显示仪表 G 上显示的数值为两热电偶的测温差值,因此该线路常用于测量两处的温度差,如图 13 - 10 所示。

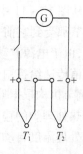

图 13 - 10　热电偶反向串联线路

3. 热电偶使用注意事项

热电偶的安装和使用不当,不但会增加测量误差,而且会降低使用寿命。因此,应根据测温范围和工作环境合理选择热电偶类型,并正确安装和使用。

（1）选择合适的安装部位。应将热电偶安装在温度均匀且能代表工件温度的部位,并远离炉门和热源,避开磁场和电场等干扰电信号的区域。

（2）热电偶测量端应尽量靠近工件。热电偶插入炉膛的深度一般不应小于热电偶保护管外径的 8 倍,其测量端靠近工件的同时要保证工件的顺利、安全装卸。

（3）接线盒应远离炉壁。为了防止热电偶冷端温度过高,接线盒应距离炉壁 200 mm 左右。

（4）为了防止保护管高温变形,热电偶尽量垂直使用。若需水平安装,热电偶插入部分应采用支架支承,插入深度≤500 mm,并且使用一段时间后要旋转 180°。

（5）安装空隙应密封处理。为了防止空气对流影响测量准确性,保护管和炉壁之间的空隙以及接线盒出线空隙必须用耐火材料堵塞。

（6）反射炉或油炉的温度测量时,热电偶应避开火焰的直接喷射。

（7）低温测量时,为了减少热电偶的热惯性,可采用保护管开口或无保护管的热电偶。

（8）经常检查热电极和保护管的使用情况。如果发现热电极表面有麻点、泡沫、局部直径变小及保护管表面腐蚀严重的现象时,应停止使用并及时更换。

13.3　炉温的控制

13.3.1　炉温控制的基本原理

热处理炉的温度控制也称作温度调节,是根据实际测量温度与设定温度的偏差改变实际输入功率,将炉温控制在设定温度范围之内的过程,这就是炉温控制的基本原理。

炉温控制可分为手动控制和自动控制。炉温的自动控制是在手动控制的基础上发展起来的,是指在没有人直接参与的情况下,能够控制炉温按照指定的运动规律变化。现代热处理生产是以高度自动化控制为前提的,炉温的精确控制是依靠自动化仪表组成的炉温自动控制系统来完成的,其组成方框图如图 13-11 所示。炉温自动控制系统主要由测温元件和显示仪表、控制器、执行器三大环节组成。测温元件和显示仪表的作用是实时测量和显示炉温,并将其转换为控制器所能接收的信号。控制器又称调节器,是将接收的测量信号与设定信号进行比较,并将比较后的偏差按照预定的规律进行计算,然后将计算结果送给执行器。执行器则根据控制器发出的控制信号进行相应的操作。

从图 13-11 中还可以看出,炉温自动控制系统的各个环节之间存在相互作用关系,每个环节都受到它前一个环节的作用,同时又对后一个环节施加影响,构成负反馈闭环系统。例如,由于电源波动或炉门开关等外界干扰,炉温偏离了设定温度,则通过测温元件将实际温度值传递给控制器中的比较机构与设定温度进行比较,比较后的偏差信号送入调节机构,调节机构根据偏差的性质和大小输出一个命令信号给执行器,执行器根据该命令信号改变热处理炉的输入功率,减小炉温与设定温度的偏差,直至炉温恢复到设定温度,从而实现热处理温度自动控制。

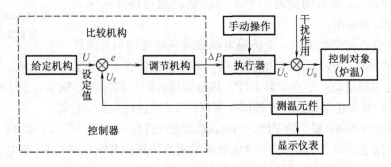

图 13-11　炉温自动控制系统组成方框图

13.3.2　控制器

在炉温控制系统中,控制器是一个关键环节,一般为温度指示调节仪,起比较和运算作用,包括对温度测量信号的处理、温度测量信号与设定值的比较以及运算产生控制量。

1. 炉温动态特性

为了实现炉温的准确自动控制,必须了解炉温的动态特性。炉温的动态特性是指输入炉子的功率与炉温变化存在的依存关系。各种热处理炉及不同的热处理工艺都有各自的炉温动态特征,一般由以下四个典型环节组合而成。

（1）惯性环节

热处理炉在冷炉升温阶段，由于热处理炉中存在物料存储部件和能量存储部件，当输入功率发生变化时，炉温不能立即以同样的速度变化。

（2）积分环节

热处理炉在升温阶段，炉温会随着加热功率线性累积而升高。

（3）纯滞后环节

对于具有炉罐的热处理炉，当加热功率发生变化时，由于加热元件在炉外，而测温元件（如热电偶）在炉内，炉温要等待一段时间之后才能对输入功率有所反应。

（4）比例环节

热处理炉温度无延误的反应输入功率的变化。

2. 基本控制规律

当炉温系统受到干扰作用后，炉温能否回到设定值，或者经何种方式、经多长时间才能回到设定值，将完全取决于控制器输出信号 ΔP 与输入信号 e 之间的关系，该关系称为控制规律，控制规律决定了温度的控制精度和特性。基本控制规律包括位式控制、比例控制、积分控制和微分控制。

（1）位式控制

与输入信号 e 相应的输出信号只有两个或几个固定值的控制规律为位式控制。二位式控制是位式控制的基本形式，它只有通、断两种工作状态。二位式控制的输入信号与输出信号的关系为当 $e > 0$ 时，$\Delta P = P_{\max}$；当 $e < 0$ 时，$\Delta P = P_{\min}$。

位式控制器是最早出现的，也是最简单的温度控制器，属于断续式控制，因其结构简单、成本低、使用维修方便，经过不断改进至今仍广泛应用。

（2）比例控制（P）

比例控制的输出信号与其输入信号成比例关系，即

$$\Delta P = K_{\mathrm{p}}e \tag{13-2}$$

K_{P} 为常数，称为比例增益。可见，只要偏差信号 e 存在，控制器输出立即与输入成比例的变化，但是不能消除系统静差（实际温度与设定温度之差的绝对值）。比例控制可以使被控制量朝着减少偏差的方向变化。提高比例常数，有利于提高系统准确度，缩短过渡过程时间，但易引起被控制量的振荡使稳定性变差。

（3）积分控制（I）

积分控制器的输出信号是其输入信号的积分，即

$$\Delta P = \frac{1}{T_{\mathrm{I}}}\int_0^t e\mathrm{d}t \tag{13-3}$$

T_{I} 为积分时间。可见，只要偏差信号 e 存在，输出信号就会随时间不断变化，直至偏差信号消除为止。积分作用有利于消除系统的静差，但是输出是随偏差存在的时间慢慢增大的，控制过程时间加长，具有滞后性，如果积分时间过小（即积分速度过大）会使系统输出量的超调很大，稳定性变差。

（4）微分控制（D）

微分控制的输出信号与它的输入信号的变化速率成正比，即

$$\Delta P = T_{\mathrm{D}}\frac{\mathrm{d}e}{\mathrm{d}t} \tag{13-4}$$

T_D 为微分时间。可见，偏差信号的变化速率越大，微分作用的输出越大。而对于固定不变的信号偏差，不管它有多大，都不会有微分输出，所以它不能消除静差。微分控制有预测作用，即可根据输入信号变化状态进行控制。增大微分时间，能加快控制过程，减少动态偏差和稳态偏差。但是微分时间过大，系统对干扰特别敏感，以致影响正常工作。

（5）组合控制

由于以上四种基本控制规律具有各自的缺点，一般不能单独使用。在实际应用中，可将比例控制、积分控制和微分控制相互组合起来，形成具有新型控制规律的控制器，包括 PI 控制器、PD 控制器和 PID 控制器。其中 PID 控制器是一种较完善和精确的组合控制方式，它是一种负反馈控制，并且具有原理简单、使用方便、适应性强等优点。目前，PID 控制已经成为温度控制中最基本的控制方式。其输出与输入关系为

$$\Delta P = K_P \left[e(t) + \frac{1}{T_I} \int_0^t e(t)\,dt + T_D \frac{de(t)}{dt} \right] \tag{13-5}$$

PID 控制中的比例控制能根据偏差的大小，快速按比例输出信号使偏差较快得到校正，而积分控制最终能消除静差，微分作用则实现了超前调节，大大缩短了调节时间。因此，PID 控制是一种较完善、控制精度较高的控制方法，它适用于热处理炉温度控制等过程控制通道时间常数或容量滞后较大、控制要求较高的场合。

13.3.3 执行器

执行器是接受控制器发出的某一控制规律的信号，然后通过控制电路的"通"与"断"的程度来改变热源的功率，从而实现温度自动控制的器件。热处理电阻炉常用的执行器包括继电器、交流接触器、饱和电抗器、磁性调压器和晶闸管执行器。

1. 继电器

在电阻炉电控线路中，常用继电器放大仪表输出的控制信号直接驱动较小电流的执行器机构，或将信号传给其他有关元件。继电器一般由吸引线圈、铁芯、复位弹簧以及常闭触点和常开触点组成。当线圈通电时，铁芯被吸引，通过联动机构使常闭触点开启，常开触点闭合，从而控制电阻炉电控线路的通断。

2. 交流接触器

交流接触器是控制大电流信号的执行元件，在电路主控回路及大功率控制电路中应用较广。用于交流电路系统中频繁的接通和断开带有负载的主电路或大容量的控制电路，可以实现远距离自动控制。其主要由电磁系统和触点系统两部分组成，电磁系统包括吸引线圈（并联在单相交流电源上）、铁芯和衔铁。触点系统包括几对常开的主触点（串联于主线路）和多对辅助触点（一般接在控制电路中）。当吸引线圈通电时，铁芯产生磁力，衔铁被吸合，带动主触点与静主触点闭合，此时主电路接通，反作用弹簧被拉伸，常开辅助触点闭合，常闭辅助触点开启；当吸引线圈断电时，吸力消失，衔铁被释放，在反作用力弹簧的作用下，各运动部件复位。

3. 饱和电抗器

饱和电抗器是由主绕组（与负载串联，并由交流电源供电）和控制绕组（与直流电源相接）两部分组成的执行元件。该元件通过改变磁路中的磁导率来调节负载电流，进而达到控制热处理炉功率的目的。当控制绕组直流电流增加时，磁导率减小，主绕组的电感也随之减小，此时流过负载的交变电流增大；反之，则流过负载的交变电流减小。

4.磁性调压器

磁性调压器主要由变压器初级和次级绕组、饱和电抗绕组和直流激磁绕组四部分组成。当增大激磁线圈的电流时,饱和电抗绕组的感抗减小,即其电压降减小,变压器初级和次级绕组的电压增大,从而达到调节热处理炉功率的目的。

磁性调压器没有可动触点部分,可以平滑连续调节电压,既能调压也能变压,反应速度较快,适用于自动控制系统的执行元件,在热处理生产中,主要用来控制浴炉温度。

5.晶闸管执行器

晶闸管又称为固态继电器或可控硅,是能实现弱电控制强电的大功率半导体元件,主要用作供电线路的无触点开关,具有体积小、质量轻、寿命长、效率高、动作快、无噪音、易控制、使用方便等许多优点。晶闸管的应用使得输入功率能连续调节,实现炉温的连续控制,目前在电阻炉温度自动控制中,得到了广泛的应用。

晶闸管执行器根据控制方式的不同,分为调压器和调功器。晶闸管调压器采用移相触发方式,利用晶闸管导通角度的变化改变热处理炉能量供给,从而实现温度的自动控制,多用于阻性负载的温度控制中。其主要包括输入回路、反馈回路、放大 – 触发线路、脉冲变压器、晶闸管元件等部件,适用于电阻炉的调压。但是晶闸管调压器有一个很大的缺点,由于采用的是移相触发,必然在负载端得到的是有缺陷的正弦波,将会引起电源波形的畸变,影响周围电子设备,而且一般不用于感性负载(如带变压器的电阻炉)。

晶闸管调功器采用过零触发方式,以开关状态串联在电源与负载之间,通过控制晶闸管导通与截止的时间之比达到调节热处理炉的加热功率。由于采用了过零触发,晶闸管导通时的波形为完整的正弦波,可以消除高次谐波干扰电网问题,提高设备运行功率。晶闸管调功器适用于大功率电阻炉的温度控制,多用于感性负载的温度控制中,而且稳定、可靠。

热处理电阻炉常用的执行器及其特点见表 13 – 3。

表 13 – 3　热处理电阻炉常用的执行器及其特点

特点	执行器					
	继电器	交流接触器	饱和电抗器	磁性调压器	晶闸管调压器	晶闸管调功器
输出功率能否连续调节	不能	不能	能	能	能	连续性较差
耐过载能力	强	强	强	强	弱	弱
有无机械触点	有	有	无	无	无	无
寿命	短	短	最长	最长	长	长
体积	小	小	大	最大	小	小
能执行的控制规律	位式,时间比例断续 PI,断续 PID		位式,时间比例,断续 PI,连续 PID		断续 PID 连续比例,连续PI,连续 PID	

13.3.4　炉温控制系统

根据控制器种类的不同,温度的控制可分为断续式控制和连续式控制两大类。断续式控制是指恒定施加在电炉电热元件的端电压,通过改变在单位时间通电(或断电)的时间长短来控制供给电炉的实际平均功率以达到调节温度的目的。断续式控制主要包括位式控制、时间比例控制等。连续式控制是指电炉始终通电状况下，通过改变电热元件的端电压来控制供给电炉的实际平均功率以达到调节温度的目的，而且端电压在一定范围内是可以连续变化的。采用可控硅调压器或调功器作为执行器的 PID 控制属于这种类型。

1. 位式控制系统

位式控制是最简单的温度控制方式，属于断续式控制。该方式将控制仪表与继电器或交流接触器结合，依靠控制接触器的通断，来控制电热元件通电或断电，达到控制输入功率，从而控制炉温的目的。控制仪表一般采用动圈式温度控制器，交流接触器作为执行器。

（1）二位式控制系统

二位式是位式控制的基本形式，它只有通、断两种工作状态，并且存在 2σ 的不灵敏区，其控制过程及控制原理如图 13－12 所示。当电炉自动空气开关 S_0 接通后，转换开关 ZK 接至自动接点 Z，当炉温 T_n 与设定温度 T_p 偏差在 $-\sigma$ 以下时，即炉温低于温度下限 $T_p - \sigma$，二位式温度控制器作用，将定值电接点 K_2（或灵敏继电器接点）接通，继电器 J 线圈通电，继电器触点 J_1 闭合，使交流接触器 C 动作，主触头 C_1 闭合，电炉的电热元件通电，输出恒定最大功率 P_{max}，电炉开始升温。在升温过程中，交流接触器主触头 C_1 始终处于闭合状态；当炉温 T_n 与设定温度 T_p 偏差大于 σ 时，即炉温高于温度上限 $T_p + \sigma$，二位式温度控制器作用，并将定值电接点 K_2（或灵敏继电器接点）断开，继电器 J 线圈断电，继电器触点 J_1 断开，交流接触器主触头 C_1 也断开，电炉断电。由于热惯性，炉温会继续上升一段时间才开始下降；当炉温下降至低于温度下限 $T_p - \sigma$ 时，位式温度控制器作用并再次接通定值电接点 K_2，电炉加热，同样由于热惯性，炉温会继续下降一段时间才开始上升。此后，位式温度控制器周期性重复上述过程，从而将炉温控制在给定的范围内。

从图 13－12（a）中还可以看出，二位式控制过程是一个稳定的持续振荡过程，炉温在设定值 T_p 附近以近似正弦曲线波动。炉温波动的幅度、频率与控制器的不灵敏区 2σ、功率、热惯性以及测温元件热惰性等因素有关。不灵敏区与热惯性越大，炉温波动幅度越大，波动的频率则越小；反之，波动的幅度越小，而波动的频率越大。一般二位式控制系统的炉温波动幅度可达 $\pm(10 \sim 25)$ ℃。

由于二位式控制只有通、断两个状态，其输入的加热功率从“零”突变到“最大”，或者从“最大”突变到“零”，因而炉温波动性较大，控制精度也较低。为了减小二位式控制器不灵敏区和热惯性对炉温控制的影响，提高其控制精度，还发展了超前二位式控制。在二位式控制系统基础上，超前二位式控制系统添加了两支热滞后性差别较大的热电偶，并将其反向连接后与测温热电偶串联，于是在测温回路中增加了附加热电势，该热电势转换为温度信号使控制器提前检测到温度偏差，从而控制电炉提前断电或通电。超前二位式控制能达到较高的控制精度，但是增加了交流接触器的启闭频率，缩短了其使用寿命。

（2）三位式控制系统

对于大功率电阻炉，可采用三位式控制方式。该控制方式除利用位式控制器的上、下限设定值外，还把加热电路设计为三角形与星形转换方式。当温度低于设定值下限时，采用三角形接法，以较大的功率升温；当温度在设定值的上、下限之间时，采用星形接法，减小加热功率，保持温度的稳定性；当温度高于设定值上限时，切断热电源。图 13－13 为三位式温度控制原理电路图。

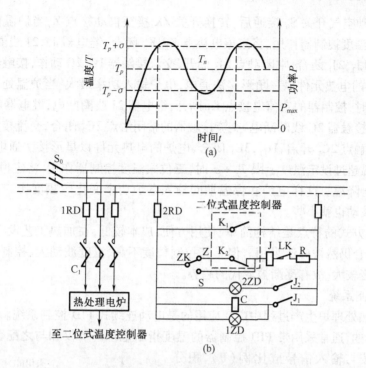

(a)

(b)

图 13 – 12　二位式控制方式的炉温控制过程及控制原理电路图

(a)炉温控制过程;(b)控制原理电路图

S₀—自动空气开关;C—交流接触器;C₁—接触器主触头;J—中间继电器;J₁,J₂—中间继电器触点

R—高温熔断器;RD—熔断器;LK—连锁开关;ZK—转换开关;K₁,K₂—定值电接点;ZD—指示灯

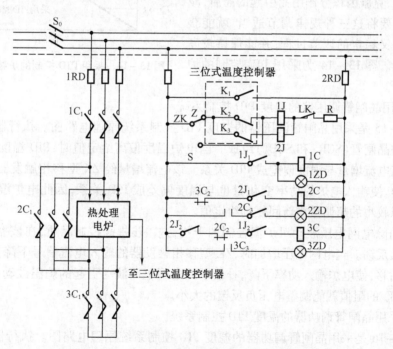

图 13 – 13　三位式控制方式的控制原理电路图

S₀—自动空气开关;C—交流接触器;C₁—接触器主触头;C₂—接触器常闭触头;C₃—接触器常开触头;J—中间继电器;

J₁,J₂—中间继电器触点;R—高温熔断器;RD—熔断器;LK—边锁开关;ZK—转换开关;ZD—指示灯

当电炉自动空气开关 S_0 接通后，转换开关 ZK 接至自动接点 Z，当炉温低于温度下限 $T_p - \sigma$，三位式温度控制器作用，将定值电接点 K_2，K_3 闭合，继电器 1J，2J 线圈通电，继电器常开触点 $1J_1$，$1J_2$，$2J_1$ 闭合，常闭触点 $2J_2$ 断开，交流接触器 1C，2C 动作，接触器主触头 $1C_1$，$2C_1$ 闭合，电炉的电热元件以三角形接法通电，电炉输入功率最大；当炉温处于温度上限和温度下限之间时，控制器的定值电接点 K_3 断开，继电器 2J 线圈断电，继电器触点 $2J_1$ 断开，$2J_2$ 闭合，交流接触器 2C 线圈断电，交流接触器的常闭触点 $2C_2$ 闭合，交流接触器 3C 动作，因交流接触器触点 $2C_1$ 开启，$1C_1$，$3C_1$ 闭合，电炉的电热元件以星形接法通电，输入电炉功率降低；当炉温超过设定温度上限 $T_p + \sigma$ 时，三位式温度控制器作用，将定值电接点 K_2，K_3 断开，电路断电降温。这样电炉在保温期间输入电炉功率变化的幅度比二位式控制要小些，因此温度波动也就小些。

位式控制方式的特点是结构简单、使用方便、成本较低，在加热工艺没有严格要求、负荷变化小的场合仍然被广泛采用。但是其控制精度不高、温度波动大、控制器因频繁动作容易损坏、噪音较大，故有逐渐被取代的趋势。

2. PID 控制系统

目前，在热处理炉生产过程中广泛应用的是电动连续式 PID 控制系统。为了达到连续控制炉温的目的，通常采用带 PID 控制器的温度指示记录调节仪和与之配套的执行器，其输出信号是按与输入信号成比例（P）、积分（I）、微分（D）的运算规律而动作的。这三种控制规律的独特作用是：比例控制可产生强大的稳定作用；积分控制可消除静差；微分控制可加速过渡过程，克服因积分作用而引起的滞后，减小超调。只要将这三种规律调节适当，就能获得动作快而又稳定的调节过程，并能保持较高的控制精度。图 13－14 为采用 PID 控制的炉温控制过程。

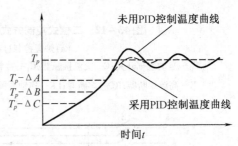

图 13－14　采用 PID 控制的炉温控制过程

（1）采用晶闸管调压器的温度 PID 控制系统

图 13－15 是采用晶闸管调压器的温度 PID 控制系统原理电路图。执行器由 ZK 型移相触发器和晶闸管（SCR_1 和 SCR_2）组成。当电炉温度偏离给定值时，PID 温度显示调节仪输出的直流电流增量与温度偏差成 PID 关系。该电流增量经 ZK 型移相触发器来改变晶闸管的导通角，使输入电炉的功率变化量也与温度偏差成 PID 关系，因此电炉温度就能在较短时间内以较小的超调量重新回复到给定值。

为了消除电网电压波动对炉温控制的干扰，进一步提高控制品质，在该控制系统中添加了电压负反馈。当电网电压增加时，ZK 型移相触发器的输入电流信号下降，晶闸管触发脉冲相位后移，使电炉输入功率下降，补偿了因电网电压波动引起的炉温波动。此外，通过改变电阻 W_4 的阻值就能调整电压负反馈的大小。

（2）采用晶闸管调功器的温度 PID 控制系统

图 13－16 是采用晶闸管调功器的温度 PID 控制系统原理电路图。执行器由 ZK 型过零触发调功器和晶闸管（SCR_1 和 SCR_2）组成。当温度显示调节仪输出电流为 10 mA 时，晶闸管在给定周期中全部导通，所以供给电炉的功率为 100%；相反，当温度显示调节仪输出电流为 0 时，晶闸管在给定周期中全部断开，此时供给电炉的功率为 0；当温度显示调节仪

输出电流在 0～10 mA 间变化时,晶闸管导通时间随温度显示调节仪输出电流的大小而变化。因此,当炉温偏离给定值,且采用 PID 温度显示调节仪时,输入到电炉的功率变化量将与温度偏差成 PID 关系,即对电炉实行 PID 控制。

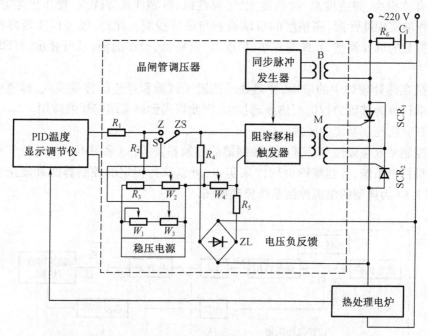

图 13 - 15　采用晶闸管调压器的温度 PID 控制原理电路图

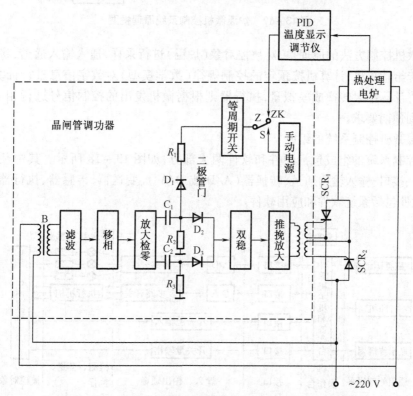

图 13 - 16　采用晶闸管调功器的温度 PID 控制原理电路图

13.3.5 炉温的微机控制系统和微机群控基本原理

用微型计算机进行自动控制的系统称为微机控制系统。相比于常规控制系统,微机控制系统具有体积小、集成度高、灵活性大、适应性强、可靠性高等优点,使用更加方便灵活,对生产过程能实现高性能、高精度的自动检测与最佳控制。此外,还可以实现群控和多种复杂工艺参数的选择调整,系统响应快、精度高、价格低、操作简便,且可显示、打印、记录和故障报警。

计算机在热处理炉中的应用,使热处理摆脱了试验和经验的传统模式,逐渐建立起以精确的科学计算为基础的智能型热处理技术,因此将得到越来越广泛的应用。

1. 炉温微机控制系统的原理

微机控制系统是以微型计算机为控制器的控制系统,可以采用不同的芯片和模块来组成各种微机控制系统,控制规律由软件来实施,可以执行特定的控制算法和复杂的数学模型。图 13 – 17 为典型的微机控制系统原理框图。

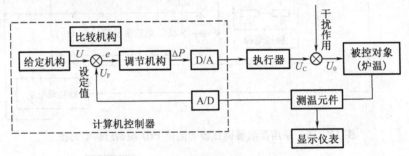

图 13 – 17 炉温微机控制系统原理框图

炉温微机控制方法的原理是,对被控对象(炉温)进行采样,通入输入通道,将模拟量变为数字量传给计算机,计算机按预定的控制规律(数学模型)对数字信息进行计算,并通过输出通道将计算结果转换成模拟量,执行器则根据微机发出的控制信号进行相应的操作,使炉温达到预期要求。

2. 炉温微机控制系统的组成

微机控制系统的组成包括硬件和软件两大部分,如图 13 – 18 所示。其中硬件包括主机、操作台、接口、输入输出通道、转换器(A/D 或 D/A)、变送器、传感器、执行器和各种外围设备;软件包括系统软件和应用软件。

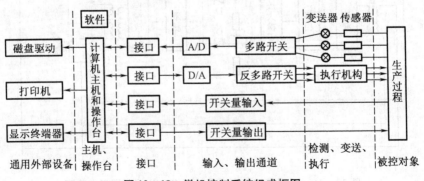

图 13 – 18 微机控制系统组成框图

3. 炉温微机群控的基本原理

炉温群控是指用一台微机实现对多台热处理炉的工艺过程控制。要求它必须快速精确的测量多支热电偶的温度值,并进行运算、判断并加以控制。

对于群控电炉,其执行机构大多使用晶闸管、移相触发或过零触发方式,通过改变晶闸管的导通和截止,以达到调节热处理炉供给功率,进而实现对炉温的控制。

用微机实现对多台电炉的群控,首先要求在每一控温周期中完成对所有被控炉温度的巡回检测,往往使用一个放大器附加一个选通网络电路来完成对各个热电偶信号的巡检,其电路原理如图 13 – 19 所示。PIO 为可编程输入、输出器件。

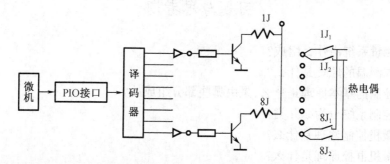

图 13 – 19　选通网络原理图

由微机 PIO 接口定时发出选通信号(其值在 000 ~ 111 之间变化),经过一个 8 – 8 译码器控制 8 个继电器,而每个继电器决定一支热电偶信号的通断。PIO 接口发出一个选通信号时,就有一个继电器吸合,相应热处理炉的热电偶信号就通过放大器和 A/D 转换器而被采入微机,经过数据处理和计算,即可求出该炉温度和所需的输出控制量 P_{ki}。由于选通元件为继电器,并且共用一个放大器,所以当一个信号被采入微机后应立即发出下一个选通信号,然后进行该数据的处理运算。这样可以消除继电器吸合时抖动的影响,特别是当放大器的时间常数较大时,可以防止前一信号对后一信号的影响,以提高群控的质量。上述工作由一个定时中断程序完成,其时间常数为 1 s。

炉温控制是由 PIO 接口定时发送"1"或"0"信号配合过零脉冲发生器完成的,PIO 接口的每一位对应于一台炉子,每一个 PIO 接口有 8 位,可对应于 8 台炉子,只要让 PIO 接口的各位根据 P_{ki} 值的变化置位或复位,即可使各位输出"1"或"0"信号,达到群控的目的。如果要控制更多的炉子,只要改变或增加选通网络的译码器和断电器,并扩充 PIO 接口芯片就可以。

13.3.6　炉温控制电气原理图举例

在 5.8 节中,根据任务要求设计了一台额定功率为 75 kW、额定电压为 380 V 的箱式热处理电阻炉。现以此电阻炉为例,设计了一种简单的二位式控制系统,其电气原理图如附图 1 所示。

当电阻炉自动空气开关 S_0 接通后,电源指示灯 DYD(H)亮。然后,打开钥匙开关 YK,并在温度指示调节仪 B_1 的控制面板上输入设定温度。最后,按下启动按钮 QA。此时,继电器 1J 通电,常开触点 $1J_1$ 闭合。继电器 2J 通电,常开触点 $2J_1$ 闭合,交流接触器 C 工作,常开触点 C_1 闭合,加热电路通电,电流表 A 有电流通过;常闭触点 $2J_2$ 断开,红灯 ZD(H)亮,此时电阻炉处于加热状态。电阻炉通过热电偶将温度信号传给温度指示调节仪 B_1 和中圆图记录仪 B_2,进行温度的测量、控制与记录。当炉温超过设定值后,温度指示调节仪 B_1 和中圆图记录仪 B_2 发出信号,常开开关 B_1N 接通,电铃 DL 响;常闭开关 B_2N 断开,继电器 2J 断电,常开触点 $2J_1$ 断开,常闭触点 $2J_2$ 闭合,绿灯 ZD(L)亮,同时交流接触器 C 停止工作,常开触点 C_1 开启,电阻炉断电处于保温状态。当炉温降低至设定值以下时,温度指示调节仪 B_1 和中圆图记录仪 B_2 发出信号,常开开关 B_1N 断开,常闭开关 B_2N 闭合,继电器 2J 通电,电阻炉通电,再次加热。此后,炉温控制系统周期性重复上述过程,从而将炉温控制在给定的范围内。如果遇到异常情况,可以按下停止按钮 TA,此时继电器 1J 断电,整个线路断开,电阻炉停止工作。当热处理工序完成后,关闭钥匙开关 YK,断开电路,然后关闭自动空气开关 S 即可。

习题与思考题

1. 炉温测量系统由什么组成?
2. 热电偶测温的原理是什么?
3. 炉温控制的基本原理是什么,是由哪些部分组成的?
4. 炉温控制系统分为哪几类?
5. 炉温微机控制原理是什么?
6. 炉温微机群控原理是什么?

附　　录

附表 1　某些常用材料的黑度

材料	温度/℃	ε	材料	温度/℃	ε
铝			红砖	20	0.88~0.93
工业用铝板	100	0.09	耐火黏土砖	1 000	0.75
严重氧化	100~550	0.2~0.33	硅砖	1 000	0.8~0.85
钢			普通耐火砖	1 100	0.59
表面抛光	150~500	0.14~0.32	混凝土	40	0.94
表面粗糙	40~370	0.94	石棉板	40	0.96
钼			炭	100	0.81
表面抛光	550~1 100	0.11~0.18	炭黑	20~400	0.95~0.97
钼丝	550~1 800	0.08~0.29	固体表面涂炭黑	50~1 000	0.96
光亮镍铬丝	50~1 000	0.65~0.79	水(厚度大于0.1 mm)	40	0.96
不锈钢(经重复加热和			盐浴表面	1 200~1 300	0.89
冷却后)	230~130	0.5~0.7		800~900	0.81
紫铜(表面氧化)	40	0.76		500~600	0.74
铸铁					
表面抛光	200	0.21			
表面生锈	40~250	0.95			

附表 2　炉墙外表面对车间的综合传热系数 $\alpha_{\sum}$（车间温度 20 ℃）　　单位:W/(m² · ℃)

炉墙外表面温度/℃	侧墙		水平面			
			炉顶		架空炉底	
	钢板或涂灰漆表面	铝板或涂铝粉漆表面	钢板或涂灰漆表面	铝板或涂铝粉漆表面	钢板或涂灰漆表面	铝板或涂铝粉漆表面
30	9.48	7.26	10.72	8.51	7.82	5.61
35	10.09	7.82	11.47	9.20	8.26	5.99
40	10.59	8.27	12.07	9.75	8.63	6.30
45	11.04	8.65	12.60	10.21	8.96	6.57
50	11.44	8.99	13.08	10.63	9.26	6.81
55	11.81	9.30	13.52	11.00	9.55	7.04
60	12.17	9.59	13.93	11.35	9.83	7.25
65	12.50	9.86	14.32	11.68	10.09	7.45
70	12.83	10.12	14.69	11.98	10.35	7.65
75	13.14	10.37	15.05	12.27	10.61	7.84
80	13.45	10.61	15.40	12.55	10.86	8.02
85	13.75	10.84	15.74	12.82	11.11	8.02
90	14.04	11.06	16.07	13.08	11.35	8.37
95	14.34	11.28	16.40	13.34	11.60	8.54
100	14.62	11.49	16.72	13.59	11.84	8.71
105	14.91	11.70	17.04	13.83	12.09	8.88
110	15.20	11.91	17.35	14.07	12.33	9.05
115	15.48	12.11	17.66	14.30	12.58	9.21
120	15.76	12.32	17.97	14.53	12.82	9.38
125	16.04	12.52	18.28	14.76	13.07	9.54
130	16.33	12.71	18.59	14.98	13.31	9.70

附表 3   热处理炉常用耐火材料和保温材料

材料和牌号	耐火度	荷重软化	耐压强度	密度	热导率	比热容	最高使用温度
	/℃	/℃	/(kg·cm^{-2})	/(g·cm^{-3})	/(W·m^{-1}·℃$^{-1}$)	/(kJ·kg^{-1}·℃$^{-1}$)	/℃
黏土砖(NZ-40)	1 730	1 350	200	2.1~2.2	$0.698+0.64×10^{-3}t$	$0.88+0.23×10^{-3}t$	1 350
黏土砖(NZ-35)	1 670	1 300	150	2.1~2.2	$0.698+0.64×10^{-3}t$	$0.88+0.23×10^{-3}t$	1 300
黏土砖(NZ-30)	1 610	1 250	125	2.1~3.2	$0.698+0.64×10^{-3}t$	$0.88+0.23×10^{-3}t$	1 250
高铝砖(LZ-65)	1 790	1 500	400	2.3~2.75	$2.09+1.86×10^{-3}t$	$0.96+0.147×10^{-3}t$	1 500
高铝砖(LZ-55)	1 770	1 470	400	2.3~2.75	$2.09+1.86×10^{-3}t$	$0.80+0.419×10^{-3}t$	1 450
高铝砖(LZ-48)	1 750	1 420	300	2.3~2.75	$2.09+1.86×10^{-3}t$	$0.92+0.25×10^{-3}t$	1 400
轻质黏土砖(QN-1.3a)	1 710		45	1.3	$0.56+0.35×10^{-3}t$	$0.84+0.26×10^{-3}t$	1 350
轻质黏土砖(QN-1.0)	1 670		30	1.0	$0.290+0.256×10^{-3}t$	$0.84+0.26×10^{-3}t$	1 300
轻质黏土砖(QN-0.8)	1 670		20	0.8	$0.294+0.212×10^{-3}t$	$0.84+0.26×10^{-3}t$	1 200
轻质黏土砖(QN-0.6)	1 650		10	0.6	$0.165+0.194×10^{-3}t$	$0.84+0.26×10^{-3}t$	1 200
轻质黏土砖(QN-0.4)	1 650		6	0.4	$0.08+0.22×10^{-3}t$	$0.84+0.26×10^{-3}t$	1 150
碳化硅制品	1 900	1 650	800	2.4	9.3~16		1 350
抗渗碳砖(重质)	1 770			2.14	$0.7+0.64×10^{-3}t$	同黏土砖	1 350
抗渗碳砖(轻质)	1 730			0.88	$0.15+0.128×10^{-3}t$	同黏土砖	1 250
粉煤空心微珠砖	1 510	1 140	36	0.5	$0.16+0.178×10^{-3}t$	0.8(常温)	1 000
硅酸铝耐火纤维毡				0.135	0.119(600℃)	$0.81+0.28×10^{-3}t$	1 200
硅藻土砖 A级				0.5	$0.105+0.23×10^{-3}t$	$0.84+0.25×10^{-3}t$	900
硅藻土砖 B级				0.55	$0.131+0.23×10^{-3}t$	0.75(538℃)	900
硅藻土砖 C级				0.65	$0.159+0.31×10^{-3}t$		900
膨胀蛭石				0.25	$0.072+0.256×10^{-3}t$		1 100
石棉板				1.0	$0.163+0.174×10^{-3}t$		500
矿渣棉 一级				0.125	$0.042+0.186×10^{-3}t$		700
矿渣棉 三级				0.2	$0.07+0.157×10^{-3}t$		700
膨胀珍珠岩				0.31~0.135	$0.04+0.22×10^{-3}t$		1 000
磷酸盐珍珠岩				0.22	$0.049+0.174×10^{-3}t$		1 000

附表 4   普通硅酸铝耐火纤维热导率 　　　　单位:W·m^{-1}·℃$^{-1}$

密度/(kg·m^{-3})	温度/℃			
	100	400	700	1 000
100	0.058	0.116	0.21	0.337
250	0.064	0.093	0.14	0.209
350	0.070	0.081	0.121	0.122

附表5　热处理炉常用耐火砖规格

1. 直形砖

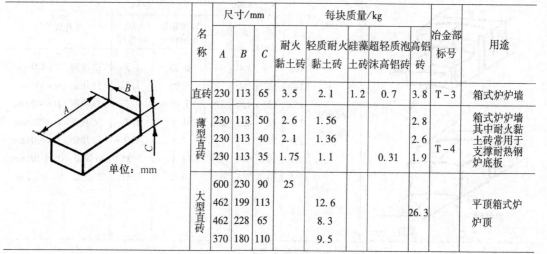

单位：mm

名称	尺寸/mm			每块质量/kg					冶金部标号	用途
	A	B	C	耐火黏土砖	轻质耐火黏土砖	硅藻土砖	超轻质泡沫高铝砖	高铝砖		
直砖	230	113	65	3.5	2.1	1.2	0.7	3.8	T-3	箱式炉炉墙
薄型直砖	230	113	50	2.6	1.56			2.8	T-4	箱式炉炉墙其中耐火黏土砖常用于支撑耐热钢炉底板
	230	113	40	2.1	1.36			2.6		
	230	113	35	1.75	1.1		0.31	1.9		
大型直砖	600	230	90	25						平顶箱式炉炉顶
	462	199	113		12.6			26.3		
	462	228	65		8.3					
	370	180	110		9.5					

2. 楔形砖

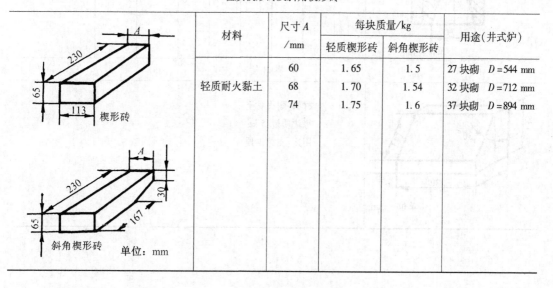

单位：mm

尺寸A/mm	每块质量/kg			冶金部标号	用途
	耐火黏土砖	轻质耐火黏土砖	高铝砖		
55	3.1	1.9	3.4	T-38	拱顶
45	2.9	1.8	3.2	T-39	

3. 轻质楔形砖及斜角楔形砖

材料	尺寸A/mm	每块质量/kg		用途（井式炉）
		轻质楔形砖	斜角楔形砖	
轻质耐火黏土	60	1.65	1.5	27块砌　D=544 mm
	68	1.70	1.54	32块砌　D=712 mm
	74	1.75	1.6	37块砌　D=894 mm

附表 5（续表一）

4. 轻质扇形阶砖及扇形砖

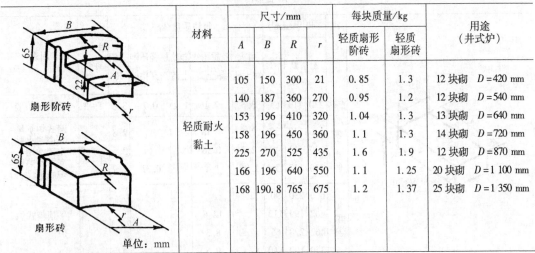

扇形阶砖

扇形砖

单位：mm

材料	尺寸/mm				每块质量/kg		用途（井式炉）
	A	B	R	r	轻质扇形阶砖	轻质扇形砖	
轻质耐火黏土	105	150	300	21	0.85	1.3	12 块砌　$D=420$ mm
	140	187	360	270	0.95	1.2	12 块砌　$D=540$ mm
	153	196	410	320	1.04	1.3	13 块砌　$D=640$ mm
	158	196	450	360	1.1	1.3	14 块砌　$D=720$ mm
	225	270	525	435	1.6	1.9	12 块砌　$D=870$ mm
	166	196	640	550	1.1	1.25	20 块砌　$D=1\,100$ mm
	168	190.8	765	675	1.2	1.37	25 块砌　$D=1\,350$ mm

5. 烧嘴砖

单位：mm

尺寸/mm						每块质量/kg		冶金部标号
a	b	c	D	d	ϕ	耐火黏土砖	半硅砖	
230	205	80	150	50	35	18.4	18	T-84
340	335	120	190	75	45	49	47.5	T-85
340	335	120	210	100	45	48.5	47.5	T-86
340	335	130	240	125	40	43	42	T-87
340	335	130	260	150	40	40	39	T-88

6. 拱脚砖

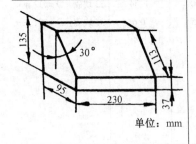

单位：mm

材料：耐火黏土

每块质量：5 kg

用途：支撑拱顶

附表 5（续表二）

7. 搁砖	
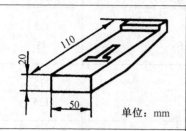 单位：mm	直形搁砖 　　材料：高铝矾土 　　每块质量：0.2 kg 　　用途：砌于阶形砖上，安放炉壁电热元件
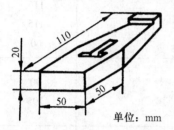 单位：mm	扇形搁砖 　　材料：高铝矾土 　　每块质量：0.175 kg 　　用途：砌在阶形砖上，安放炉壁电热元件，用于井式炉
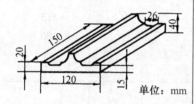 单位：mm	炉底搁砖 　　材料：高铝矾土 　　每块质量：0.8 kg 　　用途：安放炉底电热元件，用于箱式炉炉底
8. 轻质阶形砖	
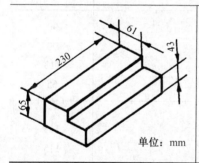 单位：mm	材料：轻质耐火黏土 　　每块质量：1.8 kg 　　用途：安放直形搁砖，用于箱式炉侧墙

附表6　不同炉温时电阻炉的炉墙厚度

炉膛温度/℃	结构方案号	炉墙材料及其密度/(g/cm³)		厚度/mm
700	1	轻质耐火黏土砖	$\rho = 0.8$	115
		膨胀珍珠岩	$\rho = <0.16$	45
	2	轻质耐火黏土砖	$\rho = 0.8$	115
		硅藻土砖	$\rho = 0.55$	125
900	1	轻质耐火黏土砖	$\rho = 0.8$	115
		硅藻土砖	$\rho = 0.55$	115
		矿渣棉	$\rho = 0.2$	60
	2	轻质耐火黏土砖	$\rho = 1.0$	90
		蛭石粉	$\rho = 0.15$	195
1 000		轻质耐火黏土砖	$\rho = 1.3$	115
		硅藻土砖	$\rho = 0.6$	180
		膨胀珍珠岩	$\rho < 0.16$	65
1 200	1	耐火黏土砖	$\rho = 2.1$	115
		轻质耐火黏土砖	$\rho = 0.8$	180
		膨胀珍珠岩	$\rho < 0.16$	90
	2	轻质耐火黏土砖	$\rho = 1.3$	90
		轻质耐火黏土砖	$\rho = 1.0$	90
		硅藻土砖	$\rho = 0.55$	113
		蛭石粉	$\rho < 0.16$	65
1 300		耐火黏土砖	$\rho = 2.1$	115
		轻质耐火黏土砖	$\rho = 1.0$	115
		硅藻土砖	$\rho = 0.55$	125
		膨胀珍珠岩	$\rho < 0.16$	90
1 400		高铝砖	$\rho = 2.3$	115
		轻质耐火黏土砖	$\rho = 1.3$	115
		超轻质耐火黏土砖	$\rho = 0.4$	105
		膨胀珍珠岩	$\rho < 0.16$	100

注:结构方案中可以任选一种。

附表7　纯铁和钢的平均比热容

种类	化学成分(质量分数)/%						在不同温度下的平均比热容/[kJ/(kg·℃)]							
	C	Mn	Ni	Cr	Mo	其他	50~100℃	250~300℃	350~400℃	450~500℃	550~600℃	650~700℃	750~800℃	850~900℃
纯铁							0.469	0.544	0.586	0.649	0.733	0.829	0.913	0.712
碳素钢	0.06	0.38	—	—	—	—	0.481	0.553	0.595	0.662	0.754	0.867	0.875	0.846
	0.23	0.64	—	—	—	—	0.486	0.557	0.599	0.662	0.749	0.846	0.950	—
	0.42	0.64	—	—	—	—	0.486	0.548	0.586	0.649	0.707	0.770	0.624	0.548
	0.80	0.32	—	—	—	—	0.490	0.565	0.607	0.670	0.772	0.770	0.615	—
	1.22	0.35	—	—	—	—	0.486	0.557	0.599	0.636	0.699	0.816	0.649	—
低合金钢	0.23	1.51	—	—	—	Cu:0.105	0.477	0.544	0.590	0.649	0.741	0.837	0.821	0.536
	0.34	0.55	3.53	0.78	0.39	—	0.486	0.557	0.607	0.670	0.770	1.051	0.636	0.636
	0.32	0.69	—	—	—	—	0.494	0.552	0.595	0.657	0.741	0.837	0.934	0.574
高合金钢	1.22	13.00	—	—	—	—	0.519	0.569	0.599	0.578	—	—	—	—
	0.08	0.37	8.14	19.1	—	—	0.511	0.548	0.569	0.595	0.649	0.624	0.641	0.641
	0.13	0.25	—	12.95	—	—	0.473	0.553	0.607	0.682	0.779	0.875	0.691	0.670
	0.72	0.25	—	4.3	—	W:18.5 V:1.1	0.410	0.461	0.502	0.553	0.599	0.636	0.716	0.737

附表8　碳素钢和低合金钢的热导率　　　　单位:W/(m·℃)

温度/℃	碳素钢(质量分数)/%			低合金钢(质量分数)/%						
	C:0.05~0.2	C:0.2~0.5	C:0.6~1.3	Cr:0.7~1.1	Mn:1.2~1.8	Cr:1.3~1.6 Si:1.0~1.6	Si:1.1~1.4 Mn:1.1~1.4	Cr:0.8~1.3 Mo:0.15~0.55	Cr:0.8~1.1 V:0.1~0.2	Cr:0.45~0.9 Ni:1.0~3.15
100	55.6	49.3	46.6	44.8	41.8	—	41.6	43.9	52.4	38.4
200	52.8	48.2	44.0	42.3	40.1	38.8	41.6	41.9	48.7	37.9
300	48.0	45.6	40.8	39.3	38.9	—	39.4	41.4	—	36.8
400	45.0	42.5	37.7	36.4	37.0	36.0	39.0	39.4	45.4	36.8
500	40.8	39.1	35.0	—	35.3	33.5	36.3	36.6	41.9	34.8
600	37.1	36.9	32.4	32.6	34.3	32.6	34.9	32.4	—	32.5
700	34.2	32.5	29.2	—	30.8	—	33.8	29.8	—	28.1
800	30.1	26.2	24.1	26.7	26.4	26.8	32.6	29.1	—	27.1
900	27.4	26.1	25.3	—	—	—	—	28.5	—	26.4
1 000	27.9	26.9	26.5	—	—	—	—	—	—	27.7
1 100	28.5	28.1	27.9	—	—	—	—	—	—	28.9
1 200	29.8	29.6	29.5	—	—	—	—	—	—	—

附表9　炉气的某些物理性质

温度 t /℃	定压比热容 c_p /(kJ·kg⁻¹·℃⁻¹)	热导率 $\lambda \times 10$ /(W·m⁻¹·℃⁻¹)	热扩散率 $\alpha \times 10^4$ /(m²·s⁻¹)	密度 ρ /(kg·m⁻³)	运动黏度 $\nu \times 10$ /(m²·s⁻¹)	普朗特数 P_r
0	1.041	2.28	0.169	1.295	12.20	0.72
100	1.068	3.02	0.308	0.950	21.54	0.69
200	1.096	4.02	0.489	0.748	32.80	0.67
300	1.121	4.85	0.698	0.617	45.81	0.65
400	1.150	5.71	0.941	0.525	60.38	0.64
500	1.183	6.56	1.210	0.457	76.30	0.63
600	1.212	7.44	1.51	0.405	93.61	0.62
700	1.239	8.29	1.84	0.363	112.1	0.61
800	1.262	9.16	2.20	0.3295	131.8	0.60
900	1.289	10.005	2.58	0.301	152.5	0.59
1 000	1.305	10.09	3.014	0.275	174.3	0.58
1 100	1.321	11.75	3.46	0.257	197.1	0.57
1 200	1.339	12.62	3.92	0.240	221.0	0.56

注:炉气成分(13%的 CO_2,11%的 H_2O 和76%的 N_2)在压力 1.013×10^5 Pa(760 mmHg)下。

附表10　工业用气体燃料的比热容　　　　单位:kJ/(m³·C)

温度/℃	发生炉煤气	焦炉煤气	高炉煤气	水煤气
0	1.365	1.365	1.390	1.386
200	1.411	1.394	1.432	1.428
400	1.461	1.428	1.478	1.470
600	1.495	1.465	1.520	1.507
800	1.528	1.499	1.562	1.549
1 000	1.562	1.537	1.600	1.591
1 200	1.595	1.566	1.633	1.624
1 400	1.624	1.599	1.662	1.658

附表 11　空气和某些气体平均比热容　　　　单位:kJ/(m³·℃)

温度/℃	O₂	N₂	H₂	CO	CO₂	H₂O	H₂S	SO₂	干空气
0	1.305 9	1.298 7	1.276 6	1.299 2	1.599 8	1.494 3	1.507	1.733	1.300 9
100	1.312 6	1.300 4	1.290 8	1.301 7	1.700 3	1.505 2	1.532	1.813	1.305 1
200	1.335 2	1.303 8	1.297 1	1.307 1	1.787 3	1.522 3	1.562	1.888	1.309 7
300	1.356 1	1.310 9	1.299 2	1.316 7	1.862 7	1.542 4	1.595	1.955	1.318 1
400	1.377 5	1.320 5	1.302 1	1.328 9	1.929 7	1.565 4	1.633	2.018	1.330 2
500	1.398 0	1.332 2	1.305 0	1.342 7	1.988 7	1.589 7	1.671	2.068	1.344 0
600	1.416 8	1.345 2	1.308 0	1.357 4	2.041 1	1.614 8	1.708	2.11 4	1.358 3
700	1.434 5	1.358 6	1.312 1	1.372 0	2.088 4	1.641 2	1.746	2.152	1.372 5
800	1.449 9	1.371 7	1.316 8	1.386 2	2.131 1	1.668 0	1.784	2.181	1.382 1
900	1.464 5	1.384 6	1.322 6	1.399 6	2.169 2	1.695 6	1.817	2.215	1.399 3
1 000	1.477 5	1.397 1	1.328 9	1.412 6	2.203 5	1.722 9	1.851	2.236	1.411 8
1 100	1.489 2	1.408 9	1.336 0	1.424 8	2.234 9	1.750 1	1.884	2.261	1.423 6
1 200	1.500 6	1.420 2	1.343 2	1.436 1	2.263 9	1.776 9	1.909	2.278	1.434 7
1 300	1.510 6	1.430 6	1.351 1	1.446 5	2.289 8	1.802 8	—	—	1.445 3
1 400	1.520 2	1.440 7	1.359 0	1.456 6	2.313 6	1.828 0			1.455 0
1 500	1.529 4	1.449 9	1.367 4	1.465 8	2.335 4	1.852 7	—	—	1.464 2

附表 12　某些气体的热导率(λ×10³)　　　　单位:W/(m·℃)

温度/℃	O₂	N₂	H₂	CO	CO₂	H₂O	SO₂
0	24.5	24.2	172	23.3	14.5	—	8.4
100	32.8	31.3	220	30.1	22.3	24.7	12.3
200	40.6	37.4	264	36.5	30.1	33.3	16.6
300	47.9	43.1	307	42.6	37.9	43.5	21.2
400	54.9	48.6	348	48.5	45.6	55.5	25.8
500	61.4	53.5	387	54.1	53.4	68.6	30.7
600	67.3	57.9	427	59.7	62.1	82.9	35.8
700	72.7	62.1	476	65.0	68.8	98.0	41.1
800	77.6	66.2	528	70.1	76.5	—	46.3
900	81.9	70.1	583	75.5	84.2	—	51.9
1 000	85.7	73.9	636	80.6	91.9	—	57.6

附表 13　常用金属电热材料性能

项目	单位	Cr20Ni80	Cr15Ni60	0Cr13A16Mo2	0Cr25A15	0Cr27Al7Mo2	0Cr25A16RE	铂	钼	钨	钽
主要化学成分	质量分数/%	Cr:20~23 Ni:75~78	Cr:15~18 Ni:55~61	Cr:12~14 Al:5~7 Mo:1.5~2.5	Cr:23~27 Al:4.5~6.5	Cr:27 Al:6.5 Mo:2	Cr:24~25 Al:5.5~6.5 RE:0.5				
密度	g·cm^{-3}	8.4	8.2	7.2	7.1	7.1	7.1	21.45	10.22	19.3	16.67
抗拉强度	MPa	650~800	650~800	700~850	650~800	700~800	650~800				
延伸率×100		≥20	≥20	≥12	≥12	≥10	≥15				
电阻率	Ω·mm²/m	1.11	1.10	1.40	1.40	1.50	1.45	0.094	0.052	0.051	0.131
电阻温度系数	×10^{-5}℃$^{-1}$	8.5 (20~1 100℃)	14 (20~1 000℃)	7.25 (0~1 000℃)	3~4 (20~1 200℃)	0.65 (20~1 200℃)	1 (20~1 000℃)	399	471	482	385
热膨胀系数	×10^{-6}℃$^{-1}$	14 (20~1 000℃)	13 (20~1 000℃)	15.6 (20~1 000℃)	16 (20~1 000℃)	16.6 (20~1 000℃)	13	8.9	4.9	4.6 (20℃)	665
熔点	℃	1 400	1 390	1 500	1 500	1 520	1 500	1 773.5	2 625	3 370	3 000
工作温度 正常	℃	1 000~1 050	900~950	1 050~1 200	1 050~1 200	1 200~1 300		1 600	1 800	2 400	2 200
工作温度 最高	℃	1 150	1 050	1 300	1 300	1 400	1 400				

附表 14　常用非金属电热材料性能

种类	密度 /(kg·m⁻³)	电阻率 /(Ω·mm²/m)	电阻温度系数 /(10⁻⁵℃⁻¹)	热膨胀系数 /(10⁻⁶℃⁻¹)	熔点 /℃	最高工作温度 /℃
硅碳棒	3.0~3.2	600~1 400 (1 400 ℃)	<800 ℃为负值 >800 ℃为正值	~5		1 500
硅钼棒	~5.5	0.25(20 ℃)	480	7~8	2 000	1 700
石墨	2.2	8~13	126(负值)	120 (0~100 ℃)	3 500	2 200 (真空)
碳粒	1.0~1.25	600~2 000			3 500	2 500 (真空)
石墨带	1.7~1.77	1~10			3 500	2 200 (真空)

附表 15　炉子功率与电热元件(0Cr25Al5)参数[①]

电炉功率 /kW	元件温度 /℃	元件功率 /kW	元件数目	接线法	相数	电源电压 /V	元件电流 /A	元件电阻 /Ω	元件直径 /mm	元件长度 /m	总长度 /m	总质量 /kg	表面负荷 /(W·cm⁻²)
1	1 200	1	1	+	1	220	4.55	48.4	1.0	25.2	25.2	0.141	1.26
3	1 200	3	1	+	1	220	13.64	16.1	2.0	33.6	33.6	0.750	1.42
5	1 200	5	1	+	1	220	22.73	9.68	2.8	39.5	39.5	1.726	1.44
7	1 200	7	1	+	1	220	31.82	6.91	3.5	44.1	44.1	3.01	1.44
9	1 200	9	1	+	1	220	40.91	5.38	4.0	44.8	44.8	4.00	1.60
10	1 200	10	1	+	1	220	45.45	4.84	4.5	51.0	51.0	5.76	1.39
12	1 200	12	1	+	1	220	54.55	4.03	4.5	52.5	52.5	7.32	1.45
15	1 200	15	1	+	1	220	68.18	3.22	5.5	50.7	50.7	8.55	1.71
	1 200	15	1	+	1	380	39.47	9.65	4.0	80.5	80.5	7.20	1.49
18	1 200	18	1	+	1	220	81.82	2.69	6.5	59.2	59.2	13.9	1.49
20	1 200	20	1	+	1	220	90.91	2.42	7.0	61.8	61.8	16.9	1.47
	1 200	20	1	+	1	380	52.63	7.23	5.0	94.1	94.1	13.1	1.35
24	1 200	24	1	+	1	220	109.1	2.02	7.5	59.1	59.1	18.5	1.72
	1 200	24	1	+	1	380	63.16	6.03	5.5	95.0	95.0	16.0	1.47
25	1 200	25	1	+	1	220	113.6	1.94	8.0	64.8	64.8	23.1	1.52
	1 200	8.3	3	Y	3	380	37.8	5.83	4.0	48.6	145.8	13.0	1.35
30	1 200	10	3	Y	3	380	45.45	4.84	4.5	51.0	153.0	17.4	1.39
35	1 200	11.7	3	Y	3	380	53.00	4.13	4 8	49.6	148.8	19.1	1.56
45	1 200	15	3	Y	3	380	68.18	3.22	5.5	50.7	152.1	25.7	1.71
	1 200	7.5	6	YY	3	380	34.09	6.45	3.5	41.2	247.2	16.9	1.65
	1 200	7.5	6	YY	3	380	34.09	6.45	4.0	53.7	322.2	28.5	1.11

附表 15(续表)

电炉功率/kW	元件温度/℃	元件功率/kW	元件数目	接线法	相数	电源电压/V	元件电流/A	元件电阻/Ω	元件直径/mm	元件长度/m	总长度/m	总质量/kg	表面负荷/(W·cm⁻²)
54	1 200	18	3	Y	3	380	81.82	2.69	6.5	59.2	177.6	41.8	1.49
	1 200	18	3	△	3	380	47.37	8.05	4.5	84.9	254.7	28.8	1.50
	1 200	9	6	YY	3	380	40.91	5.38	4.0	44.8	268.8	24.0	1.60
	1 200	6	9	YYY	3	380	27.27	8.07	3.0	37.8	340.2	17.1	1.69
60	1 200	20	3	Y	3	380	90.91	2.42	7.0	61.8	185.4	50.7	1.47
	1 200	20	3	△	3	380	52.63	7.23	5.0	94.1	282.3	39.3	1.35
	1 200	10	6	YY	3	380	45.45	4.84	4.5	50.1	300.6	34.6	1.39
75	1 200	25	3	Y	3	380	113.6	1.94	8.0	64.8	194.4	69.4	1.54
	1 200	12.5	6	YY	3	380	56.8	3.88	5.0	50.5	303.0	42.3	1.58
	1 200	8.34	9	YYY	3	380	37.9	5.81	4.0	48.4	435.6	38.9	1.37

注:①参考数据。

附表 16 常用盐(碱)及其使用温度范围

盐浴成分(按质量比计算)	熔点/℃	使用温度/℃
46% $NaNO_3$ + 27% $NaNO_2$ + 27% KNO_3	120	140 ~ 260
55% KNO_3 + 45% $NaNO_2$	137	150 ~ 500
55% $NaNO_3$ + 45% $NaNO_2$	220	230 ~ 550
55% $NaNO_3$ + 45% KNO_3	218	230 ~ 550
45% $NaNO_3$ + 55% KNO_3	218	230 ~ 550
100% $NaNO_3$	317	325 ~ 600
100% KNO_3	337	350 ~ 600
95% $NaNO_3$ + 5% Na_2CO_3	304	380 ~ 520
100% $NaNO_2$	271	300 ~ 550
50% $NaNO_3$ + 50% KNO_3	230	300 ~ 550
20% $NaOH$ + 80% KOH + 6% H_2O	130	150 ~ 250
35% $NaOH$ + 65% KOH	155	170 ~ 350
100% $NaOH$	322	350 ~ 700
100% KOH	260	400 ~ 650
50% KOH + 50% $NaOH$	230	300 ~ 500
60% $NaOH$ + 40% $NaCl$	450	500 ~ 700
28% $NaCl$ + 72% $CaCl_2$	500	540 ~ 870
50% KCl + 50% Na_2CO_3	560	580 ~ 820
22% $NaCl$ + 78% $BaCl_2$	640	675 ~ 900
44% $NaCl$ + 56% KCl	663	700 ~ 870
100% $NaCl$	810	850 ~ 1 100
100% $BaCl_2$	960	1 100 ~ 1 350
100% $CaCl_2$	774	800 ~ 1 000

附表 16（续表）

盐浴成分（按质量比计算）	熔点/℃	使用温度/℃
100% KCl	772	800 ~ 1 000
66% $BaCl_2$ + 34% KCl	657	700 ~ 950
33% $BaCl_2$ + 33% $CaCl_2$ + 34% NaCl	570	600 ~ 870
100% $Na_2B_4O_7$	940	1 000 ~ 1 350
70% $BaCl_2$ + 30% $Na_2B_4O_7$	940	1 000 ~ 1 350
35% NaCl + 65% Na_2CO_3	620	650 ~ 820
50% NaCl + 50% $BaCl_2$	600	650 ~ 900

附表 17　全纤维炉衬组成及厚度

炉温/℃		600 ~ 800	800 ~ 1 000
炉衬总厚度/mm		120 ~ 160	160 ~ 180
炉衬热面层	厚度/mm	50 ~ 80	100 ~ 120
	材质	普通硅酸铝耐火纤维	普通硅酸铝耐火纤维
炉衬冷面层	厚度/mm	60 ~ 80	约 60
	材质	矿渣、岩棉、玻璃纤维制品	矿渣、岩棉、玻璃纤维制品

附表 18　炉膛砌体每米长度的膨胀缝宽度

砌体材质	膨胀缝宽度/mm	砌体材质	膨胀缝宽度/mm
耐火黏土砖	5 ~ 6	红　砖	5 ~ 6
硅质砖	10 ~ 12	镁　砖	8

注：重质砖取上限，轻质砖取下限。

附表 19　耐热铸铁的使用温度及用途

最高使用温度/℃	铸铁名称	用途举例
600	低铬铸铁 RTCr – 0.8	托架、炉排、风帽、闸门和炉条等
650	低铬铸铁 RTCr – 1.5	喷嘴、炉条和耙齿等
600 ~ 750	中硅球墨铸铁[ω(Si):3.5% ~ 4.5%]	砖架、管板和火格子等
750 ~ 900	中硅球墨铸铁[ω(Si):4.5% ~ 5.5%]	管板、挡板、垫块、喷嘴和梳形板等
900 ~ 950	中硅球墨铸铁[ω(Si):5.0% ~ 6.0%] 高铝铸铁[ω(Al):20% ~ 24%] 铝硅球墨铸铁[ω(Al) + ω(Si):8.5% ~ 9.0%]	底板、坩埚和换热器等
950 ~ 1 050	高铝球墨铸铁[ω(Al):21% ~ 24%] 铝硅球墨铸铁[ω(Al) + ω(Si):8.5% ~ 10.0%]	底板、渗碳罐、坩埚和换热器等
1 000 ~ 1 100	高铝球磨铸铁[ω(Al):21% ~ 24%] 高铬铸铁[ω(Cr):26% ~ 30%]	底板和传送链构件等
1 100 ~ 1 200	高铬铸铁[ω(Cr):32% ~ 36%]	底板和传送链构件等

附表20　耐热钢构件的工作条件及状态

构件名称	工作条件					钢号	材料状态
	温度/℃	介质侵蚀	承受负荷	冲击振动	冷热变化		
渗碳炉罐	950	严	中	中	中	Cr18Ni25Si2，Cr25Ni20Si2，CrMnN	铸件
裂化管	950	严	不	不	中	Cr18Ni25Si2，Cr25Ni20Si2，CrNiN	轧件、铸件
辐射管	950	严	不	中	中	Cr20Ni35，Cr25Ni20Si2	轧件
滚筒、转鼓	940	中	严	严	中	Cr18Ni25Si2，CrMnN	铸件
导轨、钢枕、导板	860	中	严	中	不	Cr23Ni18，Cr23Ni13，CrMnN	铸件、轧件
辊道	1 100	不	中	严	中	Cr25Ni20Si2，CrNiN	轧件
底板、垫板	850	中	严	中	不	Cr9Si2，Cr23Ni13，CrMnN，FeAlMn	铸件
底座、炉栅	950	中	严	中	不	Cr23Ni18，CrMnN，FeAlMn	铸件
托架	940	不	中	中	严	Cr25Si3Ni，CrNiN，CrMnNNi	铸件
链环	940	不	严	中	严	Cr20Ni35，Cr18Ni25Si2	铸件
链板、销子	850	中	严	中	严	Cr23Ni18，CrMnN	铸件、轧件、锻件
网状链条	940	严	严	严	严	Cr25Ni20Si2，Cr23Ni18	轧件
风扇	950	中	不	严	不	Cr18Ni25Si2，1Cr18Ni9Ti	铸件、轧件
有色金属熔化用坩埚	1050	严	严	中	严	Cr18Ni25Si2，CrMnN	铸件
盐浴炉用电极	1300	严	严	中	严	Cr13，Cr23Ni13，1Cr18Ni9Ti	铸件、锻件、轧件
淬火料盘、滑块	950	中	严	严	严	Cr23Ni18，CrMnN，FeAlMn	铸件
不淬火料盘、滑块、料筐	950	中	严	严	中	CrMnN，AlMnSi，FeAlMn	铸件
护架	650	不	中	不	中	CrMnN，Cr9Si2	铸件

注:不—不致损坏;中—中等损坏;严—严重损坏。

附表21　常用箱式炉炉底板材料及尺寸

炉子型号	材料	规格尺寸（长/mm×宽/mm）	质量/kg	备注
RX-15-9	2Cr25Ni20Si2	790×360	47	
RX-30-9	2Cr25Ni20Si2	1 145×500	110	
RX-45-9	2Cr25Ni20Si2	1 330×650	156	1副2块
RX-60-9	2Cr25Ni20Si2	1 680×790	300	1副3块
RX-75-9	2Cr25Ni20Si2	2 080×920	400	1副4块
RX-100-9	2Cr25Ni20Si2	2 100×1 020	470	1副6块
RX-150-9	2Cr25Ni20Si2	3 120×926	540	1副7块

附表 22　RX3 系列 950 ℃箱式电阻炉技术数据

参数名称		单位	型号				
			RX3 – 15 – 9	RX3 – 30 – 9	RX3 – 45 – 9	RX3 – 60 – 9	RX3 – 75 – 9
额定功率		kW	15	30	45	60	75
额定电压		V	380	380	380	380	380
额定温度		℃	950	950	950	950	950
相数			1	3	3	3	3
电热元件接法			串联	Y	Y	YY	YY
工作空间尺寸	长	mm	500	760	970	1 220	1 430
	宽	mm	230	360	500	630	770
	高	mm	220	310	360	400	500
炉膛尺寸	长	mm	650	950	1 200	1 500	1 800
	宽	mm	300	450	600	750	900
	高	mm	250	350	400	450	550
空炉升温时间		h	≤2.5	≤2.5	≤2.5	≤3.0	≤3.0
空炉损耗功率		kW	≤5	≤7	≤9	≤12	≤16
炉温均匀性		℃	≤20	≤20	≤20	≤20	≤20
最大一次装炉量		kg	80	200	400	700	1 200
外形尺寸	长	mm	1 450	1 920	2 240	2 710	3 050
	宽	mm	1 300	1 620	1 930	2 180	2 350
	高	mm	1 790	2 140	2 190	2 240	2 420
质量		t	1.1	2.0	2.5	4.1	5.2

附表 23　RQ3 系列井式气体渗碳炉技术数据

参数名称		单位	型号					
			RQ3 – 25 – 9 RQ3 – 25 – 9D	RQ3 – 35 – 9 RQ3 – 35 – 9D	RQ3 – 60 – 9 RQ3 – 60 – 9D	RQ3 – 75 – 9 RQ3 – 75 – 9D	RQ3 – 90 – 9 RQ3 – 90 – 9D	RQ3 – 105 – 9 RQ3 – 105 – 9D
额定功率		kW	25	35	60	75	90	105
额定电压		V	380	380	380	380	380	380
额定温度		℃	950	950	950	950	950	950
加热区数			1	1	2	2	2	2
电热元件接法			Y	Y	YY	YY	YY	YY
工作空间尺寸	直径	mm	300	300	450	450	600	600
	深	mm	450	600	600	900	900	1 200
空炉升温时间		h	≤2.5	≤2.5	≤2.5	≤2.5	≤3	≤3
空炉耗损功率		kW	≤7	≤9	≤12	≤14	≤16	≤18
炉温均匀性		℃	≤20	同左	同左	同左	同左	同左

附表 24　RJ2 系列 650 ℃井式电阻炉技术数据

参数名称		单位	型号			
			RJ2 - 25 - 6	RJ2 - 35 - 6	RJ2 - 55 - 6	RJ2 - 75 - 6
额定功率		kW	25	35	55	75
额定电压		V	380			
额定温度		℃	650			
相数			1	3	3	3
电热元件接法			串	Δ - Y/Δ	Δ - Y/Δ	Δ - Y/Δ
炉膛尺寸	直径	mm	400	500	700	950
	高	mm	500	650	900	1200
空炉升温时间		h	≤1	≤1	≤1.2	≤1.5
空炉损耗功率		kW	≤4	≤4.5	≤7	≤10
炉温均匀性		℃	≤6	≤6	≤6	≤6
最大一次装料量		kg	150	250	750	1 000
外形尺寸	长	mm	1 600	1 610	1 967	2 235
	宽	mm	1 022	1 130	1 470	1 733
	高	mm	1 900	2 063	2 485	2 850
质量		kg	1 150	1 260	1 920	2 270

附表 25　RJ2 系列 950 ℃井式电阻炉技术数据

名称		单位	型号								
			RJ - 40 - 9	RJ - 65 - 9	RJ - 75 - 9	RJ - 60 - 9	RJ - 95 - 9	RJ - 125 - 9	RJ - 90 - 9	RJ - 140 - 9	RJ - 190 - 9
额定电压		V	380/220	380/220	380/220	380/220	380/220	380/220	380/220	380/220	380/220
相数			3	3	3	3	3	3	3	3	3
最高工作温度		℃	950	950	950	950	950	950	950	950	950
工作室尺寸	直径	mm	600	600	600	800	800	800	1 000	1 000	1 000
	深	mm	800	1 600	2 400	1 000	2 000	3 000	1 200	2 400	3 600
外形尺寸	长	mm	1 550	1 800	1 800	2 150	2 100	2 200	2 244	2 500	2 500
	宽	mm	1 500	1 760	1 760	1 622	2 000	2 100	1 826	2 300	2 300
	高	mm	2 473	3 180	3 900	1 905	3 472	4 560	2 110	4 190	5 400
总质量		kg	2 000	4 000	5 500	3 000	5 000	6 000	4 500	6 500	8 000
最大一次装料量		kg	350	700	1 050	800	1 600	2 340	1 500	3 000	4 440
最大技术生产率		kg/h	125	300	330	270	400	580	400	650	900

附表 26　实验室用箱式电阻炉技术数据

型号	额定功率/kW	额定电压/V	相数	额定温度/℃	工作室尺寸（长/mm×宽/mm×高/mm）	空炉升温时间/min	空炉损耗/kW	炉温均匀性/℃	外形尺寸（长/mm×宽/mm×高/mm）	电炉质量/kg
SX2-2.5-10	2.5	220	单	1 000	200×120×180	≤50	≤0.8	≤15	530×350×450	46
SX2-5-10	5	220	单	1 000	300×200×120	≤60	≤1.2	≤15	660×450×520	70
SX2-8-10	8	380	3	1 000	400×250×160	≤70	≤2.0	≤15	810×530×630	125
SX2-12-10	12	380	3	1 000	500×300×200	≤80	≤2.8	≤15	930×620×730	180
SX2-2.5-12	2.5	220	单	1 200	200×120×80	≤70	≤1.0	≤15	530×350×450	46
SX2-5-12	5	220	单	1 200	300×200×120	≤75	≤1.8	≤15	660×450×530	70
SX2-10-12	10	380	3	1 200	400×250×160	≤80	≤2.5	≤15	810×530×630	125
SX2-6-13	6	50~360	3	1 300	250×150×100	≤70	≤2.4	≤18	630×610×610	90
SX2-10-13	10	50~360	3	1 300	400×200×160	≤76	≤2.6	≤18	770×670×680	135
SX2-10-16	10	3~75	单	1 600	300×150×120	≤80	≤3.2	≤18	880×670×880	240
SX2-14-16	14	3~95	单	1 600	400×200×160	≤90	≤3.6	≤18	1 000×770×960	360

附表 27　WZ 和 ZC 型真空热处理炉技术数据

型号	均温区尺寸（长/mm×宽/mm×高/mm）	温度/℃	加热室最高真空度/Pa	压升率/(0.133 Pa·h^{-1})	功率/kW	装炉量/kg
WZ-20	200×300×150	1 300	6.66~6.66×10^{-3}	<5	20	20
WZ-30	300×450×200	1 300	6.66~6.66×10^{-3}	<5	30	50
WZ-30G	300×450×350	1 300	6.66~6.66×10^{-3}	<5	40	60
WZ-45	450×670×300	1 300	6.66~6.66×10^{-3}	<5	60	120
WZ-60	600×900×400	1 300	6.66~6.66×10^{-3}	<5	100	210
WZ-75	750×1 125×500	1 300	6.66~6.66×10^{-3}	<5	150	350
ZC-65	500×400×300	1 320	0.133	<5	65	90
ZCZ-65	620×430×300	1 320	0.133	<5	65	100
ZCW-70	500×400×300	1 320	0.133	<5	70	70

附表 28　埋入式盐浴炉技术数据

型号	额定功率/kW	相数	额定电压/V	额定温度/℃	电极电压/V	炉膛尺寸（长/mm×宽/mm×高/mm）	外形尺寸（长/mm×宽/mm×高/mm）	质量/kg
RDM-35-6	35	3	380	650	6.87~17.27	350×300×600	1 306×1 116×1 243.5	1 600
RDM-35-8	35	3	380	850	6.87~17.27	300×250×600	1 256×1 066×1 243.5	1 500
RDM-35-13	35	3	380	1 300	6.87~17.27	200×200×500	1 156×1 016×1 143.5	1 200
RDM-50-6	50	1	380	650	10.8~34.6	450×350×600	1 410×1 168×1 241	1 900
RDM-50-8	50	1	380	850	10.8~34.6	350×300×600	1 310×1 118×1 241	1 700
RDM-50-13	50	1	380	1 300	10.8~34.6	300×250×500	1 260×1 096×1 141	1 470
RDM-75-6	75	3	380	650	9.6~30.4	550×400×665	1 506×1 216×1 308.5	2 200
RDM-75-8	75	3	380	850	9.6~30.4	450×350×665	1 406×1 166×1 308.5	2 000
RDM-75-13	75	3	380	1 300	9.6~30.4	350×300×500	1 306×1 144×1 143.5	1 600
RDM-100-6	100	3	380	650	11.2~35.2	800×400×665	1 756×1 261×1 308.5	2 700
RDM-100-8	100	3	380	850	11.2~35.2	550×400×665	1 506×1 216×1 308.5	2 200
RDM-100-13	100	3	380	1 300	11.2~35.2	450×350×560	1 406×1 194×1 208.5	1 910

附表29　某些高温箱式电阻炉和台车式电阻炉技术数据

型号	名称	主要参数				
		额定功率/kW	电源		额定温度/℃	工作空间尺寸（长/mm×宽/mm×高/mm）
			相数	电压/V		
RX3 - 20 - 12	1 200 ℃箱式电阻炉	20	单	380	1 200	650×300×250
RX3 - 40 - 12	1 200 ℃箱式电阻炉	40	3	380	1 200	950×450×350
RX3 - 65 - 12	1 200 ℃箱式电阻炉	65	3	300	1 200	1 200×600×400
RX3 - 90 - 12	1 200 ℃箱式电阻炉	90	3	380	1 200	1 500×750×450
RX3 - 115 - 12	1 200 ℃箱式电阻炉	115	3	380	1 200	1 800×900×550
SL70 - 143	高温箱式电阻炉	30	单	380	1 300	520×230×220
SL76 - 144	高温箱式电阻炉	50	3	380	1 300	800×350×300
RT2 - 65 - 9	台车式电阻炉	65	3	380	950	1 100×550×450
RT2 - 105 - 9	台车式电阻炉	105	3	380	950	1 500×800×600
RT2 - 180 - 9	台车式电阻炉	180	3	380	950	2 100×1 050×750
RT2 - 320 - 9	台车式电阻炉	320	3	380	950	3 000×1 350×950

附表30　某些化学热处理炉技术数据

型号	名称	主要参数				
		额定功率/kW	电源		额定温度/℃	工作空间尺寸
			相数	电压/V		
RM - 75 - 9	箱式气体渗碳炉	75	3	380	950	料盘尺寸 800 mm×600 mm×420 mm
RM - 30 - 9D	滴注式箱式气体渗碳炉	30	3	380	950	料盘尺寸 750 mm×450 mm×300 mm
RM - 45 - 9D	滴注式箱式气体渗碳炉	45	3	380	950	料盘尺寸 800 mm×500 mm×450 mm
RM - 75 - 9D	滴注式箱式气体渗碳炉	75	3	380	950	料盘尺寸 900 mm×600 mm×450 mm
RM - 110 - 9D	滴注式箱式气体渗碳炉	110	3	380	950	料盘尺寸 1 200 mm×750 mm×600 mm
SL78 - 157	井式气体软氮化炉	35	3	380	650	装料筐 ϕ500 mm×650 mm
SL79 - 161	井式气体软氮化炉	60	3	380	650	装料筐 ϕ700 mm×900 mm
SL80 - 163	井式气体软氮化炉	80	3	380	650	装料筐 ϕ900 mm×1 000 mm
SL68 - 58	100 kW 井式氮化电阻炉	100	3	380	950	氮化罐 ϕ650 mm×4 200 mm

附表 31 某些连续作业炉和机械化设备技术数据

型号	名称	主要参数					
		额定功率 /kW	电源		额定温度 /℃	工作空间规格	
			相数	电压 /V			
RJG – 70 – 9	鼓形加热电阻炉	70	3	380	920	炉罐 φ310 mm × 2 000 mm	
RG – 45 – 9	滚筒式电阻炉	45	3	380	950	一次装载量 60 kg	
RG – 45 – 9A	滚筒式电阻炉	45	3	380	950	一次装载量 100 kg	
SL65 – 21	传送带式加热电阻炉	120	3	380	700	4 110 mm × 575 mm × 415 mm	
SL71 – 99	传送带式电阻炉	180	3	380	875	4 180 mm × 400 mm × 200 mm	
G – 30	鼓形电阻炉	30	单	220	830	炉罐 φ200 mm × 1 200 mm	
G – 20	鼓形回火炉	19	单	380	180	炉罐 φ400 mm × 2 750 mm	
T – 85	推杆式电阻炉	85	3	380	650	4 550 mm × 600 mm × 400 mm	
T – 140	推杆式电阻炉	140	3	380	950	4 550 mm × 600 mm × 400 mm	
RC – 180 – 8A	传送带式电阻炉	180	3	380	875	4 180 mm × 400 mm × 200 mm	
RC – 65 – 2	传送带式回火电阻炉	65	3	380	250	7 460 mm × 575 mm × 400 mm	
SL74 – 129	400 mm 传送带淬火油槽	1. 1	3	380	45	生产率 300 kg/h	
SL74 – 130	400 mm 传送带清洗机	4. 1	3	380		生产率 300 kg/h	

附表 32 几种热处理炉用耐热钢的成分及使用温度

钢号	化学成分(质量分数)/%								使用温度 /℃
	C	Si	Mn	P	S	Ni	Cr	N	
Cr – Mn – N	0. 26 ~ 0. 36	1. 7~2. 5	11 ~ 13	≤0. 06	≤0. 035	—	17 ~ 20	0. 22 ~ 0. 32	900 ~ 950
Cr – Mn – N – Ni	0. 20 ~ 0. 30	2. 0~3. 0	9 ~ 11	≤0. 06	≤0. 035	2. 5~4. 0	19 ~ 21	0. 20 ~ 0. 30	900 ~ 950
Cr18Ni25Si2	0. 30 ~ 0. 40	2. 0~3. 0	≤1. 5	≤0. 035	≤0. 030	23 ~ 26	17 ~ 20	—	900 ~ 950
3Cr24Ni7SiNRE	0. 27 ~ 0. 37	1. 3~2. 0	≤1. 5	≤0. 035	≤0. 030	7. 0~8. 5	23 ~ 25	0. 20 ~ 0. 30	1 100 ~ 1 250

附表 33 3Cr24Ni7SiNRE 钢的高温性能

性能指标	试验温度 /℃								
	300	500	600	700	800	900	1 000	1 100	1 200
σ_L/MPa	760	676.7	624.7	457	306.9	187.3	102	55.5	30.7
σ_b/MPa	324.6	286.4	251.1	229.5	239.3	152.0	—	—	—
δ/%	54.9	46.0	40.8	43.5	45.6	65.0	90.5	109.9	97.2
ψ/%	62.2	61.5	56.0	37.9	43.3	64.3	68.0	68.0	60.7

附表34 常用测温仪表种类及使用温度范围

类别	种类	温度计名称	使用温度范围/℃	配用显示仪表
接触式	热膨胀式温度计	玻璃管液体温度计 固体膨胀式温度计 压力式温度计	水银 -30~300 酒精 -100~75 -60~500 -80~400	
	热电温度计	S型（热电偶类型） K（热电偶类型） E（热电偶类型）	0~1 400 0~900 0~600	动圈式温度指示仪 或电位差计 （手动、自动）
	热电阻温度计	铂电阻温度计 铜电阻温度计	-183~630 -50~150	电位计法 电桥法 动圈式温度指示仪
非接触式	辐射式温度计	光学高温计 光电高温计 全辐射高温计 比色高温计 红外高温计	800~3 000 100~3 000 150~3 000 -170~2 000	
数字式温度仪表		视感温元件		数字式仪表

附表35 常用热电偶的种类、使用温度及使用环境

名称	分度号	热电极材料		使用温度/℃		使用环境
		极性	化学成分（质量分数）	长期	短期	
铂铑10-铂	S	正极	Pt:90%,Rh:10%	1 300	1 600	适用于在氧化、中性气氛中使用，不宜在还原性气氛（尤其H₂、金属蒸汽）条件下使用
		负极	Pt:100%			
铂铑13-铂	R	正极	Pt:87%,Rh:13%	1 300	1 600	
		负极	Pt:100%			
铂铑30-铂铑6	B	正极	Pt:70%,Rh:30%	1 600	1 800	除上述以外，冷端在40℃以下不用修正
		负极	Pt:94%,Rh:6%			
镍铬-镍硅 （镍铬-镍铝）	K	正极	Cr:9%~10%,Si:0.4%,Ni:90%	1 200	1 300	适用于在氧化、中性气氛及真空中使用，不宜用于含硫、含碳气氛及氧化还原交替的气氛下使用
		负极	Si:2.5%~3.0%,Ni:97%,Co:≤0.6%			
镍铬-铜镍 （镍铬-康铜）	E	正极	Cr:9%~10%,Si:0.4%,Ni:90%	750	850	适用于氧化、中性气氛，不适用于还原性气氛
		负极	Cu:40%~60%合金			
铁-铜镍 （铁-康铜）	J	正极	Fe:100%	600	750	适用于氧化、还原气氛及真空，在氧化气氛中不宜超过500℃
		负极	Cu:40%~60%合金			

附表 35（续表）

名称	分度号	热电极材料		使用温度/℃		使用环境
		极性	化学成分（质量分数）	长期	短期	
铜－铜镍 （铜－康铜）	T	正极	Cu:100%	350	400	适用于氧化、还原气氛及真空,在氧化气氛中不宜超过 300 ℃,在 －200～0 ℃稳定性好
		负极	Cu:55%,Ni:45%			
镍铬硅－镍硅镁	N	正极	Cr:13.7%～14.7%, Si:1.2%～1.6%,Ni 余量	1 100	1 300	适用于氧化、中性气氛及真空,不适用于还原性气氛
		负极	Si:4.2%～4.6%, Mg:0.5%～1.5%, Ni:97%,Ni:余量			
钨铼系	WRe5－WRe26	正极	W:95%,Re:5%	2 000	2 800	适用于还原性（干燥 H_2）气氛、惰性气体及真空,需要致密的保护管使其与氧隔绝才能使用,不能用于含碳气氛
		负极	W:74%,Re:26%			
	WRe3－WRe25	正极	W:97%,Re:3%			
		负极	W:75%,Re:25%			

附表 36　常用热电偶的测量范围及精度

种类 （分度号）	标准代号 IEC584－2		
	温度范围/℃	等级	精度/℃
铂铑 10－铂（S） 铂铑 13－铂（R）	0～1 100 1 100～1 600	I	±1 $\pm[1+(t-1\,100)\times0.003]$
	0～600 600～1 600	II	±1.5 ±0.25%t
铂铑 30－铂铑 6（B）	600～1 700	I II	±1.5 或 ±0.25%t ±4 或 ±0.5%t
镍铬－镍硅（K）	－40～1 000 －40～1 200 －200～40	I II III	±1.5 或 ±0.4%t ±2.5 或 ±0.75%t ±2.5 或 ±1.5%t
镍硅－铜镍（E）	－40～800 －40～900 －200～－40	I II III	±1.5 或 ±0.4%t ±2.5 或 ±0.75%t ±2.5 或 ±1.5%t
铁－铜镍（J）	－40～750	I II	±1.5 或 ±0.4%t ±2.5 或 ±0.75t
铜－铜镍（T）	－40～350 －40～350 －200～40	I II III	±0.5 或 ±0.4%t ±1.0 或 ±0.75%t ±1.0 或 ±1.5%t
镍铬硅－镍铬镁（N）	－40～1 100 －40～1300	I II	±1.5 或 ±0.4%t ±2.5 或 0.75%t

附表 37　常用热电偶保护管材料及使用温度

金属保护管材料	使用温度/℃	非金属保护管材料	使用温度/℃
铜（H26）	400	氧化铝（100% Al_2O_3）	1 700
不锈钢（1Cr18Ni9Ti）	800	刚玉（90%～99.5% Al_2O_3）	1 600
不锈钢（1Cr18Ni9Nb）	900	高铝（＞60% Al_2O_3）	1 300
不锈钢（0Cr18Ni2Mo2Ti）	850	碳化硅（SiC）	1 650
高温合金（Cr25Ni20）	1 000	石英（SiO_2）	1 000
镍基高温合金（GH3030）	1 150	氧化镁（MgO）	1 700
镍基高温合金（GH3039）	1 200	氧化镁＋钼陶瓷（MgO＋Mo）	1 800
镍基高温合金（GH455）	1 300	聚四氟乙烯	200

附表 38　常用热电偶补偿导线特性及允许偏差

型号	配用热电偶	补偿导线特性			允许偏差/℃			
					一般用（100 ℃）		耐热用（200 ℃）	
		极性	材料	颜色	普通级	精密级	普通级	精密级
SC	铂铑 10 - 铂	正极	SPC（铜）	红	5	3	5	—
		负极	SNC（铜镍）	绿				
RC	铂铑 13 - 铂	正极	RPC（铜）	红				
		负极	RNC（铜镍）	绿				
KC	镍铬 - 镍硅	正极	KPC（铜）	红	2.5	1.5	—	—
		负极	KNC（康铜）	蓝				
KX	镍铬 - 镍硅	正极	KPX（镍铬）	红	2.5	1.5	2.5	1.5
		负极	KNX（镍硅）	黑				
EX	镍铬 - 铜镍（镍铬 - 康铜）	正极	EPX（镍铬）	红	2.5	1.5	2.5	1.5
		负极	ENX（铜镍）	棕				
JX	铁 - 铜镍（铁 - 康铜）	正极	JPX（铁）	红	2.5	1.5	2.5	1.5
		负极	JNX（铜镍）	紫				
TX	铜 - 铜镍（铜 - 康铜）	正极	TPX（铜）	红	1	0.5	1	0.5
		负极	TNX（镍铜）	白				

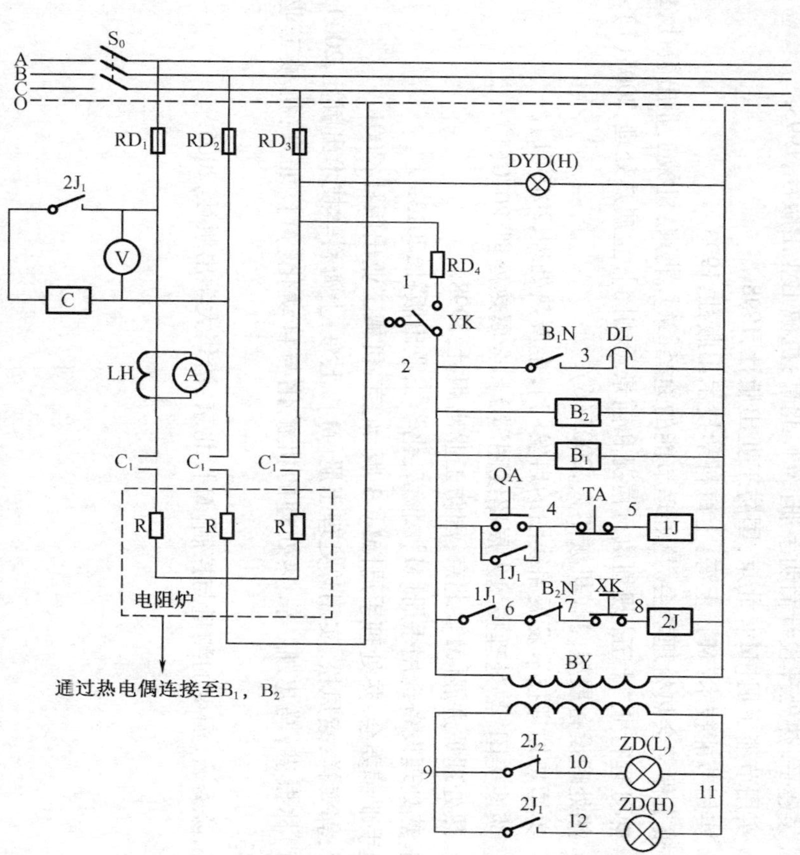

序号	代号	名称	数量	型号	备注
21		双芯电偶	1	K	L=600 mm
20	ZD(H)	指示灯-红灯	1	6 V	按钮上
19	ZD(L)	指示灯-绿灯	1	6 V	按钮上
18	BY	变压器	1	220 V/6 V	
17	2J	中间继电器	1	J7-44/220 V	
16	XK	行程开关	1	JLXK1-111M	
15	TA	停止按钮	1	AN18-22	红色
14	QA	启动按钮	1	AN18-22	绿色
13	B_2	中圆图记录仪	1	XWG-101	
12	B_1	温度指示调节仪	1	ST91	报警
11	1J	中间继电器	1	J7-44/220 V	
10	DL	电铃	1	HA-II-2"	
9	YK	钥匙开关	1	LA18-22 Y	
8	C	交流接触器	1	GJ20J-160 A	
7	RD_4	熔断器	1	RLJ-15/10 A	
6	DYD(H)	电源指示灯	1	22-6.3/220 V	
5	A	电流表	1	44-200	100:5
4	V	电压表	1	44-450	380 V
3	LH	电流互感器	1	LMK1-0.5	100:5
2	RD_1,RD_2,RD_3	熔断器	1	RL6-200/500 V	
1	S_0	自动空气开关	1	DZ20J-200	

设计		标准化					
校核		工艺		WK-75	电气原理图	HLG-01	
审定		日期			哈尔滨理工大学		

附图1 箱式热处理电阻炉的电气原理图

通过热电偶连接至B_1、B_2

电阻炉

221 >>

参 考 文 献

[1] 孟繁杰,黄国靖. 热处理设备[M]. 北京:机械工业出版社,1988.

[2] 臧尔寿. 热处理炉[M]. 北京:冶金工业出版社,1986.

[3] 曾祥模. 热处理炉[M]. 西安:西北工业大学出版社,1989.

[4] 热处理设备及设计编写组. 热处理设备及设计[M]. 济南:山东人民出版社,1977.

[5] 热处理手册编委会. 热处理手册[M]. 2 版. 北京:机械工业出版社,1992.

[6] 热处理设备选用手册编写组. 热处理设备选用手册[M]. 北京:机械工业出版社,1989.

[7] 竺培曜. 生产实习教程[M]. 哈尔滨:哈尔滨工业大学出版社,1993.

[8] 吉泽升,等. 我国热处理设备的发展动向[J]. 应用能源技术,1996(3).

[9] 潘显荣,吉泽升. 箱式电阻炉 CAD 及其数据管理系统[J]. 哈尔滨科学技术大学学报,
    1995(5).

[10] 吉泽升,等. 热处理设备课改革尝试[J]. 科技工程教育研究,1994(3).

[11] 张建国. 真空热处理技术的发展[J]. 金属热处理,1996(1).

[12] 樊东黎. 热处理设备的更新改造势在必行[J]. 金属热处理,1996(1).

[13] 陈建民,吴建平. 热处理设计简明手册[M]. 北京:机械工业出版社,1993.

[14] 刘义洁. 实用节能手册[M]. 北京:国防工业出版社,1998.

[15] 葛永乐. 实用节能技术[M]. 上海:上海科学技术出版社,1993.

[16] 中国机械工程学会热处理学会. 热处理节能的途径[M]. 北京:机械工业出版社,1986.

[17] 樊东黎. 热处理行业"十五"规划执行情况和前景预测[J]. 金属热处理,2005(1).

[18] 樊东黎. 热处理设备展望[J]. 机械工人,2005(6).

[19] 樊东黎. 美国热处理技术发展路线图的启发[J]. 金属热处理,2010(1).

[20] 戚正风. 谈谈美国"热处理技术发展路线图"[J]. 金属热处理,2010(1).

[21] 吴光治. 热处理炉进展[M]. 北京:国防工业出版社,1998.

[22] 冯益柏. 热处理设备选用手册[M]. 北京:化学工业出版社,2013.

[23] 热处理手册编委会. 热处理手册[M]. 3 版. 北京:机械工业出版社,2001.

[24] 薄鑫涛,郭海祥,袁凤松. 实用热处理手册[M]. 上海:上海科学技术出版社,2009.

[25] 孙一唐,林振湛,马忠凯,等. 热处理的机械化与自动化[M]. 北京:机械工业出版
    社,1983.

[26] 姜忠良,陈秀云. 温度的测量与控制[M]. 北京:清华大学出版社,2005.